Offert par Mme Coquillard

6-12-98

AF854210

Le Vagabond des volcans

Du même auteur

CRATÈRES EN FEU, Arthaud, 1951.

LE GOUFFRE DE LA PIERRE-SAINT-MARTIN, Arthaud, 1953.

L'EAU ET LE FEU, Arthaud, 1959 (épuisé).

LES VOLCANS, Delpire, 1954 (épuisé).

LES RENDEZ-VOUS DU DIABLE, Hachette, 1959 (épuisé).

LES VOLCANS, Delpire, 1961 (épuisé).

QUAND LA TERRE TREMBLE, Fayard et Le Livre de Poche, 1962. Réédité en 1981 (nouvelle édition revue et augmentée). Réédité en 1986.

L'ETNA ET LES VOLCANOLOGUES, Arthaud, 1972.

LES VOLCANS ET LA DÉRIVE DES CONTINENTS, Presses universitaires de France, 1972. Réédité en 1984 puis en 1991.

VINGT-CINQ ANS SUR LES VOLCANS DU GLOBE, Nathan, 1973, 2 volumes (épuisé).

NIRAGONGO OU LE VOLCAN INTERDIT, Flammarion, 1975.

L'ODEUR DU SOUFRE, Stock et Le Livre de Poche, 1975.

JOUER AVEC LE FEU, Le Seuil, 1976.

LA SOUFRIÈRE ET AUTRES VOLCANS (La volcanologie en danger), Flammarion, 1978.

EREBUS, VOLCAN ANTARCTIQUE, Arthaud, 1978 (épuisé).

OUVREZ DONC LES YEUX, Laffont, 1980.

ÇA SENT LE SOUFRE !, Nathan, 1981.

SUR L'ETNA, Flammarion, 1983. Réédité en 1991.

LA PRÉVISION DES SÉISMES, Hachette, 1989.

LA TERRE VA-T-ELLE CESSER DE TOURNER ?, Seghers, 1989.

LE VOLCANISME ET SA PRÉVENTION (avec Max Derruau), Masson, 1990.

LES DÉFIS ET LA CHANCE, tome 1. De Petrograd au Niragongo, Stock, 1991.

Haroun Tazieff

Le Vagabond des volcans

Cette édition de *Le vagabond des volcans*
est publiée par les Éditions de la Seine
avec l'aimable autorisation de Stock/Laurence Pernoud
© 1992, Stock/Laurence Pernoud.

Première Partie

Les voyages, en 1949, étaient loin d'être faciles comme ils le sont devenus. L'avion demeurait hors de prix et le chemin de fer comme la route étaient deux fois moins rapides qu'aujourd'hui. Mais ma soif de faire enfin connaissance avec les célèbres volcans d'Italie, Vésuve, Etna, Stromboli, Vulcano, et de me retrouver face à l'activité éruptive, me fit sauter sur le premier prétexte à évasion. C'était en juin 1949 et il y avait une vingtaine de semaines que je me trouvais en manque. Pas manque de volcans, mais manque de vaste nature et manque de longues randonnées. Pas manque de promenades – je ne les aime guère –, mais manque de marches conduisant à un objectif, si possible lié au travail. Je ne pouvais me permettre chaque jour qu'une petite heure de stade pour courir, lancer et sauter, entre une matinée et un après-midi de laboratoire, qu'il m'arrivait de prolonger jusqu'en soirée.

J'étouffais, au sens propre par manque d'air, de vent et d'espaces, au figuré par les petites mesquineries du milieu universitaire que je découvrais peu à peu. Aussi, quand je lus dans la presse qu'une éruption importante venait d'éclater au Stromboli, je n'hésitai pas un instant : quelques heures plus tard, la « onze légère » chargée du matériel nécessaire, nous prenions la route, mon collègue Picciotto et moi-même.

Le trajet de Bruxelles à la Sicile était d'autant plus long qu'à l'époque toute sa partie montagneuse – Alpes, Apennins et Calabre – se faisait par des chemins qui ignoraient la ligne droite et dont les tournants s'enchaînaient par milliers. Mais j'y trouvais un plaisir supplémentaire, celui de la petite performance que représentait cette conduite un tantinet sportive. Malgré la vitesse de ce rallye dont nous étions les uniques participants – un peu à cause de cette vitesse même –, ces quelque trois mille kilomètres furent pour moi un ravissement : découvrir l'Italie, et l'Italie d'avant les marées touristiques qui depuis la défigurent, la découvrir non au cours d'une visite d'agrément mais à l'occasion d'un voyage strictement professionnel, celui d'un volcanologue allant étudier une activité éruptive, c'était exaltant. Et j'exultais !

Je ne suis pas extrêmement livresque, mais j'avais néanmoins lu et apprécié Stendhal, lu et pas tellement aimé Malaparte, lu et aimé Carlo Levi... J'avais été élevé par un beau-père qui enseignait, entre autres choses, la littérature italienne : de Dante à Ugo Foscolo, de Pétrarque à Ungaretti, de Goldoni à Quasimodo, du Tasse à Vittorini, ma connaissance de l'Italie ne se limitait pas au ouï-dire. D'autant que mes parents passaient chaque été leurs vacances tantôt en Toscane, tantôt en Ombrie, parfois dans les Abbruzzes ou dans les Dolomites. Vacances toujours intelligentes, visant à connaître mieux et davantage ce pays et ses habitants, choisis pour leur civilisation, la plus haute de toutes.

L'écho que j'en recevais m'avait dès l'âge de dix ou

douze ans baigné non seulement dans la culture italienne mais aussi dans la splendeur de ses paysages : les toiles de ma mère m'enchantaient, sa peinture solide m'initiait à la rigueur des lignes et à la finesse des tons des collines toscanes, terre de Sienne, terre d'ombre, verts délicats; et les poèmes de Robert Vivier, son époux et mon plus que père, incrustaient dans ma mémoire sa perception fine et puissante de l'Italie :

A Tirano, quand le silence éclate
Que follement brûlent les campaniles
Des enfants bruns abritent sous leurs cils
De purs, d'indifférents miracles.

Ou encore :

L'après-midi n'est qu'un long mur
De solitude où brûle un brasier calme...

Ainsi, par couches successives, infiniment minces, un vernis de culture italienne s'était déposé dans mon subconscient. Ne cessant d'augmenter un peu tous les jours durant mon enfance, mon adolescence et ma vie d'homme jeune, ce vernis avait acquis une solidité d'autant plus étonnante que jamais je n'étais allé en Italie, à l'exception d'une fois, à l'âge de six ans et demi, lorsque ma mère et moi, fuyant la famine de Russie, nous l'avions traversée en chemin de fer. Plus tard également lorsque, parvenu sur quelque sommet-frontière des Alpes et mettant le pied sur le versant sud de la montagne, il m'arrivait, courageusement, de faire pipi sur l'Italie fasciste... Entre dix-huit et vingt-trois ans, aux époques protohistoriques où l'infantilisme durait plus que de nos jours, ce genre d'affirmation pouvait être excusé. Sans pour cela être moins ridicule.

Ce n'était d'ailleurs pas faute d'oser affirmer publiquement mes idées – manichéennes et arrêtées – que je maculais, loin de la présence du moindre contradicteur, la neige italienne d'un 4000, c'était simplement pour manifester mon allergie au fascisme et au nazisme, qu'à l'époque je croyais identiques. Il m'aura fallu les années 1940 à 1945 pour reconnaître à quel point le nazisme était incroyablement plus odieux que je ne l'imaginais et combien, comparé à lui, le fascisme de Mussolini semble presque bénin – ce qui ne le rend d'ailleurs pas plus acceptable. Ces manifestations d'un goût douteux, en des endroits où il ne passait à l'époque que deux ou trois cordées par jour, voire aucune, ne relevaient pas d'une quelconque pleutrerie. L'attestaient les bagarres, parfois dures, à coups de poing, de canne et même de barre de fer qui nous opposaient, en période électorale, aux fascistes belges, les « rexistes », dont bon nombre collaborèrent dès 1940 et dont les plus courageux s'engagèrent dans les Waffen SS.

En ce printemps de 1949 où Picciotto et moi nous nous relayions au volant de notre traction avant lancée vers la Sicile et le Stromboli, l'Italie n'était plus fasciste depuis plusieurs années déjà et l'italophilie que, sans le vouloir, mes parents m'avaient transmise pouvait enfin s'épanouir. Et elle s'épanouissait! Les paysages étaient plus beaux encore que je ne les avais imaginés et étaient superbes les bourgs couleur du paysage, perchés sur les collines ou accrochés à des bords de falaise. Comme certaines villes que nous traversions : « *Et les villes de la terre / Chacune dans le lieu solitaire / Où elle a toujours été...* » Villes d'Ombrie et de Toscane, dont l'architecture enchanteresse était issue des âges où l'homme créait la beauté parce qu'il possédait le sens du beau. Sens inné d'abord, transmis ensuite par la tradition.

Les ruines encore fraîches laissées ici ou là par la guerre qui avait ravagé l'Italie en 1943 et 1944 (nous n'étions qu'en 1949) éveillaient une tristesse infinie mais elles n'étaient pas laides. La laideur n'a envahi le monde qu'à partir des années cinquante. En moins d'un tiers de siècle le patrimoine architectural unique de l'Italie et de la France, mais aussi – pour ne parler que d'elles – de l'Urss, de la Chine, de l'Espagne, a été massacré de façon irrémédiable. Massacré pour rassasier l'avidité d'hommes d'affaires qui, la guerre à peine terminée, s'étaient posés, comme des charognards sur une bête crevée, d'abord sur les ruines fraîches, puis sur tous les terrains à bâtir. Massacré pour satisfaire la cupidité et les complexes de politiciens « arrivés ».

Tout au long de l'histoire, les conquérants ont détruit des cités. Ces cités étaient des perfections. D'Alexandre le Grand à Napoléon, d'Hannibal à Xerxès, de César à Gengis Khan, de Saladin à Tamerlan, tous ont rasé les villes. Mais ils en bâtissaient d'aussi belles. Non seulement l'homme n'avait pas inventé cette hideur, le béton (sauf, événement rare, lorsqu'il est intelligemment utilisé), mais il avait tout au long des millénaires préservé et transmis le fabuleux savoir architectural accumulé par les générations antérieures. Quelles que fussent la contrée, l'époque, la laideur n'existait pas en architecture. Car les proportions étaient toujours justes, les matériaux toujours beaux – bois, pierre, brique ou pisé – et même les outrances des périodes de décadence n'aboutissaient pas aux abominations dont la présente après-guerre a pollué le monde.

Je découvrais donc une Italie très belle encore, en dépit de rares aberrations – ainsi l'une dans le centre de Rome. Mais de Rome l'essentiel demeurait splendide. Tout comme sont uniques par la beauté Gênes, Bologne, Florence, Pise, Sienne, Venise et cent autres cités.

Puisque j'ai su, rôdeur qu'un sourd désir conseille,
Écarter patiemment les ruses de la terre,
Florence verticale apparaît tout entière
Peinte dans la mémoire ardente du soleil.

Un temps avait été où j'emportais dans mon sac à dos ou dans ma valise le *Testament* de François Villon ou une anthologie. A partir de 1950, ce ne fut plus qu'*Au bord du temps,* de Robert Vivier. Et beaucoup, beaucoup plus tard je plaçai parfois René Char à son côté. Ils sont morts presque au même moment, Char en 1988, Vivier en 1989.

Les poèmes de Robert Vivier, mon ami et mon père, chantaient dans ma tête à mesure que je découvrais ce pays.

Devant l'Arno, ma rigueur accoudée
Poursuit un rêve indocile aux paroles.
Le vent rigide lutte avec l'idée
Sous l'arcade où l'azur se tait comme un symbole.

En vérité, cette première des innombrables visites que j'ai depuis rendues à l'Italie m'a impressionné davantage par son multiple paysage, urbain, rural ou naturel, que par l'objet de cette traversée intégrale de la péninsule : une éruption du Stromboli, sortant de l'ordinaire. Éruption qui m'enchanta comme m'avaient enchanté les deux premières que j'avais connues – Kituro et lac de lave du Niragongo – et comme devaient le faire par la suite les douzaines et douzaines qui allaient désormais jalonner mon existence. Cette éruption-ci, jolie certes, était cependant des plus modestes. Mais...

Mais Rossellini tournait alors avec Ingrid Bergman un film – finalement médiocre, hélas –, *Stromboli,* et son chargé des relations publiques avait inondé les agences de presse de communiqués quelque peu exagérés dès que s'étaient mises à ruisseler des coulées de lave sur la pente noire et raide appelée Sciarra del Fuoco, « Cicatrice du feu ». *Sciarra,* qui se prononce *charra,* correspond à l'auvergnat *cheire* : coulée de lave...

Les îles Éoliennes différaient peu de ce qu'elles avaient été des siècles durant. Elles étaient peuplées, fort peu d'ailleurs, de pêcheurs et d'agriculteurs travaillant en cultures étagées vigne, agrumes, blé, légumes. Depuis les temps des Étrusques et de la Grèce antique, des terrasses avaient été aménagées avec patience au flanc des volcans qui constituent chacune de ces îles. Les bourgs y étaient rares, et même les villages.

Dès 1950, le tourisme allait transformer cet univers microscopique, jusque-là presque isolé du reste du monde, allait transformer l'activité des habitants et même, parfois, transformer le paysage : à Vulcano, la douzaine de petites maisons cubiques, mauresques, que les agriculteurs-pêcheurs habitaient au pied même du volcan de la Fossa, ont disparu, remplacées par des centaines de villas, de restaurants, de bars, d'hôtels et de boutiques. Ce pourrait être une bonne chose, car ici l'architecture, pour moderne qu'elle soit, a intelligemment respecté le style traditionnel, n'a pas défiguré cette nature hors du commun qui attire les touristes. Industrie nouvelle, le tourisme crée des emplois, enrichit certains et donne – ou plutôt vend – aux visiteurs des satisfactions qui parfois ne manquent pas de valeur. Mais le risque auquel sont exposés désormais des milliers de personnes est redoutable. On reste pantois devant l'inconscience de ceux qui ont construit en cet endroit et de ceux qui y résident : de tous les lieux habités que j'ai vus de par le monde, celui-ci est le plus exposé aux bombardements volcaniques...

La dernière éruption de Vulcano s'est déroulée de 1888 à 1890. Elle fut violente et les bombes qu'elle lançait retombaient jusqu'à des centaines de pas du cratère. Il faut dire que celui-ci ne domine la partie plate, aujourd'hui surpeuplée, que de deux cents mètres à peine. Proximité qui explique pourquoi cette petite plaine, malgré toute sa fertilité, ne portait aucun village. L'une des très rares et très rustiques maisons à s'y trouver avant l'ère du tourisme, et dans laquelle nous avions logé, exhibait, enchâssée dans son toit plat, méditerranéen, une bombe de quelque cinquante centimètres sur trente, qui s'y était fichée une soixantaine d'années auparavant. Les paysans, naguère, avaient le bon sens dont sont aujourd'hui dépourvus les promoteurs immobiliers et les responsables, fonctionnaires ou élus, que ces derniers corrompent.

*

Ce fut à Lipari que mes yeux commencèrent à se dessiller sur les différences fondamentales qui séparaient le régime nazi du fascisme mussolinien. Lipari, dans notre littérature et dans notre credo antifascistes d'avant 1940, c'était le camp de déportation, l'horreur. Une horreur certes moins absolue que celle, alors ignorée de tous ou presque, des camps de concentration nazis ou des goulags staliniens. Mais quelque chose de cependant affreux. Quelque chose qui possédait sur les Konzentrazion Lagern et sur les goulags le triste privilège de l'antériorité : ils nous révoltaient depuis les années vingt alors que les camps hitlériens ne le firent qu'en 1945, après leur découverte par les civilisés, et les goulags à partir de Soljenitsyne. Car nous avions obstinément fermé nos yeux et bouché nos oreilles lorsque le malheureux Kravtchenko, entre autres, avait « choisi la liberté ».

Cette précédence mussolinienne conférait au fascisme une réputation quasiment aussi détestable que celle qui s'établit beaucoup plus tard pour les systèmes nazi et stalinien, alors que la déportation dans les Lipari, pour n'être pas villégiature plaisante, n'avait rien de commun avec les camps du Troisième Reich ou de l'Urss de Staline ou de Brejnev. Il s'agissait plutôt d'un exil.

Cette découverte m'apprit, ou commença à m'apprendre, qu'il convient de vérifier les informations dont procèdent certitudes et convictions. Et que se justifie rarement la confiance que l'on accorde aussi bien aux individus – et surtout à ceux qui vous flattent – qu'aux vérités affirmées. C'est vrai non seulement du monde politique mais aussi, comme je ne le découvris que plus tard, fort progressivement et à mes dépens, du monde scientifique. Pauvre Jean-Jacques Rousseau, les illusions qui te berçaient à propos de tes frères humains ont engendré des désillusions innombrables et du malheur à revendre...

*

L'éruption du Stromboli, que plusieurs jours et plusieurs nuits d'affilée nous étions allés regarder de fort près, ne m'apprit pas beaucoup plus que ce que, depuis l'éruption du Kituro, je savais déjà. Mais elle nous ravit par le spectacle qu'elle déployait et par les émotions qu'elle nous procura. Les plus fortes furent celles que nous valut la remontée des huit cents mètres de dénivelée de la Sciarra del Fuoco, que nous avions dévalés un matin du cratère jusqu'au rivage pour observer, tout du long, le comportement des coulées à mesure que, s'éloignant de leurs sources, elles se refroidissaient au contact de l'air.

J'avais l'expérience du Kituro dont les laves, après avoir atteint le lac Kivu, avaient imperturbablement poursuivi leur progression sous plusieurs mètres d'eau : je souhaitais comparer les deux événements. Au Congo, j'avais observé les choses de la berge d'abord, ensuite d'une pirogue. Et j'avais été quelque peu étonné de voir que l'eau non seulement n'arrêtait pas la coulée mais même ne la ralentissait guère. Apparent paradoxe qu'explique la très mauvaise conductibilité thermique des roches : dès que la croûte de refroidissement atteint quelques millimètres, l'intérieur de la coulée, désormais bien isolé, demeure liquide fort longtemps encore. La seule différence que j'avais pu constater à cette occasion était que, sous l'eau, l'incandescence de la lave disparaît quasi immédiatement alors qu'à l'air libre la roche en fusion ne se recouvre que très progressivement d'une carapace opaque. Cette croûte solide s'immobilise et la pâte incandescente suinte sous son rebord inférieur, se gonfle en demi-boule qu'une coquille de roc aussitôt dissimule, engendrée par le refroidissement rapide que provoque l'énorme capacité thermique de l'eau. Ce fut ainsi, dès la première éruption qu'il me fut donné d'observer, que je vis naître des « pillow-lavas », ces laves en coussins caractéristiques des coulées subaquatiques.

En 1949, au Stromboli dont les laves pénétraient dans la mer, j'avais voulu regarder ce processus de près, comme au Congo, pour voir si les comportements étaient les mêmes ou pas, compte tenu des différences entre l'eau douce et l'eau salée, ou celles qui affectaient la pente d'écoulement, laquelle était quasi nulle au lac Kivu mais approche des trente degrés d'angle à la Sciarra du Stromboli. Nous ne pûmes, hélas, rien voir car la mer ce jour-là était trop forte et les lames, en se brisant contre la roche abrupte, interdisaient de distinguer ce qui se passait sous la surface.

A cette petite déception s'en ajouta peu après une seconde. Nous comptions, en longeant le rivage, regagner la bourgade de San Vincenzo, y prendre un repas à l'auberge et y acheter des vivres pour les derniers jours à passer sur le volcan. Mais la sortie de la Sciarra se révéla trop ardue et, paradoxalement, la prudence nous obligea à remonter la pente que nous avions dévalée et sur laquelle retombaient les averses de projectiles incandescents vomis par les bouches béantes qui la couronnaient.

Lors de notre descente, ce danger existait aussi, bien sûr. En particulier parce que, à chaque déflagration, il fallait nous retourner pour surveiller ce qui se passait et faire éventuellement un saut de côté. Mais l'esquive était autrement plus facile que durant la remontée, rendue harassante à la fois par la lenteur avec laquelle nous progressions et par la lassitude, tant des muscles que de l'esprit, engendrée par toutes les heures passées en des lieux si peu confortables. D'autant que la menace croissait à mesure que nous remontions, puisque nous ne faisions que nous rapprocher des gueules éruptives, alors qu'ils étaient allés se réduisant lorsque nous dévalions la pente... Nous avons pris là des risques exagérés, mais la chance aidant, nous ne connûmes que des émotions fortes et quelques essoufflements peu ordinaires.

Deux jours plus tard un drame réel survint : la mort du général Muratori, l'un des collaborateurs de Rossellini. Le paradoxe est que lui ne courait aucun risque mais il mourut du cœur, « stressé » par une angoisse soudaine. Escorté de paysans, il suivait à dos de mulet le sentier qui menait au sommet. Le vent rabattait jusqu'au sol le panache du volcan et il fallait le traverser. Ce fut là que l'anxiété saisit Muratori et ce fut sans doute elle, beaucoup plus que le manque d'air dans ce nuage sulfureux, qui provoqua la crise cardiaque. Malgré tous nos efforts pour le soulager d'abord, pour le transporter ensuite aussi vite que nous le pouvions jusqu'au village, huit cents mètres plus bas, il rendit l'âme avant que nous n'ayons atteint le pied de la pente.

*

Six mois plus tard, une éruption de l'Etna fut pour moi l'occasion de rendre à l'Italie ma deuxième visite. C'était en plein hiver, un hiver très rude. Cette rigueur, plus que la douceur estivale, mettait en évidence la misère qui, quatre ans après la fin de la guerre, écrasait toujours la majeure partie de la population du « Mezzogiorno », le Midi italien.

La France aussi alors était pauvre. Pauvre non seulement à cause de la guerre, mais également de l'avant-guerre. Pauvre comme ne l'imaginent pas les générations d'après 1950. Mais cette pauvreté n'avait rien de comparable avec la misère qui pesait encore sur les cités et les villages de Naples et au-delà, misère éternelle des paysans, des « petites gens » du monde entier, dont le labeur enrichit depuis toujours les minorités qui les exploitent. Des serfs de la Rome antique aux *contadini* de 1949, les différences n'étaient pas bien marquées aux yeux du latiniste assez fervent que j'avais été au lycée. Misère des masures entre autres, cubes de basalte noir liés d'un mortier de sable volcanique gris sombre, sans étage ou dotés d'un seul, sans électricité, sans eau courante, sans installations sanitaires. Toute la famille vivait là, dans deux toutes petites pièces.

Aujourd'hui les mêmes hameaux, les mêmes bourgades dénotent une richesse relative. En l'espace d'une génération on y est passé du Moyen Age à la société du luxe, autrement dit du superflu. Même lorsque, parfois, manque encore le nécessaire. La misère existe toujours, mais moins générale, plus discrète. Elle agresse moins l'œil des touristes – qui assurent désormais la majorité des revenus de beaucoup de Siciliens – qu'elle ne blessait le regard des voyageurs d'antan. J'étais de ces voyageurs d'avant le tourisme de masse et je découvrais une société qui me rappelait celles qu'avaient décrites Daniel Defoe ou Jean de La Bruyère.

J'ai parlé du volcan Etna dans une bonne demi-douzaine de bouquins, dont trois qui lui sont spécialement consacrés, et je ne vais pas raconter de nouveau ni les sensations que j'y ai éprouvées et qui parfois furent fortes, ni les événements éruptifs qui s'y sont déroulés. Cette première visite à l'Etna ne m'apprit pas grand-chose sur le plan de la volcanologie (« pas grand-chose » ne signifie nullement « rien du tout » : je ne crois pas qu'une seule visite à un volcan, même en sommeil, a fortiori en éruption, ne m'ait enrichi, peu ou prou, de connaissances). Mais elle m'apporta deux amitiés solides, celle de Domenico Abbruzzese, dit Micio, alors assistant de Cumin, professeur de volcanologie à l'université de Catane, et celle du guide-chef de l'Etna, Vincenzo Barbagallo. Ces amitiés désintéressées sont de celles qui tiennent jusqu'au terme de l'existence.

Barbagallo était un paysan maigre, intelligent et sérieux. Micio était – est toujours, plus d'une quarantaine d'années plus tard – un de ces intellectuels méridionaux, joyeux, drôle, un peu replet malgré la montagne qu'il arpentait presque autant que Barbagallo, bon vivant et sage tout à la fois. Il était volcanologue-géologue, comme je l'étais moi-même à l'époque, comme l'étaient quasi tous ceux qui s'occupaient alors des volcans ou s'en étaient occupés. Tous abordaient le phénomène éruptif par son côté géologique, tous sauf quelques grandes figures de la volcanologie d'antan tels que l'Allemand Bunsen, les Français Sainte Claire Deville et Fouqué, Brun à Genève, Perret et Jaggar aux USA, lesquels avaient compris l'importance première des gaz.

Mon nouvel ami Abbruzzese, son patron le Pr Cumin, Alfredo Rittmann qui allait bientôt succéder à ce dernier et était alors l'un des pontifes mondiaux de cette science, les Hollandais Escher, Van Bemmelen, Petroeschevsky, Neuman Van Padang que l'étude sérieuse des volcans des Indes néerlandaises – devenues l'Indonésie depuis alors fort peu –

avait placés parmi les meilleurs volcanologues de la première moitié de notre siècle, tous s'attachaient essentiellement aux laves, à leur composition, à leur morphologie : je ne pouvais faire autrement...

En ces années cinquante, j'eus plusieurs fois l'occasion de parler à ces Bataves célèbres (célèbres dans notre minuscule univers de la volcanologie) et je m'étais rendu compte qu'ils étaient incomparablement plus intéressés par la pétrographie des roches, par leurs minéraux, par leur chimie, ou par la tectonique – l'architecture de l'écorce terrestre – qui sous-tend le volcanisme, que par l'analyse des mécanismes éruptifs. Les intéressait fatalement aussi ce que plus tard – lorsqu'on la découvrit – on appela la subduction, c'est-à-dire l'entraînement d'une plaque tectonique sous une autre, car le volcanisme de leurs « Indes néerlandaises » y était très évidemment associé. Mais, curieusement, l'étude des phénomènes mécaniques, physiques et chimiques qui se manifestent durant les éruptions ne faisait guère partie de leurs préoccupations et je finis par me résoudre, en ce domaine, à aller de l'avant sans aucun mentor.

J'y avais d'abord répugné car je savais mon bagage insuffisant pour appréhender de tels problèmes sans l'aide d'un patron spécialisé. Mais il n'en existait aucun. Il faut dire qu'au début je ne me faisais pas vraiment de souci : observer les éruptions, mesurer ce qui en était mesurable et essayer de découvrir des relations de cause à effet entre tous ces phénomènes à l'apparence fabuleuse, cela suffisait à occuper mon temps. Et à m'enchanter. Ce ne fut que plusieurs années plus tard que je cherchai des coéquipiers chimistes, car il en fallait pour pallier mes insuffisances en ce domaine.

*

Ces années furent pleines à ras bord. Je commençai celle de 1950 en me tirant dans le pied, à bout touchant, une cartouche de calibre 12. Vingt-quatre fractures des métatarses et tous les tendons coupés. Sauvé de l'amputation par un chirurgien d'envergure, le Pr Paul De Moor. Par tous, chirurgien inclus, condamné à l'infirmité. Sauvé de celle-ci par l'exemple qu'une douzaine d'années auparavant m'avait donné un guide suisse de haute montagne, Raymond Lambert : amputé de tous ses orteils gelés, au lieu d'abandonner son métier comme avaient dû s'y résoudre avant lui les professionnels de la montagne à avoir connu cette infortune, il s'était, à force de volonté, rééduqué jusqu'à retrouver sa maîtrise de l'escalade.

Dans l'instant même de l'accident qui m'avait jeté les deux paumes et un genou à terre, le pied blessé tenu en l'air, ne comprenant pas ce qui venait de se passer et hurlant silencieusement en moi-même de toute la douleur déclenchée par le broyage de ce pied et par la cautérisation simultanée des tissus, brûlés par la flamme du coup de feu, dans l'instant même je marmonnai : « Raymond Lambert, Raymond Lambert... » La douleur en effet était telle que je sus, aussitôt et d'instinct, que ce qui venait de se produire était grave et que j'étais désormais invalide. Mais la réaction fut tout aussi immédiate : pour ne pas être infirme, il allait falloir, comme Raymond Lambert, que je me rééduque. Ce n'était qu'une question de volonté.

Onze mois tout juste après cet accident, la nuit même du nouvel an, se concrétisa l'efficacité de l'exercice quotidien que j'avais imposé à un pied, ressoudé certes, mais tordu en hélice et souffrant de tout ce qu'il avait désormais d'anormal. Cette nuit de la Saint-Sylvestre, je la passai d'abord à gravir l'Etna, puis à le redescendre en suivant les berges de la coulée puissante et rapide qui ruisselait sur mille mètres de dénivellation. Tout au long de ces quatorze heures, la douleur fut contrebalancée par les émerveillements. Pour commencer, celui de savoir que désormais, même boitillant, je ne serais pas réellement infirme et continuerais à exercer mon métier, lequel exige de marcher beaucoup.

Autre émerveillement, celui que je ressentais face à la vitesse des laves. C'était la première fois que j'en voyais d'aussi rapides : plus de quatre-vingts kilomètres à l'heure... Cette rapidité résultait, me parut-il, de la conjonction d'une pente suffisante – de l'ordre de vingt degrés – d'une température apparemment plus élevée que d'ordinaire – mon pyroscope indiquait 1 040 degrés Celsius – et peut-être d'une composition chimique plus basique que n'en ont d'habitude les laves de l'Etna (la fluidité augmente avec la basicité). Les analyses ultérieures me montrèrent que ce dernier facteur n'avait joué en rien, ces laves étant pareilles à celles qui d'ordinaire ne dépassent guère la dizaine de kilomètres à l'heure sur le même genre de pentes... Ne semblait rester que l'influence de la température.

Mais quelle confiance accorder à mes mesures? J'utilisais une technique de lecture à distance, fondée sur le degré d'incandescence d'un fil électrique chauffé par le courant d'une pile dont on fait varier l'intensité jusqu'à ce que ce fil, ayant pris la même couleur que la lave, ne se voie plus. L'appareil, appelé pyroscope, est étalonné pour donner par lecture directe la température, en réalité mesurée en ampères. L'un des inconvénients de cette méthode est de ne donner que la température de surface. Or cette dernière – l'expérience me l'a confirmé à diverses reprises – peut ou bien être un peu supérieure à celle de l'intérieur à cause de réactions exothermiques avec l'oxygène de l'air, ou bien, au contraire, lui être inférieure par suite du refroidissement superficiel au contact de l'atmosphère, voire, éventuellement, de la pluie. Et je ne disposais pas de canne pyrométrique, que l'on plonge dans la lave comme on plonge un thermomètre dans de l'eau qui chauffe.

Une question se posait : pourquoi un même magma – ainsi celui qui le plus souvent fait éruption à l'Etna – est-il tantôt plus chaud, donc plus fluide, et tantôt moins ? Ces coulées-ci mettaient à peine deux heures pour arriver jusque dans les vignobles, vers les neuf cents mètres d'altitude, quand d'autres, chimiquement identiques, prenaient (j'allais le voir au long des décennies suivantes) deux mois – et non deux heures – pour couvrir moins de la moitié du même chemin ? Des réponses plutôt logiques me venaient à l'esprit, mais ce n'étaient – et ce ne sont toujours – que des hypothèses, autrement dit des théories non démontrées.

Une première était qu'une portion du magma profond se serait relativement refroidie, dans quelque fissure assez proche de la surface. Une deuxième était qu'un refroidissement aurait eu lieu à l'occasion d'un parcours souterrain non pas vertical du bas vers le haut, mais du haut du volcan vers le bas, parallèlement à la surface et tout près de celle-ci. Une troisième supposait une différence de profondeur des réservoirs de magma alimentant ces diverses éruptions. J'évoquais certes ces tentatives d'explication pour en faire l'Espagne. » Une phrase inspirée par des vers de Robert Vivier...

Je vous renvoie à mon bouquin si cette aventure vous intéresse [1].

*

L'autre aventure que j'ai entreprise en cette année 1950, ce fut celle de l'écriture. Fils d'écrivain – mais surtout de poète, et quel poète! –, jamais je n'aurais osé écrire ni même songé à le faire. La prose de Robert Vivier était à mon goût parfaite. Par sa simplicité exemplaire, par sa richesse sémantique paradoxalement sobre, par sa profondeur et, surtout, par sa puissance poétique. Je savais que je n'arriverais jamais à la cheville de mon père et dès lors l'idée d'écrire ne m'avait même pas effleuré. De même que ne m'effleurait pas celle de suivre ma mère dans sa recherche sur la théorie de la connaissance, où elle en imposait, parfois en public, aux universitaires les plus renommés, Jean-Paul Sartre en premier...

Aussi, lorsque l'on me demanda d'écrire un bouquin de vulgarisation sur ma toute jeune expérience volcanologique, je refusai sans la moindre hésitation, trop conscient de mes insuffisances. Et cela en dépit du goût très marqué que j'ai pour raconter en mots de tous les jours les domaines scientifiques qui m'intéressent. Mais j'avais affaire à trop forte partie : le directeur de la collection « Exploration », aux éditions Arthaud, qui me demandait ce bouquin, n'était autre que Raymond Latarjet et j'avais pour lui une estime très réelle : non seulement il était médecin

1. *Le Gouffre de la Pierre-Saint-Martin*, Arthaud, 1953.

spécialisé dans la recherche sur les effets des rayonnements ionisants – à cette époque bien mal connus encore –, mais surtout il était l'un des compagnons de Paul-Émile Victor dans ses expéditions groenlandaises. Et cela... !

Latarjet finit par me convaincre en m'expliquant qu'il ne s'agissait nullement d'une œuvre littéraire, mais d'un simple témoignage, témoignage d'ailleurs pas banal à l'époque puisque le phénomène éruptif était alors pratiquement inconnu. Je cédai à ce raisonnement et, si la rédaction de ce récit ne se fit pas sans souffrances – depuis la poursuite du mot que l'on souhaite et qui se refuse à la mémoire jusqu'aux désillusions sans cesse renouvelées dans la recherche de phrases capables de retenir l'attention du lecteur –, elle m'initia aux plaisirs subtils que donne le seul fait d'écrire. A tel point qu'en quarante années, j'ai commis deux douzaines de livres. Sans, cependant, que j'en aie jamais pris l'initiative, ne serait-ce qu'une seule fois : tous, sans exception aucune, m'ont été demandés, tous ont été exécutés « sur commande ». C'est là ma meilleure excuse contre le reproche d'en avoir trop écrit.

De ce manque d'initiative, la première raison est ma paresse congénitale, celle qui avait conditionné l'indécrottable cancre que je fus tout au long de mes classes, primaires comme secondaires. Cette paresse fit que je n'étudiais sérieusement – enfin, presque – que ce qui m'intéressait et, donc, ne me demandait guère d'efforts... Mais à force d'être grondé par mes parents et puni pour cette fainéantise par mes profs successifs, j'avais peu à peu pris le pli du travail. A un point tel que, quoique toujours paresseux – on ne change pas sa nature – je suis devenu comme intoxiqué de boulot. J'avais d'ailleurs découvert assez vite qu'un travail repose du précédent, quel qu'il soit, manuel ou intellectuel, artistique ou ménager, théorique ou pratique; et, quelle qu'en soit la forme, le repos est bien plaisant pour qui s'est fatigué!

Je m'apercevais, progressivement aussi, que le temps passe de plus en plus vite à mesure que s'accumulent les années et que, tout compte fait, on en manque toujours. Comme j'ai plaisir à faire des choses, toutes sortes de choses, et qu'une fois une chose mise en route il n'est pas question de ne pas aller jusqu'au bout, eh bien, le temps manque presque toujours et il convient donc de ne pas le perdre. Cela m'a amené à me passer et de vacances et de ce que l'on nomme désormais les loisirs – spectacles, fictions de toute espèce, jeux autres que sportifs –, bref les passe-temps. L'expression même m'agace : comme s'il fallait le passer, le temps... Alors qu'il est compté, et combien.

*

Novembre 1951 vit la *Calypso* appareiller pour sa première croisière, sous le commandement de Jacques-Yves Cousteau, familièrement appelé JYC, et de Simone son épouse, dite « la Bergère », avec à bord une demi-douzaine de marins et une douzaine de gars dont plus de la moitié étaient des scientifiques sérieux, zoologistes, chimistes, géologues, géographes : nous partions pour trois mois en mer Rouge. J'ai raconté cette expérience dans un bouquin, *L'Eau et le Feu,* aujourd'hui épuisé, et n'en évoquerai qu'un épisode.

Une nuit de janvier 1952, nous avions quitté Port-Soudan. Je m'étais installé face à l'écho-sondeur et, à mesure que nous avancions vers l'Arabie, la coupe de la mer Rouge s'inscrivait sous mes yeux et m'étonnait à l'extrême par sa lumineuse simplicité. Elle m'émerveillait même : les larges gradins quasi horizontaux qui constituaient ses fonds se terminaient soudain, coupés par des falaises sous-marines presque verticales, comme les marches d'un escalier gigantesque conduisant à la fosse étroite, profonde de deux mille deux cents mètres, qui forme l'axe de cette mer très biblique. Un escalier symétrique, je devais le découvrir quelques heures plus tard, remontait ensuite jusqu'à la côte de l'Arabie. J'étais fasciné par la trace qui s'inscrivait au rythme d'un point par seconde à mesure qu'avançait le bateau. Chacun de ces points correspondait à la profondeur du fond sous-marin à l'aplomb de la *Calypso*, fond qui réfléchissait le signal sonore que l'écho-sondeur fixé sous la coque avait lancé vers le bas : la durée de l'aller et retour de ce signal mesurait la profondeur.

Ce profil, à l'évidence, montrait que la mer Rouge occupait un fossé d'effondrement, ce que les géologues appellent un graben. Or, mécaniquement, un tel effondrement ne peut résulter que d'une extension de l'écorce terrestre et non d'une compression. C'était exaltant comme l'est toute découverte. Coincé dans les deux mètres carrés où se logeait l'écho-sondeur, j'étais aussi comblé ce jour-là que trois années plus tôt lorsque mon regard, du bord du puits à pic du Niragongo, avait été ébloui par le lac de lave, alors le seul connu dans le monde.

La chance me souriait une nouvelle fois. Mais c'était une chance que j'avais poursuivie, au Nira en descendant une falaise qui n'avait pas pu jusque-là être franchie, en mer Rouge en harcelant JYC afin que l'abandon de l'Afar – seul objectif à vraiment m'intéresser professionnellement dans ces trois longs mois de croisière mais dont la visite, promise, avait dû être annulée – fût compensé par une succession de profils bathymétriques, perpendiculaires à l'axe de la mer Rouge. J'espérais certes en retirer des idées sur la tectonique de la région, mais je n'aurais jamais imaginé récolter un tracé aussi clair, limpide comme un schéma pour écolier et qui, pour moi du moins, mettait un terme au doute qui régnait encore à cette époque sur la nature, « extensive » ou « compressive », des rifts.

En ce temps-là, on pensait que la mer Rouge était la continuation septentrionale du Grand Rift de l'Afrique orientale. Comme tout le monde, je le croyais aussi. Ce ne fut qu'au cours de l'exploration géologique du triangle de l'Afar, menée de 1968 à 1972, que nous fîmes la découverte, importante, que le Grand Rift est une chose, que l'Afar en est une tout autre, et que cette dépression représente, en fait, une partie exondée du fond de la mer Rouge.

Mais dès 1952, dès cette croisière de la *Calypso*, mes certitudes se trouvaient renforcées en ce qui regardait la tectonique qui régit le volcanisme : comme la mer Rouge est jalonnée de volcans, depuis l'île de Topazos jusqu'à celles des Hanish, comme des roches volcaniques la bordent et en pavent les fonds, et comme l'écho-sondeur de la *Calypso* me révélait que le fossé de la mer Rouge résultait d'effondrements, tout me semblait confirmer qu'il ne peut y avoir de volcanisme qu'en régions d'étirement tectonique car là, et seulement là – mécanique des roches oblige –, existent des failles suffisamment ouvertes pour permettre au magma de passer. Il apparaissait, en outre, que ce qui était vrai pour la mer Rouge valait sans doute aussi pour le Grand Rift de l'Afrique orientale, c'est-à-dire pour « mon » volcanisme des Virunga celui du Kituro, du Nyamlagira et du Niragongo. En 1952, ce n'était pas une certitude, comme ce l'est devenu : ce n'était encore qu'une hypothèse, que certains réfutaient.

J'avais été tellement impressionné par ce que j'avais vu s'inscrire sur l'enregistrement de l'écho-sondeur de la *Calypso* et par les idées que cette inscription avait engendrées dans ma cervelle tout au long de cette nuit entre Port-Soudan et un point anonyme de la côte d'Arabie que, plutôt bizarrement, je n'en parlai guère lorsque je rejoignis les copains pour le petit déjeuner. Et ce n'était nullement par « avarice », ce genre d'avarice intellectuelle qui se rencontre parfois dans notre microcosme de la recherche scientifique lorsque ceux qui pensent avoir une idée géniale préfèrent se taire de peur qu'on ne la leur vole. Ma discrétion – qui se prolongea jusqu'à Toulon, plusieurs semaines plus tard – m'étonnait d'ailleurs moi-même, toujours prompt à vulgariser ce qui m'intéresse. Je crois qu'elle était due au choc que représentait cette révélation soudaine, frappante comme l'évidence, que le fossé de la mer Rouge est, comme je viens de le dire, dû à un effondrement et non à la compression, tout comme, sans aucun doute, le rift est-africain. Aujourd'hui, près de quarante années plus tard, tout le monde l'apprend dès la quatrième. Mais alors...

Alors j'en avais été immédiatement convaincu par la limpidité même du tracé. Mais tout aussitôt comme à demi assommé par cette vérité qui faisait voler en éclats la thèse, sérieusement prise en considération jusque-là, que les rifts pouvaient parfois résulter de la compression et non de l'étirement de la croûte terrestre. Je n'osai pas m'en ouvrir à mes camarades d'équipage, scientifiques ou non, de cette première campagne océanographique de la *Calypso*. Je me contentai d'écrire une brève note pour le congrès international de géologie, lequel se réunit tous les quatre ans et allait le faire à Alger cette année-là. Congrès auquel je ne pus d'ailleurs pas assister car je me trouvai piégé au fond du gouffre de la Pierre-Saint-Martin dont nous avions repris l'exploration.

*

En ce 4 février 1991 je reprends le récit de ces souvenirs, interrompu il y a plus de trois semaines, d'une part à cause d'une surcharge de travail, de l'autre et surtout parce que me semblent secondaires ces « Mémoires » alors que la « crise » du golfe Persique se transforme inéluctablement en guerre. Mon passé d'ailleurs ne m'a jamais importé et j'ai toujours préféré soit imaginer l'avenir, soit vivre le présent. Je l'ai dit déjà, si j'écris aujourd'hui cette existence révolue, c'est sur l'insistance de Laurence Pernoud, elle-même poussée par des enfants et des adolescents dont depuis toujours elle s'occupe. J'avoue qu'à mes réticences initiales a succédé un plaisir certain, et que je n'imaginais pas du tout : celui de retrouver mon passé par l'obligation de le raconter. Mais depuis le moment où j'achevais le premier tome – c'était en juin 1990 – a éclaté ce que l'on peut appeler, quelle qu'en soit la durée, quelles qu'en soient les extensions, la troisième guerre mondiale. Mondiale d'emblée, tant par le nombre des pays impliqués, directement ou indirectement, que par les effectifs engagés, les enjeux, les retentissements économiques, sociaux, politiques, religieux, philosophiques que cet affrontement a provoqués, provoque et, une fois terminé, provoquera.

Parler du rift de la mer Rouge et de la découverte, en 1952, de sa signification tectonique, alors que déferlent à nouveau toutes les ignominies de la guerre, me semble futile, voire choquant. Choquant parce qu'il y a comme de l'indécence à raconter ses souvenirs, à se raconter soi-même, lorsque des centaines de milliers de vies se trouvent très directement menacées, alors que des millions d'êtres humains souffrent, inquiets pour ceux qu'ils aiment, alors que se perpétuent les injustices – cruelles toujours, souvent ignobles – qui caractérisent les guerres, alors qu'une minorité s'empiffre de richesses volées, « légalement » peut-être, mais indéniablement volées, alors que certains parmi les plus purs et les meilleurs sont anéantis.

L'insignifiance des événements personnels d'une vie éclate face à l'importance, quelque négative qu'elle soit, d'un conflit aussi titanesque. Cette guerre concerne le monde entier, concerne chacun d'entre nous, exactement comme nous concernait, il y a un demi-siècle, la Seconde Guerre mondiale. Il faut par conséquent que, comme alors, chacun y participe dans la mesure de ses moyens, apporte sa contribution infime qui, ajoutée à des millions d'autres, peut conduire à une somme efficace. Dès à présent il faut songer aussi à l'après-guerre et à ce risque majeur : perdre l'après-guerre. Car les victoires à la Pyrrhus sont vieilles comme la société humaine. Qui en effet, économiquement déjà et peut-être politiquement bientôt, a gagné la Deuxième Guerre mondiale? Les Alliés? ou l'Allemagne et le Japon, que, sur le terrain, ces Alliés avaient cru anéantir...?

Il convient de se trouver toujours prêt à réagir correctement à ce que l'avenir peut ménager. Lorsqu'il s'agit de la paix qui finit par succéder à une guerre, il y faut plus de soin, plus d'intelligence, plus de précautions, plus de clairvoyance encore. Préparer la paix signifie penser, discuter, prendre position, débattre, travailler, agir. Certes, écrire un livre, c'est une façon d'agir. Surtout lorsque l'objet de ce livre est de simplement dire ce que l'on pense et, ce faisant, de diffuser des idées, des opinions que l'on suppose valables. Car si l'on ne les croyait pas telles et qu'on s'efforçât de les faire partager, on serait quelque peu malhonnête... Trop vieux désormais pour être de la moindre utilité sur un champ de bataille, je ne puis guère, dans ce conflit majeur, espérer contribuer que par la parole. Laquelle, parfois, peut être d'importance, puisque dans l'univers de l'homme, tout, le pire comme le meilleur, passe par la parole. Laquelle pèse d'un poids à nul autre pareil – entre autres choses dans le déclenchement des guerres, dans la façon de les conduire, dans la manière de les conclure. Comme aussi dans la décision d'y participer ou non.

Y participer ou non? L'opinion publique en France est divisée depuis que, à l'imitation d'Adolf Hitler, Saddam Hussein a envahi le Koweït comme son modèle l'avait fait de la Tchécoslovaquie. En 1938, je faisais partie de la minorité qui n'acceptait pas l'agenouillement des démocraties face à l'impudence d'un dictateur. En 1990, je me trouve – événement rare dans ma vie – dans la majorité. Celle qui a décidé d'abattre le dictateur.

Mais la minorité d'aujourd'hui est importante car, si la plupart de ceux qui la composent en appellent aux égoïsmes habituels, aux rancœurs, justifiées ou non, à la pleutrerie, aux chauvinismes, aux racismes, à la médiocrité, quelques-uns au contraire sont des plus estimables, qui invoquent la justice, l'amour de la paix, voire l'indépendance et la fierté nationales... Et cela constitue une curieuse alliance contre ceux qui se sont déclarés amis de Saddam : Marchais, Le Pen, Waechter défilant ensemble de la Nation à la République, mais aussi certains, tant de gauche que de droite, pour lesquels on ne peut qu'éprouver de l'estime... Toute guerre est odieuse et les craintes que celle-ci inspire sont dès lors justifiées. Mais il en est d'absolument nécessaires et celle-ci en fait partie, comme celle que nous aurions dû déclarer et faire en 1938 (en vérité, dès 1936...).

Le prétendu pacifisme de ceux qui scandent leurs slogans contre l'utilisation de la force pour répondre à l'agression de Hussein n'est qu'un pseudo-pacifisme. Refuser de faire cette guerre 1990-1991, c'est en effet ressusciter Munich et ses conséquences. Lesquelles furent, entre autres, la guerre 1939-1945, avec ses dizaines de millions de morts et ses centaines de millions de victimes à survivre dans les conditions atroces infligées par leurs blessures physiques et morales. Laisser Saddam Hussein digérer le Koweït comme son prédécesseur avait digéré ses premières proies, ce serait l'aider à régner bientôt sans frein sur tout le Moyen et le Proche-Orient. Avec, à terme, la guerre la plus destructrice et la plus meurtrière de l'histoire.

Depuis que Gorbatchev a soulevé le couvercle de la boîte de Pandore, nous vivons une époque stupéfiante. La guerre qui se développe actuellement dans le Golfe n'aurait pas eu lieu si s'était poursuivie la guerre froide, à laquelle Gorbatchev a mis fin : dès août 1990 l'Urss aurait opposé son veto aux résolutions des Nations unies et Saddam Hussein aurait pu, aussi placidement que cyniquement, avaler tous les États du sous-continent arabique. Au lieu de quoi, l'Urss – et la Chine – ont cosigné l'embargo et, s'il se révélait nécessaire de l'utiliser, la force. On a mis cette force en place d'août 1990 à janvier 1991. On vient de la déchaîner. La nullité de Hussein en matière de stratégie est plus totale encore que celle de Hitler. Qu'il perde l'affrontement armé qu'il a provoqué me semble certain. Quels seront les coûts de cette défaite, quel sera le prix de notre victoire?

*

Il est regrettable que la « dérive des continents » soit un phénomène tellement lent (deux à dix centimètres par an en moyenne) car les problèmes cruciaux du moment présent, guerres, pétrole et intégrismes entre autres, seraient résolus si se produisait en quelques semaines ce que la tectonique de la planète nous réserve pour un avenir géologique proche, dix millions d'années. Dix millions d'années, dans la vie de la Terre qui en a plus de quatre mille millions (quatre milliards et demi), cela correspond à quelques mois de la vie d'un homme. C'est pourquoi, à propos de cette dizaine de millions d'années, je vous parle d'avenir géologique quasi immédiat. Or, dans dix millions d'années à peu près, les Émirats auront disparu sous l'Iran...

En effet, poussée vers l'est-nord-est à partir du rift océanique de la mer Rouge, l'Arabie depuis vingt-cinq millions d'années, se faufile sous la Perse, c'est-à-dire sous le bord sud-occidental de l'Asie. Passant par-dessous celle-ci, elle la soulève et, ce faisant, engendre une chaîne de montagnes, le Zagros, et des tremblements de terre innombrables. Mais je vous parlerai plus tard de cette découverte, que nous avons faite en 1968 et 1969 lorsque nous avons identifié la signification géologique de l'Afar.

J'avais maintes choses à régler entre notre débarquement à Toulon, en février 1952, et la réunion géologique internationale d'Alger. Avant tout, reprendre le travail sur l'activité éruptive, donc retourner au plus tôt sur le Stromboli et sur l'Etna; puis, début août, participer avec mes camarades de l'année précédente à la poursuite de l'exploration du gouffre de la Pierre-Saint-Martin.

Dans la recherche volcanologique qu'en 1948 j'avais entreprise par hasard, l'observation et la mesure sur le terrain des paramètres accessibles étaient, à mes yeux, la base *sine qua non* de toute réflexion permettant de comprendre les pourquoi et les comment du phénomène éruptif. Mais ce travail de terrain avait été rendu impossible toute l'année 1950 par le coup de fusil que j'avais infligé à mon pied gauche. La croisière en mer Rouge avait ajouté quelques mois supplémentaires à ce chômage volcanologique et je ressentais d'autant plus le besoin de retrouver l'objet de ma passion nouvelle (je ne parle pas de ma vie privée, mais de l'activité éruptive) que des doutes scientifiquement graves commençaient à se manifester dans mon esprit : géologue de formation, converti depuis bientôt quatre années à la volcanologie et nourri de lectures dont les auteurs, spécialistes mondialement reconnus, insistaient quasiment tous sur l'importance primordiale, dans ce phénomène, de la nature chimique et minéralogique des magmas, je commençais, dans ma tête, à remettre cette importance sérieusement en question...

Je n'avais alors l'expérience que des laves basaltiques (au sens large du terme), c'est-à-dire « saturées » en silice, du Stromboli et de l'Etna, et des laves basanitiques, sous-saturées en SiO_2, des Virunga. Quoique jamais encore je n'eusse ni vu ni, a fortiori, étudié d'éruptions alimentées par des magmas, au contraire riches voire très riches en silice – andésites, dacites, rhyolites – ma petite expérience soulevait déjà en moi certaines questions un tantinet iconoclastes. Si ces différences de composition chimique entraînaient automatiquement des différences marquées de la viscosité des magmas et, par conséquent, de la résistance mécanique qu'ils opposent tant aux gaz qui cherchent à s'en échapper qu'à l'écoulement des laves, pourquoi un magma aussi pauvre en silice – 39 à 40 pour cent à peine – que celui du Kituro avait-il engendré des coulées qui ne progressaient guère qu'à quelques kilomètres à l'heure alors qu'un magma saturé – 48 à 50 pour cent de silice environ comme celui de l'Etna, lors de sa puissante éruption de 1950-1951 – avait libéré des coulées fonçant à des vitesses plus de dix fois supérieures?

L'explication de cette apparente exception à la règle qui régit la viscosité en fonction de la teneur en silice aurait pu reposer sur une différence de température. Car la viscosité dépend de celle-ci plus encore que de la chimie. Mais les mesures que j'avais faites tant au Kituro qu'à l'Etna donnaient des chiffres similaires, compris entre des maxima proches de 1 040 degrés Celsius et des minima de l'ordre de 950. Alors...? Une autre réponse, je l'ai déjà dit, pouvait se trouver dans la nature des gaz éruptifs, ou dans leurs proportions, ou dans leur pression propre... Vrai? Pas vrai? Je n'en avais pas la moindre idée, mais je brûlais d'en avoir. Et, pour en avoir, il n'existait qu'une source d'informations : c'était, encore et toujours, observer, mesurer, observer. D'où ma hâte, de retour de mer Rouge, à retrouver ces deux volcans en activité pratiquement continuelle.

Jadis surnommé « phare de la Méditerranée » car de cent kilomètres à la ronde on aperçoit de nuit le rougeoiement de ses laves incandescentes perchées à plus de huit cents mètres au-dessus de la mer, le Stromboli se trouve en éruption permanente depuis l'époque historique. Laquelle, dans cette région, remonte à près de trois mille ans. L'Etna lui aussi est très actif, mais il connaît des moments de calme plus ou moins profond et plus ou moins long, quelques jours, souvent quelques semaines, voire parfois quelques mois. Ce qui est fort peu par rapport aux décennies et aux siècles qui séparent, pour la majorité des volcans, deux éruptions successives. Par contre, les colères de l'Etna peuvent être relativement violentes et même violentes à l'excès, et cela beaucoup plus souvent que celles de son cousin le Stromboli.

Pour le volcanologue soucieux de comprendre les mécanismes éruptifs, cette permanence de l'activité est précieuse. Car si l'activité fait défaut, il ne peut rien étudier des mécanismes. Il en va ainsi du Vésuve depuis 1944, du Fuji depuis 1770, de la montagne Pelée depuis 1929, de la Soufrière depuis 1976... Or l'activité permanente est fort rare : à peine une vingtaine de volcans la manifestent sur les milliers susceptibles de faire éruption. Dans leur immense majorité, ces « bouches à feu » sont en effet assoupies les neuf dixièmes du temps et n'offrent donc guère la possibilité de faire les mesures ni les observations indispensables à l'élaboration d'une hypothèse solide. Ils l'offrent d'autant moins que les périodes éruptives relativement brèves de ces volcans sont souvent caractérisées par une violence telle qu'elle interdit d'approcher assez près les cratères pour récolter suffisamment d'informations sérieuses : la télémesure est certes très utile, mais nullement suffisante.

Par contre, le Stromboli, l'Etna, le Niragongo, comme leur vingtaine de cousins en état d'éruption subpermanente présentent l'avantage d'offrir une activité quasi continuelle et d'être, grâce à cela même, assez faciles d'accès. En effet, cette permanence signifie une libération continuelle de l'énergie éruptive laquelle, de ce fait, n'a pas le temps de s'accumuler en profondeur jusqu'à devenir formidable. Le volcanologue y trouve l'avantage de ne pas avoir à attendre des années, des décennies, voire des siècles, que le volcan se réveille.

Si je raconte cela avec trop de détails techniques peut-être, c'est que je n'oublie pas que ce récit de mon itinéraire m'a été demandé notamment par des jeunes gens curieux de savoir comment le bonhomme Tazieff avait mené son existence et comment s'y prendre pour marcher dans ses traces. Ma vie a finalement été conditionnée en mars 1948 par le coup de foudre que j'avais éprouvé pour l'éruption volcanique. Je m'étais d'emblée plongé dans cette discipline inconnue de moi la veille, la volcanologie, qui partout – je devais le découvrir – restait encore balbutiante. Ce qui ne peut qu'encourager des vocations, car un chercheur a beaucoup plus de chances de faire des découvertes dans un domaine peu exploré que dans les disciplines très développées. Mais ceux d'entre vous, jeunes gens, que tente ce genre de volcanologie, évitez l'erreur que j'ai faite et que font toujours la plupart des volcanologues : celle d'y arriver par la géologie. En ce qui me concerne, cette erreur n'était pas de mon fait, puisque je n'avais jamais songé à m'occuper de volcans et que je n'avais étudié la géologie que pour mieux comprendre les montagnes.

Je le répète, c'est par la physique, par la chimie et par la mécanique qu'il vous faut passer. Car, si le volcanisme est certes un phénomène géologique, et même le phénomène géologique fondamental, ce n'est pas la géologie qui peut en analyser les mécanismes, même si des géologues ont puissamment contribué aux progrès dans cette analyse parce qu'ils étaient aussi chimistes. S'ils avaient été de surcroît physiciens et mécaniciens, ils l'auraient fait progresser bien plus encore.

*

Je viens d'avoir la plaisante surprise, le premier volume de ces souvenirs à peine paru, de recevoir par la poste une grande enveloppe contenant une lettre, un rapport et des photographies : M. De Nobele, officier de marine aujourd'hui à la retraite, m'envoie des clichés du quatre-mâts barque *L'Avenir* – surnommé par les marins belges de l'époque « Our White Lady » –, ce navire dont j'avais été proprement amoureux toute mon enfance durant. Des photos aussi de ceux qui l'avaient commandé, dont le capitaine Bécu, cet homme qui avait eu l'intelligente patience de m'ouvrir suffisamment les yeux pour que j'oriente ma vie de façon plus rationnelle. Je vous transcris ici les quelques lignes que De Nobele m'a communiquées au sujet de la disparition de *L'Avenir*.

« ... A son retour de la course au grain d'Australie, en 1937, *L'Avenir* fut remorqué à Hambourg pour être réaménagé. Il fut rebaptisé et nommé *Admiral Karpfanger*. Dans l'esprit des vieux marins, changer le nom d'un navire portait malheur à ce dernier. Et ce sera vrai cette fois-ci encore.

« Le 18 septembre 1937, le navire-école *Admiral Karpfanger* quitta Hambourg pour l'Australie, fit une courte escale à Funchal (Madère) le 19 octobre et, après avoir doublé le cap de Bonne-Espérance, arriva à Wallaroo le 5 janvier 1938, après cent sept jours de voyage. Ayant embarqué un plein chargement de blé, le voilier quitta Port Germein le 8 février 1938 à destination de Hambourg via le cap Horn. Le mardi 1er mars 1938, l'*Admiral Karpfanger* signala sa position par radiotélégraphie en y ajoutant le traditionnel “ tout va bien à bord ” des gens heureux. Ce fut son dernier message, émis par 51° S-172° E.

« En juillet 1938, l'absence de nouvelles commença à accroître l'inquiétude provoquée par le long silence. En effet, il était d'usage d'envoyer un message une fois par semaine, signalant la position du navire. Dans les premières semaines de mars, à l'Armement de Hambourg, on a pensé que le poste de radiotélégraphie pouvait être hors service suite à une avarie grave mais vraisemblablement temporaire. Enfin, après de si longs mois sans nouvelle aucune, le s/s *Galvarino* fut envoyé en recherches par les autorités du gouvernement du Chili. Il croisa dans la région du cap Horn du 10 au 21 octobre 1938. Dans la baie Windhond de l'île Navarino, on découvrit deux morceaux de porte. Une de ces planches portait une petite plaque *(Kapitäne u. Offiziere)* qui fut identifiée à Hambourg : elle faisait partie d'un lot fourni au navire pour remplacer celles portant les indications en finlandais. Sur une autre plage, dans la baie Aguirre, Terre de Feu, aux approches est du chenal du Beagle, on trouva quelques bouts de bois de teck de la chambre de veille et une bouée de sauvetage portant le nom du navire... »

*

Au mois d'août de cette année 1952, nous reprîmes l'exploration, entamée et bien avancée l'été précédent, du gouffre de la Pierre-Saint-Martin (que nous appelons gouffre Lépineux du nom, comme disent les spéléos, de son « inventeur »). Les trente-six heures d'agonie de Marcel Loubens, l'ensevelissement de son corps sous des pierres que nous avions accumulées, la reprise de l'exploration, afin de ne pas demeurer sur un désastre et malgré une fatigue et une peine extrêmes, les difficultés, voire les anxiétés, de nos remontées successives, la critique de l'attitude de chacun d'entre nous, acteurs à des titres divers de cette aventure dramatique mais humainement enrichissante (et sportivement victorieuse puisque nous avions battu des records mondiaux de profondeur), tout cela me mûrit quelque peu. Mais m'empêcha de rejoindre Alger avant la fin du congrès international de géologie et, du même coup, d'y présenter mes profils de la mer Rouge, d'y exposer et d'y discuter avec les grands tectoniciens de l'époque l'interprétation que j'en donnais et mon hypothèse quant aux mécanismes de la genèse des rifts.

Peu m'importait d'ailleurs, puisque me suffisaient les joies de trouver tantôt ceci, tantôt cela, et de recevoir, tantôt ici, tantôt là, un satisfecit qui me réconfortait. En l'occurrence, deux éminents géologues français de l'époque m'avaient accordé le leur, le Pr Pierre Pruvost et le Pr Louis Glangeaud. Le titre de professeur m'impressionnait encore en ces temps-là et je rêvais de le porter un jour. Mon confort intellectuel ainsi assuré par le soutien moral de ces deux-ci à Paris, de de Magnée à Bruxelles, de Marcel Roubault à Nancy, de Wegmann et de Lugeon en Suisse, je ne songeais guère qu'à aller plus avant. Et aller plus avant, dans l'éthique scientifique qui peu à peu se structurait dans mon subconscient, signifiait observer et observer encore, observer toujours comment les éruptions fonctionnent.

Mais il n'était pas tellement aisé, à l'époque, de multiplier ces expériences. L'avion, l'hélico, le véhicule tout terrain qui aujourd'hui facilitent l'approche de n'importe quoi, cratères inclus, ne faisaient alors qu'amorcer leur développement. D'autre part, la volcanologie n'existait dans nos pays ni pour l'Université, ni pour la recherche scientifique, ni pour l'État. N'existaient pas davantage les crédits nécessaires. Et cela m'obligeait à payer de ma poche non seulement les voyages, mais même les instruments de mesure.

Pour gagner l'argent nécessaire, je finis par accepter de faire des conférences payantes. Dès 1949 on me l'avait demandé, mais j'avais décliné ces invitations, pensant que cette activité apparentée à un spectacle n'était pas digne d'un scientifique. Cette réaction pudibonde tenait à l'éducation que j'avais reçue, laquelle me faisait mépriser l'argent d'une part et vénérer l'Université de l'autre. Mais, dès lors que l'Université se refusait à m'aider dans la recherche que j'avais entreprise, et que je n'avais d'autre choix que renoncer à celle-ci ou la financer par le biais de conférences, voire de livres traitant du phénomène qui me passionnait, je fis taire ma pruderie bien-pensante.

A cause de la guerre – qui avait été longue – il n'y avait, à l'époque, plus guère de volcanologie dans le monde et absolument aucune en Europe, Italie incluse. Je précise : pas de volcanologie au sens étroit du mot, c'est-à-dire étude du phénomène éruptif. Car celle des roches volcaniques et de la géologie des volcans avait, elle, survécu à la guerre mondiale. Mais je découvrais petit à petit que ces deux volcanologies n'avaient, comme je vous l'ai dit, pas grand-chose en commun.

Naïf, je m'étais imaginé que le petit univers des sciences de la terre, dont je faisais professionnellement partie, allait, comme je l'avais fait moi-même, s'enthousiasmer à l'idée d'observer le phénomène éruptif, de l'analyser et, finalement, de le comprendre. Malheureusement, si j'éveillai bien l'intérêt de certains, je ne réussis nullement à convaincre les mandarins dont dépendaient les programmes de recherche. Au contraire, je provoquai chez ces derniers un syndrome de rejet et beaucoup de géologues se montrèrent plus choqués qu'intéressés par l'aspect « spectaculaire » du phénomène éruptif. Certains parmi mes propres maîtres avaient pris quelque distance avec ce disciple qui avait mal tourné. N'est-ce pas mal tourner, en effet, que prétendre faire de la science dans un domaine qui non seulement n'est pas officiellement reconnu mais qui, crime contre le sérieux qui doit caractériser les « savants », se compromet avec le spectacle – fût-il offert par dame Nature – et avec la performance aventurière? Car dans les récits que je faisais, je mêlais à l'occasion, avec candeur et maladresse, la description des phénomènes éruptifs, inconnus de tous à l'époque, les réflexions d'ordre scientifique qu'ils m'inspiraient et, ô scandale, quelques évocations des éventuelles difficultés d'ordre physique qu'il avait fallu surmonter pour aller jeter un regard ici ou mesurer quelque chose là. Je ne me rendis compte de cette réaction négative qu'au bout de plusieurs années et j'en fus proprement stupéfié.

Le cinéma 16 millimètres en couleurs s'était répandu dès la fin de la guerre et permettait désormais de faire revivre plus aisément l'aventure de ceux qui étaient allés se balader dans des contrées exotiques ou des endroits peu courus, donc peu connus, car d'accès plus ou moins malaisé. Quelques-uns de ces conférenciers professionnels étaient des explorateurs authentiques, quelques autres des charlatans et la plupart d'honnêtes voyageurs, dont certains étaient même des scientifiques. Je fis partie de cette corporation jusqu'au jour où, outré par les dangers inventés et les exploits imaginaires que certains d'entre eux racontaient à des auditoires éperdument crédules, et n'ayant pas réussi à les faire condamner par leurs pairs – c'est-à-dire les membres du club qui nous rassemblait –, ce fut moi qui en démissionnai. Cela me valut quelques « amis » de plus.

Mon adolescence s'était passée sans qu'une seule fois j'eusse éprouvé de colère. La première à m'avoir secoué, et avec quelle vigueur, était survenue lorsque j'avais dix-huit ans passés. Et la seconde, six années plus tard. C'est dire que j'avais plutôt bon caractère. Aujourd'hui, et depuis plusieurs décennies, les saintes colères sont devenues chez moi quasiment quotidiennes et certains jours j'en délivre plusieurs. Et ce ne sont pas les éruptions volcaniques qui ont déteint sur moi ! Ce qui montre que le temps tend à transformer l'individu. Pareillement, je ne me suis pas connu d'ennemi avant mes trente ans. Les premiers à avoir fait acte d'inimitié à mon égard m'avaient en quelque sorte sidéré : je n'arrivais pas à comprendre la haine personnelle, moins encore les manifestations inspirées tantôt par la jalousie, tantôt par la calomnie qui d'ordinaire l'accompagnent. Dans les débuts, ces haines me stupéfiaient et me désolaient : comment peut-on se haïr? Haïr le mensonge, haïr la cruauté, haïr l'égoïsme, ô combien! Mais haïr des gens...?

Cependant, à mesure que s'écoulait le temps et qu'avec lui je me découvrais des ennemis nouveaux, je passai d'abord par un stade où ma désillusion juvénile fit place à une indifférence de plus en plus marquée; puis, le mépris ayant pris la place de mes sentiments initiaux, l'apparition de tout ennemi nouveau me procura un plaisir, paradoxal peut-être, mais certain. Ce n'était néanmoins pas encore le cas au long de ces années cinquante où mes illusions rousseauistes et marxistes me laissaient croire que l'homme, foncièrement, est bon.

Cette activité conférencière fut pour moi un métier somme toute lucratif, puisqu'elle me permit non seulement de gagner assez pour vivre de façon décente mais, surtout, de financer mes recherches sur les mécanismes éruptifs.

Comme je m'en étais aperçu, je n'étais pas capable de poursuivre seul l'objectif que je m'étais assigné. Pour deux raisons majeures. La première était simplement physique : il fallait davantage de force que je n'en pouvais développer pour porter jusqu'à leurs lieux d'utilisation les instruments dont je commençais à me pourvoir. La seconde était que, pour obtenir des résultats fiables, plusieurs de ces instruments – sismographes, tiltmètres, gravimètres – devaient être manœuvrés par des spécialistes et non par le semi-ignare que j'étais en ces domaines. De plus, je souhaitais pouvoir discuter avec d'autres scientifiques non sur les simplifications incomplètes que représentent les notes, les schémas et les chiffres que l'on rapporte, mais en présence des phénomènes eux-mêmes et de leur complexité. La confrontation des idées, voire les réactions immédiates aux variations d'un, de deux ou de plusieurs paramètres, constituent en effet un garde-fou contre des conclusions erronées et aussi contre l'impossibilité, pour un seul homme, de voir tout ce qui se passe au même moment en divers points de la zone en activité.

L'absence de moyens financiers dont je pâtissais m'interdisait de constituer une équipe permanente. Je ne pouvais dès lors compter que sur la collaboration bénévole de scientifiques appartenant, statutairement et financièrement, à tel ou tel laboratoire, français, belge, italien, anglais, voire américain ou japonais, et qui acceptaient de m'accompagner en prenant soit sur leurs vacances, soit sur leur temps de travail – chacun en accord, ou pas, avec sa hiérarchie. Dès ma première visite à Vulcano et au Stromboli en juin 1949, j'avais ainsi bénéficié de la compagnie d'un scientifique de haut niveau, Edgard Picciotto, géologue et physicien nucléaire, dont j'avais fait la connaissance pendant la Résistance. Je ne réussis guère, malheureusement, à le convaincre de l'intérêt que présentait le phénomène éruptif, et ce furent Yvan Elskens, puis Franco Tonani, tous deux professeurs de chimie analytique que la composition des gaz éruptifs fascinait, puis Jacques Labeyrie, physicien à la vaste culture et à la curiosité scientifique insatiable, qui les premiers m'apportèrent l'aide et le savoir indispensables qui me manquaient.

Peu à peu, le nombre des collègues à m'accompagner augmentait. Mais je dus toujours souffrir du fait que ces collaborateurs ne pouvaient se libérer qu'en fonction de leurs possibilités professionnelles propres, et pour des durées parfois insuffisantes aux missions que je conduisais, missions de surcroît déclenchées beaucoup plus souvent par l'annonce d'une éruption que programmées à l'avance, ce qui pose des problèmes avec les administrateurs de la science et ceux de l'université. Or, l'étude des phénomènes éruptifs s'accommode mal des corsets administratifs et de la bureaucratie de l'administration, quelle que soit cette dernière : scientifique, universitaire, ministérielle ou étatique...

Il m'arrivait assez souvent, parce qu'ils ne pouvaient se l'offrir, d'avoir à payer le voyage de l'un ou de l'autre de mes collaborateurs bénévoles, scientifique ou « sherpa ». Les sherpas, comme nous les appelâmes bientôt, c'étaient les gars – voire les filles solides – qui nous aidaient à porter nos douzaines de douzaines de kilos d'instruments, de nourriture, d'eau, parfois de matériel de bivouac. Cela signifiait de l'argent, que je me mis donc à gagner à coups de conférences et de livres. Et plus tard, de films, meilleur moyen de rendre avec quelque fidélité les spectacles toujours fabuleux et toujours différents que dispensent les éruptions volcaniques. Ce fut ainsi qu'à ce nouveau métier de volcanologue, dans lequel je m'étais jeté à corps perdu et sans hésiter en mars 1948, se joignirent, de plus en plus étroitement à mesure que j'en apprenais les alphabets, deux autres : celui de caméraman-monteur-commentateur-réalisateur de films, et celui d'auteur.

J'avais abordé la première de ces deux nouvelles professions par la force des évidences : face au spectacle inouï – inouï au sens premier du terme, car les fracas éruptifs sont parfois terrifiants par leur puissance et, parfois aussi, par une ténuité qui inquiète tant elle semble anormale –, face au spectacle composé de couleurs tantôt sourdes tantôt éblouissantes, caractérisé de façon essentielle par le mouvement et par la démesure, on se sent incapable de le rendre par la parole, pas plus prononcée qu'écrite, ni par l'image fixe, dessin, peinture, photographie, laquelle « oublie » le mouvement. Et seul le ciné (en couleurs bien sûr, car celles-ci sont aussi gratifiantes pour le regard que la cinématique) pouvait rendre le spectacle le plus somptueux qui soit sur notre terre.

J'appris ainsi, exclusivement par la pratique et sans avoir reçu le moindre enseignement, la façon de cadrer des images, de les tourner, de les monter et de les commenter. J'appris par ailleurs, toujours en autodidacte, à écrire la relation de ces aventures à moitié aventureuses et à moitié scientifiques. En autodidacte bien introduit cependant dans le monde des lettres : le fils de Robert Vivier n'ignorait pas tout de l'art, pour rudimentaire et non ambitieux qu'il fût, de fixer par écrit ce que l'on a dans la tête. Pendant des années j'ai joui, de surcroît, du privilège que représente une critique constructive : ma mère et mon beau-père relisaient avec sévérité les pages que je leur soumettais et me faisaient constater mes fautes les plus flagrantes.

Mon premier bouquin, *Cratères en feu*, naquit un peu aux forceps et cela se sent à la lecture. Les suivants furent de moins en moins pénibles à pondre à mesure que je prenais plaisir plutôt que peine à raconter mes histoires. Quels que soient les défauts de ces livres, quelles qu'en soient les qualités, les écrire devint pour moi un divertissement et aussi un métier, puisque cela me permettait et de financer nos recherches volcanologiques et de vivre.

Pas mal de gens, à côté de leur profession principale, écrivent, certains des romans, d'autres des poèmes, d'autres encore, comme moi, parlent de leur métier. Violon d'Ingres, certes, mais tellement plaisant (du moins pour celui qui en joue...) que je ne puis que vous inviter à en jouer vous aussi : racontez votre métier, quel qu'il soit mais tel que vous le vivez, même lorsque vous en êtes encore au stade de l'apprentissage, racontez-en l'atmosphère, les techniques, les gens qui l'exercent et les gens qui le croisent ou qui, plus ou moins, l'accompagnent. Raconter tout cela peut intéresser les lecteurs, voire les passionner, mais, avant tout, cela vous intéressera vous-même.

*

J'avais donc manqué le congrès géologique d'Alger à cause de l'accident qui avait tué Marcel Loubens au fond du gouffre de la Pierre-Saint-Martin mais il n'était pas trop tard néanmoins pour participer à l'excursion géologique qui lui succédait, dans l'Adrar de Mauritanie. J'y tenais fort pour des tas de raisons : le Sahara faisait partie de mes rêves et ce que j'avais aperçu du désert d'Arabie lors de nos mois de mer Rouge les avait exacerbés. De plus, l'excursion se ferait à chameau et à pied, non en voiture. Enfin, elle serait conduite par Théodore Monod, l'homme qui connaissait le mieux le Sahara, tant du point de vue de sa géologie, de sa botanique et de sa zoologie que des nomades qui l'habitent.

Avion de Paris à Casablanca d'abord, de Casa à

Atar ensuite. Les voyages en avion commençaient à se développer mais n'étaient ni standardisés ni « aseptisés » comme ils le sont devenus. Ils possédaient un charme certain, désormais perdu, ne serait-ce que celui de voler relativement bas, les avions étant propulsés par hélice. On voyait mieux les paysages, on devait faire escale pour la nuit, et ainsi on connaissait un peu mieux le monde. D'autant que le passager, même si l'escale n'était que de quelques heures, pouvait en ces temps-là circuler librement hors des aéroports que ni la crainte du terrorisme ni les préoccupations de la bureaucratie douanière n'avaient encore transformés en prisons de transit, plus ou moins luxueuses.

A mon arrivée à Casablanca, je fus abordé par des journalistes qui voulaient tout d'abord m'interviewer à propos de la Pierre-Saint-Martin, de la mort de Marcel Loubens, des péripéties de cette exploration souterraine qui, en raison du creux estival, de l'absence saisonnière d'événements politiques et du « suspense » qui avait précédé la mort de Marcel, avait eu un retentissement mondial. Ensuite, ils souhaitaient que je rencontre, en leur présence, un gars qui se proposait de traverser l'océan en canot pneumatique sans emporter ni eau douce ni nourriture car, affirmait-il, un naufragé peut parfaitement survivre grâce au plancton qu'il lui suffit, chaque nuit, de récolter facilement avec un minichalut fait de son mouchoir et de quatre bouts de ficelle. Le plancton, disait-il, non seulement nourrit suffisamment son homme, mais aussi le désaltère jusqu'à la première pluie.

J'avais entendu parler de Bombard à l'occasion de la traversée qu'il venait de faire de la Méditerranée occidentale. Les articles que j'avais lus dans les quotidiens ne m'avaient pas séduit et le bruit que l'on faisait à présent sur sa nouvelle aventure m'agaçait autant que celui créé autour de la Pierre-Saint-Martin et de nous-mêmes. Cela me détermina à refuser de faire, en public, connaissance d'Alain Bombard. Ce ne fut que l'année suivante que nous nous sommes rencontrés et que j'ai pu, enfin, lui demander pardon pour mon attitude à Casa. Il me répondit que, si nous nous étions vus là-bas avant qu'il ne se lance sur l'Atlantique, il aurait apprécié la chose, car alors son moral n'était pas au plus haut. Et nous sommes devenus amis.

Je suis fier de cette amitié car, à l'inverse de tous les auteurs d'exploits, Bombard n'a pas accompli le sien dans le but de relever un défi d'ordre sportif, encore moins dans celui de gagner soit une renommée, soit de l'argent, soit les deux. Ce ne fut pas non plus un défi d'ordre scientifique. Ou du moins, s'il y eut une part de test scientifique dans son aventure, elle fut secondaire, comparée d'abord à sa vocation altruiste – denrée dont on parle parfois mais que l'on ne rencontre pratiquement jamais –, ensuite à son utilité publique majeure.

Par l'étonnant acte de foi en ses propres certitudes scientifiques et techniques, Bombard a démontré la supériorité du pneumatique sur tous les types de canots de sauvetage en usage à l'époque et la possibilité de survivre, des mois durant, seul sur l'océan. Il y a quarante ans qu'il a appris cela à ses frères humains, et avant tout à ces marins bretons qui sont tellement proches de ses pensées. Il y a quarante ans que des naufragés – sans d'ailleurs trop souvent le savoir – lui doivent d'avoir survécu : tout ce qu'ils savent, c'est la méthode dont il a démontré l'efficacité, celle du mouchoir, ou du pan de tissu aux quatre coins duquel on noue une ficelle que l'on tient par ses quatre bouts réunis et que minuscule parachute horizontal, l'on traîne, de nuit lorsque le plancton remonte à la surface. D'innombrables naufragés lui doivent déjà la vie et ils seront sûrement innombrables dans les siècles à venir.

C'est d'une simplicité que Pierre Dac ou Pierre Desproges auraient qualifiée de bouleversante : « y a ka ». De surcroît, même un pur intellectuel est capable d'exécuter la manœuvre, c'est dire... Encore fallait-il avoir beaucoup réfléchi, fallait-il connaître suffisamment l'océanographie, savoir que, dès la nuit tombée, le plancton remonte jusqu'à la surface, connaître les besoins minimaux du corps humain et les façons de les satisfaire. Le fait que personne n'y ait songé avant lui, ni un médecin, ni un biologiste, ni un océanologue, ni un marin, ni un aviateur (parmi les premiers à avoir survécu grâce à Bombard, un équipage de la Royal Air Force tombé en mer d'Irlande en 1953 qui, à peine secouru, avait envoyé un télégramme de remerciements émus à Alain, lui-même tout aussi ému de le recevoir), ce fait atteste le génie d'une telle découverte. Car il y a du génie dans toute découverte. Génie qui ne peut se manifester qu'après accumulation de savoirs – appris comme empiriques – et maturation intellectuelle de cet acquis.

La découverte scientifique relève du don de réflexion, laquelle permet à un chercheur de trouver des corrélations entre des faits cependant connus – mais dont certains le plus souvent ont été découverts par le chercheur lui-même – corrélations qu'avant lui personne n'avait établies et qui permettent des conclusions nouvelles. C'est le cas de la découverte d'Alain Bombard. Et je m'étonne que le prix Nobel de médecine ne lui ait pas encore été attribué. Pire, qu'apparemment aucun membre éminent du corps médical n'ait proposé Bombard à ceux qui le décernent.

Car que récompense le Nobel de médecine? Une découverte qui permet de préserver la vie des gens, qu'il s'agisse d'un médicament, d'une méthode chirurgicale, d'une thérapeutique. La découverte de Bombard (pneumatique, gorgées d'eau de mer pour fournir à l'organisme le minimum d'eau indispensable, plancton nocturne, enfin amélioration substantielle de l'alimentation par le poisson, facile à pêcher à la traîne avec un hameçon de fortune fait d'une épingle repliée), cette découverte vaut largement celles de beaucoup de « Nobels »...

*

Ayant donc, malheureusement, refusé ce soir d'été 1952 de rencontrer Alain Bombard, je quittai Casa le lendemain en DC3 pour Atar. Les DC3 – dont quelques-uns volent toujours en certains coins du monde – étaient la version civile du Dakota militaire de la Seconde Guerre mondiale. Un peu la Jeep de l'air, bimoteur à hélices, increvable, rustique, c'était un avion de transport excellent pour distances courtes ou moyennes. Excellent aussi, vu les altitudes relativement basses auxquelles il volait, pour bien voir le pays. Et les géologues aiment survoler la terre pour la mieux comprendre.

Le ciel pur et la transparence de l'air saharien me gratifièrent de paysages, alors nouveaux pour moi, tellement beaux dans leur austérité que je n'éprouvai qu'un seul regret, celui de n'avoir pas un être cher à mon côté avec qui partager ce bonheur tout au long du vol qui nous fit passer par-dessus l'Atlas fauve, l'Anti-Atlas plus fauve encore, l'océan bleu outre-mer et enfin, fauve à nouveau – il existe tant de fauves –, le désert de Mauritanie.

Maroc et Mauritanie, en ces temps-là, étaient des colonies françaises, comme le Congo était belge ou le Kenya britannique. J'étais anticolonialiste par éducation : durant mes trois premières années d'Afrique centrale, certains Blancs m'appelaient « sale négrophile », car pas plus qu'aujourd'hui je ne cachais mes opinions. De surcroît, j'arrivais en Mauritanie avec un préjugé favorable envers les nomades de cette région, les « hommes bleus ». J'avais été fort impressionné en effet par le roman de Diego Brosset, *Un homme sans l'Occident* et par sa préface, intitulée « Histoire d'une amitié », que Vercors avait écrite : son ami, le général Brosset, avait été tué en 1945 devant Belfort, après avoir passé des années en Mauritanie comme officier méhariste. Il parlait l'arabe et le berbère, connaissait les nomades, les estimait et les aimait. Son *Un homme sans l'Occident* constituait mon unique culture en ce qui concernait ce pays-ci et ces gens.

En ce qui regardait le Sahara, je n'avais lu qu'un seul bouquin, *Méharées*, le récit que Théodore Monod avait écrit dans les années vingt sur la révélation quelque peu sidérante qu'avait été le Sahara pour le troufion qu'il était alors, naturaliste sortant de l'école, envoyé là-bas faire son service militaire. Ce petit livre m'avait enthousiasmé par son intelligence et son humour. Peut-être aussi parce que Monod, de naturaliste de formation, avait dû se faire de surcroît géologue : car, s'il y a des plantes et des bestioles partout dans le Sahara, il s'y trouve aussi des pierres, du sable et du roc, ce qui relève de la géologie. Un peu comme l'agronome que j'avais été s'était fait géologue par passion rationnelle pour la montagne, le botaniste et zoologue Monod, vingt ans avant moi, l'avait fait par passion rationnelle pour le désert. Passion qu'il allait, quinze jours durant, m'inoculer. La chance une nouvelle fois me comblait : mon initiation à l'univers fabuleux, au vrai sens du mot, des déserts, allait se faire sous la houlette du Pr Monod lui-même...

Il avait juste cinquante ans cette année-là. Pour quelqu'un de sobre – et Dieu sait s'il l'est, ce fils de pasteur protestant et ce père de pasteur –, de dur avec soi-même, de passionné de marche à pied comme sont aujourd'hui passionnés de course à pied les joggers et les marathoniens, cinquante ans est un âge idéal. Forme physique et indifférence à la fatigue encore préservées de la vieillesse s'alliaient chez lui à un savoir qui, les années s'accumulant, devenait réellement sérieux et étendu à des secteurs aussi divers que sont divers les centres d'intérêt de l'individu en question. L'individu Monod, des centres d'intérêt divers, il en avait... Quarante ans plus tard il en a toujours. Je suis bien placé pour le savoir puisqu'en 1953 je suis allé habiter, par le hasard le plus total, à cinquante pas de celui qui est devenu mon ami Théo. Il vient d'avoir quatre-vingt-neuf ans et ne voit presque plus. Mais il marche toujours, de son pas vif, portant allégrement ses quelque cinquante kilos d'os, de tendons, de peau et de matière cérébrale. Et son intelligence, son esprit caustique et sa langue n'ont rien perdu de leur acuité.

Ces deux semaines de méharée, d'Atar à Atar en passant par l'Adrar, je les raconterais volontiers. Mais si je le faisais pour chacun des vagabondages de ces quatre dernières décennies, où irions-nous? Je ne vous en dirai donc que peu de chose. D'abord qu'à dos de dromadaire il est facile et plaisant de galoper, que j'appris en deux coups de cuiller à pot à méharer assez bien pour faire, dès que l'occasion s'en présentait, la course avec les méharistes maures, les « hommes bleus » de notre escorte militaire, ceux du livre de Diego Brosset. Que si le galop m'amuse fort, le pas ne le fait nullement et qu'alors je préfère marcher, le chameau à la longe sur mes talons. L'essentiel d'un voyage à chameau se fait d'ailleurs à pied.

Marcher dans le désert, spécialement sur la surface plane et sans pièges du reg, surface qu'il n'est pas nécessaire de regarder avant d'y mettre le pied, est une activité qui permet de penser sans être distrait par quoi que ce soit : on pose une semelle, puis l'autre, puis de nouveau la première, de façon monotone, toujours recommencée. Dans l'immensité au travers de laquelle on avance, sans hâte mais d'un pas soutenu, dans la monotonie de ces plateaux sans fin, n'avoir pas à faire attention aux chausse-trapes éventuelles libère entièrement l'esprit.

Le libèrent aussi l'immobilité de ce monde horizontal, son uniformité et la relative lenteur de celui qui l'arpente à pied. Il faut le préciser : il ne s'agit ici que du reg et non de ces autres constituants caractéristiques des déserts, les montagnes et les dunes, où avancer exige des efforts et, surtout, une attention qui, même minimale, mobilise l'esprit. Sur le reg, au contraire, au long des heures, voire des jours où l'on marche sans avoir à prendre garde à quoi que ce soit, la pensée est totalement libre et dès lors elle s'évade. Vers l'essentiel.

La différence est fondamentale entre cette étonnante disponibilité que procure la marche sur le reg et la paradoxale liberté de réfléchir que possède le prisonnier, dont le corps certes est captif mais non pas l'esprit. La différence avec le nomade, c'est que le prisonnier, d'une part, n'a droit à aucun choix, d'autre part, est exclu de la nature. Alors que le marcheur y est intégré. Les pensées du prisonnier, auquel choisir est interdit, ne peuvent être que sombres. Pas celles de l'homme qui marche dans la nature. Le marcheur, physiquement et psychiquement, fait partie de ce monde minéral – roc, ciel, soleil – au travers duquel il avance. Sa pensée dès lors s'interroge sur cet univers, éperdument hostile malgré son apparente sérénité, et sur la vie...

Cela peut surprendre de parler de l'hostilité de la nature à propos des étendues plates du reg, car l'hostilité est bien plus évidente en haute montagne ou sur une mer déchaînée, voire dans les dunes du désert. Mais l'attention qu'en ces autres lieux il faut sans cesse accorder aux obstacles, qu'il faut par moments consacrer aux manœuvres qui permettent d'éviter l'accident, la diversité même de ces manœuvres tout comme les efforts physiques et la mobilisation de l'intellect, tout cela occupe l'esprit beaucoup trop pour qu'il puisse planer en rêveries philosophiques sur la création, sur la vie et sur la mort.

Ce fut durant cette première méharée que j'ai cru comprendre pourquoi toutes les grandes religions monothéistes sont nées dans les déserts. Les penseurs qui finalement les formulèrent, Moïse, Jésus, Mahomet, faisaient partie des populations nomades ou semi-nomades qui, sans relâche ou presque, d'un pâturage à l'autre, traversaient le désert. Lorsqu'ils se sédentarisaient, pour une durée toujours relativement brève, ils vivaient dans le sub-désert que sont ces « pâturages » plus semblables au désert qu'à un pré normand. Mais les quelques graminées, les rares épineux qui y poussent suffisent aux chameaux comme aux chèvres, et le lait des bêtes, quelques dattes, un peu de semoule parfois, suffisent aux hommes. La sobriété extrême que la nature impose à ceux-ci préserve la maigreur de leur corps et l'acuité de leur esprit qui, depuis des millénaires, bute sur des interrogations auxquelles, nous le savons aujourd'hui, il n'est pas de réponses rationnelles : l'univers, comment est-il apparu ? Et la vie, qu'est-elle ? Et la mort ? Et le temps, a-t-il commencé un jour ou est-il éternel ? Et qu'est-ce que l'éternité, sans début ni fin ? Et qu'est-ce que l'infini, sans fin lui aussi comme son nom l'indique ? D'où venons-nous, où allons-nous ? Ces questions, toujours lancinantes, habitent depuis cent mille ans et plus la pensée des plus intelligents de ces pasteurs. Ce sont eux qui sont à l'origine de l'astronomie. L'astronomie que la pureté des nuits tropicales avait imposée à l'esprit. L'astronomie qui est à l'origine des mathématiques. Les mathématiques qui sont l'épine dorsale de la compréhension du monde.

Cette réflexion sur l'univers et sur la vie qui y scintille miraculeusement comme scintillent les étoiles, cette réflexion, par la parole transmise indéfiniment de génération en génération, a fini par aboutir à la science d'un côté, aux religions monothéistes de l'autre : Moïse, Jésus, Mahomet, au terme de siècles de réflexion collective et de l'acquis multimillénaire qui leur fut enseigné, donnèrent des réponses religieuses aux questions fondamentales que sont la création, la vie, la mort, le bien, le mal. Aristarque de Samos, Eratosthène, Ptolémée, Archimède, au terme des mêmes dizaines de siècles, ont apporté des réponses rationnelles aux questions que posent l'astronomie, la physique et les mathématiques.

*

Entre mon retour de l'Adrar de Mauritanie et, six mois plus tard, mon départ pour le Niragongo d'abord, l'Afar ensuite, je rendis plusieurs visites à l'Etna et au Stromboli. Malgré la demi-douzaine d'éruptions que j'avais eu jusque-là l'occasion d'étudier, j'en étais toujours à sacrifier à cette espèce de rituel des communications volcanologiques qu'est la description, fatalement fragmentaire et incomplète, des événements éruptifs : activité explosive et effusive, vitesse des laves, largeur et longueur approximatives des coulées, vitesse et hauteur approximatives des projections, nature minéralogique et chimique des laves, analyse fragmentaire des fumerolles... La littérature spécialisée de ce dernier tiers de siècle regorge de tels comptes rendus dont l'apport au savoir est, hélas, fort peu signifiant.

A l'époque, je commençais à percevoir le faible intérêt que cela représentait, mais je ne me l'avouais pas encore et j'y sacrifiais moi aussi. Par contre, je me refusais à encombrer les rares revues professionnelles d'alors – avant tout le *Bulletin volcanologique international* – de notes ou d'articles portant sur ces observations qui s'apparentent davantage au tourisme pseudo-volcanologique qu'à la recherche scientifique sérieuse.

Me refusant à publier des informations sans grand intérêt à mes yeux, et le nombre plus que la qualité des publications constituant l'essentiel de l'importance accordée aux chercheurs, mes arguments en faveur d'une volcanologie renouvelée dans son esprit et ses approches ne recevaient guère d'écho. Ainsi l'argument que les endroits les plus adéquats pour mener ce type d'enquête sont les volcans en activité permanente. Ou celui qui affirme que, puisque c'est d'activité éruptive que l'on s'occupe, la présence de cette activité est une condition sine qua non à une étude efficace. Ou encore celui qui rassure les timorés en rappelant que cette permanence réduit au minimum les risques encourus, la constance même de cette activité constituant une soupape par laquelle l'énergie éruptive s'exhale sans violence excessive au lieu de s'accumuler jusqu'à des niveaux redoutables et, évidence enfin, que l'activité de type lac étant la moins violente de toutes, elle est donc la plus favorable... Aux Belges, je disais de surcroît que le seul lac de lave permanent alors connu se trouvant sur leur territoire, leur devoir – et les satisfactions qu'on pouvait en retirer – était de le faire étudier de façon rationnelle. Je t'en fiche!

Cet échec n'avait en rien entamé mes certitudes et je rêvais au Niragongo et aux « manipes » que je pourrais y faire. Mais monter celles-ci supposait que j'avais résolu d'abord les problèmes d'ordre logistique. Avant tout, ceux posés par l'accès au lac : il fallait en atteindre la berge, n'eût-ce été que pour prélever des gaz éruptifs non oxydés encore par l'air et pour plonger dans la lave en fusion la longue canne pyrométrique afin de savoir s'il existait un gradient de température et, surtout, lequel.

J'en connaissais déjà assez, alors, sur l'activité éruptive pour savoir que celle-ci n'est jamais identique à elle-même et qu'elle se modifie sans cesse. Changements majeurs parfois mais, intéressants eux aussi, changements mineurs inhérents à tout milieu fluide hétérogène et de température élevée, changements du type appelé « bruit de fond », sorte d'euphémisme dissimulant nos ignorances, changements survenant au terme de secondes, de minutes, d'heures ou de jours, voire de semaines...

Donc, il me fallait retourner au Nira pour réfléchir sur place, face au phénomène lui-même, à l'organisation de la mission d'études que j'avais décidé d'entreprendre malgré l'absence de tout soutien officiel, qu'il fût scientifique, universitaire ou administratif, et de mettre cette mission sur pied aussitôt que possible. Car un lac de lave peut disparaître du jour au lendemain : celui du Halemaumau l'avait montré en 1924 et celui du Nyamlagira en 1938. Celui du Nira devait d'ailleurs être drainé en quelques minutes le 19 janvier 1977. Cela aurait pu survenir vingt-cinq ans plus tôt...

D'autre part, toujours hanté que j'étais par les relations liant le volcanisme à ce type majeur de structure tectonique que sont les grands fossés d'effondrement, je voulais profiter de ce voyage pour essayer de suivre, du Kenya jusqu'à la mer Rouge, le Grand Rift de l'Afrique orientale. En vue de ce deuxième objectif, je fis l'acquisition d'un véhicule tout-terrain, nouveau alors, et dont aucun exemplaire n'existait encore en France : une Land-Rover. Cellc que je me choisis était bâchée. Bâche comme arceaux de support étaient très aisément démontables, ce qui promettait au bonhomme toujours assoiffé d'air que je suis de belles rasades d'oxygène. Elle comportait deux roues de secours et quatre porte-jerrycans, deux à l'avant et deux à l'arrière, ce qui assurait pas mal d'autonomie. Je commandai l'engin en Angleterre et le fis livrer à Matadi, ce port à l'embouchure du fleuve Congo où, huit années plus tôt, j'avais mis pour la première fois le pied sur le continent d'Afrique.

Dans *L'Eau et le Feu*, j'ai raconté ce voyage, vraiment peu courant à l'époque, qui me fit traverser l'Afrique d'ouest en est en zigzaguant de part et d'autre de l'équateur. Je n'en parlerai donc guère ici, sauf pour dire que cette seconde descente dans le cratère du Niragongo me donna de nouveau bien du plaisir, que la remontée du rift, en compagnie de Jacques Richard, volcanologue de qualité formé en Indonésie qui s'était ensuite installé au Kenya, et de Louis Tormos, guide de montagne en rupture de ban, fut pour nous une belle aventure, tant pour le corps que pour l'esprit.

Mais, phénomène rare dans l'extrême nord du Kenya, des inondations nous empêchèrent d'atteindre l'Éthiopie et, du même fait, la dépression de l'Afar. Après ma déception de n'y être pas parvenu deux années auparavant avec la *Calypso*, j'échouai pour la deuxième fois dans mes tentatives d'aller sur le terrain essayer de comprendre ce que signifiait cet évasement du rift est-africain, cette espèce d'entonnoir béant vers la mer Rouge. Il s'en fallait d'une quinzaine d'années encore pour enfin y parvenir. Mais les résultats valaient diantrement la patience consentie!

De la patience, il en fallut pour arriver à faire démarrer, au Niragongo, l'étude scientifique de ce phénomène, unique alors : le lac de lave. Car non seulement manquait le financement, mais aussi la très indispensable autorisation de gravir ce volcan, de camper à son sommet et de descendre dans son cratère. Faute de tout soutien des autorités mandarinales, l'un comme l'autre me demandèrent des années, fort longues pour quelqu'un d'aussi impatient que moi.

Cette question d'autorisation était d'autant plus difficile à régler qu'en l'occurrence s'opposaient deux caractériels : celui qui était censé la demander – moi

– et celui qui pouvait l'accorder – le président des Parcs nationaux du Congo Belge, à l'époque le mandarin des mandarins en ce pays. Or il considérait que je lui avais manqué, gravement même, en n'ayant pas ployé le genou tout d'abord devant son subordonné, le conservateur du parc national Albert dans lequel se trouvent les volcans Virunga; ensuite devant lui-même, le tout-puissant Pr Victor Van Straelen, président de tous les parcs. Enfin, sans même en avoir sollicité l'autorisation, d'être descendu dans le cratère du Niragongo que le conservateur tout comme le président avaient publiquement qualifié d'inaccessible...

Désormais *persona non grata* dans ces Parcs, j'étais interdit de volcans congolais. Un scientifique moins obstiné ou moins orgueilleux aurait présenté ses excuses au grand homme et, probablement, aurait été absous. Mais mon manque de souplesse m'a souvent empêché de faire ce qu'il aurait convenu que je fasse. Cela ne m'a pas facilité l'existence. Ni, entre autres, l'exploration scientifique de ce lac de lave.

Pourtant, assister à ce phénomène unique et y entreprendre un programme de recherches qui ne pouvaient être que fructueuses à l'extrême, vu le peu que l'on savait alors sur le sujet, me tenait à cœur plus que tout au monde (en dehors, bien sûr, de ma vie privée) et quiconque de moins sourcilleux serait passé sous les fourches caudines du grand mandarin. Il ne pouvait cependant en être question car je considérais que le procès qu'il me faisait ressortissait à l'abus de pouvoir, à une attitude par conséquent méprisable. Parce que lâche.

Mon premier crime datait de 1948, dans le cadre de la mission officielle de recherches volcanologiques dont m'avait chargé – à ma requête d'ailleurs – le service géologique du Congo belge, et je n'avais donc pas eu d'autorisation à demander pour poursuivre mes investigations sur les phénomènes éruptifs qui se déroulaient alors dans le parc national. Ne pouvant me faire grief d'avoir accompli ma mission scientifique, ayant de plus mal pris le fait que je sois descendu dans ce cratère dont il affirmait la descente impossible, le conservateur me fit poursuivre en justice pour non-respect du règlement qui interdisait, formellement, de s'écarter des chemins accessibles au public : personne n'étant arrivé à descendre dans ce cratère, il n'existait évidemment pas de sentier pour en atteindre le fond. D'où assignation devant le tribunal : le ridicule n'a jamais, où que ce soit, tué l'administration. La justice, heureusement, prit la chose avec humour.

Dès lors, mes rapports avec la Direction des parcs furent assez peu chaleureux et je ne sollicitai donc pas, en 1953, une autorisation alors impossible à obtenir. Mais je redescendis tout de même dans le cratère du Nira, en toute illégalité. D'abord, par pure gaminerie, j'avais claironné mon intention de le faire : le conservateur et ses gardes se mirent en alerte maximale. Puis, après avoir traversé ostensiblement la frontière ougandaise comme si, face au dispositif de défense mis en place je jetais l'éponge, je revins de nuit. Avec la douzaine de personnes qui composaient mon équipe, nous défilâmes en parfait silence devant la cabane, au départ du sentier, où dormaient les gardes, nous gravîmes le volcan, nous franchîmes l'orle du cratère avant l'aube et nous nous dérobâmes aux regards inquisiteurs de l'autorité.

Je n'avais pas pu résister au plaisir de ridiculiser l'Administration des parcs, mais je payais désormais cela par la quasi-impossibilité de monter, non un raid, mais une expédition scientifique sérieuse au lac de lave. C'était très grave pour moi et prouvait qu'à quarante ans d'âge je pouvais encore me conduire comme l'écolier que j'avais été. Pire peut-être : conscient du fait de m'être ainsi délibérément interdit tout espoir de lancer le programme de recherches sérieux qui m'occupait l'esprit, non seulement n'en éprouvai-je jamais le moindre regret – moins encore, malgré le « manque à observer » scientifique ainsi accumulé, le moindre remords –, mais au contraire je me délectais, chaque fois que l'occasion s'en présentait, à raconter l'aventure. Y compris à de larges publics. Ce qui ne fit, d'année en année, qu'aggraver mon cas.

J'avais repris mes virées sur l'Etna et le Stromboli et, à mesure que croissait mon expérience, croissait aussi ma conviction que l'important, en matière de mécanismes éruptifs, ce n'était pas la nature pétrographique des laves qui comptait, ce n'étaient même pas les laves elles-mêmes, qui ne sont jamais, dans toute cette histoire, que matières passives, mais, presque exclusivement, les gaz.

Cette opinion me valut quelques inimitiés car, exprimée sans les périphrases académiques et la courtoisie destinées à épargner les amours-propres, elle minimisait d'un certain côté le rôle de l'approche scientifique de la plupart des géologues qui, tant en Europe qu'ailleurs, s'occupaient de volcanologie. A l'époque, les volcanologues pouvaient être classés en deux grandes catégories : ceux qui, en géologues, fondaient l'essentiel de leurs recherches sur la nature des laves; et ceux qui, en géophysiciens, s'appliquaient à interpréter les informations que leur fournissaient les instruments – avant tout les sismographes, mais aussi les magnétomètres, gravimètres, tiltmètres ou inclinomètres – avec lesquels ils auscultaient les parties profondes des volcans.

Moi-même je mettais beaucoup d'espoirs dans cette approche géophysique, seule à même d'apporter des informations sur ce qui se passe dans les entrailles inaccessibles de la Terre. Mais je ne possédais pas le savoir théorique nécessaire pour faire plus, avec ces instruments, que les manipuler et ramener à quelque spécialiste capable de les interpréter les données ainsi récoltées. Pour autant qu'il désire consacrer du temps à la volcanologie...

Je ne le fis d'ailleurs jamais qu'avec des sismographes, dont les informations sont plus faciles à interpréter que celles des autres outils géophysiques et à cette époque quasiment les seuls, avec les tiltmètres, à être utilisés sur quelques volcans, essentiellement à Hawaii, au Japon et au Kamtchatka. Je trouvais à emprunter des sismos à l'Institut de physique du globe (IPG) de Paris, auprès d'une sismologue éminente, Yvonne Labrouste, et plus tard au Laboratoire de détection géophysique (LDG), à Normale sup, auprès de son patron, Yves Rocard.

*

En 1953, je quittai Bruxelles pour habiter Paris. Mon enfance et ma jeunesse avaient été amoureuses de cette ville. Avant tout parce que mes parents la considéraient comme la capitale intellectuelle du monde – ce qu'en effet elle fut jusqu'au désastre de l'été 1940 –, ensuite parce que cette capitale était unique dans la manière qu'elle avait de vivre avec son fleuve. Aucune autre ne le fait : Rome ignore le Tibre tout comme Londres la Tamise, Tokyo la Suméda, Moscou la Moskva et comme, hélas, le fait maintenant Paris depuis que cupidité, lobbies et faiblesses politiques ont transformé en autoroutes les berges et les quais de la Seine.

Paris a perdu aussi le charme exceptionnel qui la caractérisait et la faisait aimer par tous les étrangers, provinciaux français inclus, qui avaient la chance de la connaître. Joséphine Baker chantait « J'ai deux amours, mon pays et Paris », Maurice Chevalier fredonnait « Paris, je t'aime, je t'aime, je t'aime... » Ce n'était pas de simples mots mais l'expression de la tendresse quasi universelle que l'on portait à une ville qui alors la méritait.

Ville énorme pour l'époque – quatre millions d'habitants – mais en même temps ville-village, ou plutôt ville-villages au pluriel, car Vaugirard et Ménilmontant, Montmartre et la Villette, Bercy et le Marais, l'île Saint-Louis et les Halles – qui étaient alors de vraies halles et non une abomination de béton, de commerces sans âme, de mauvais goût et de décadence – étaient des villages (certains avec troupeaux de chèvres, c'est dire !) ; le peuple qui l'habitait, cette capitale quasi universelle du savoir, de la pensée, de la littérature, de l'art et de l'art de vivre, ce peuple villageois était exceptionnel par sa gaieté, son intelligence, sa vivacité, sa gouaille et son bagou. Tout cela a disparu, et l'esprit et la matière, tué pour commencer par plus de quatre années d'occupation.

Toute occupation par une armée étrangère est dégradante. Pour l'occupant, d'ailleurs, comme pour l'occupé. Mais une occupation par des nazis l'est incomparablement plus que par une armée ordinaire et la dégradation majeure provient de la collaboration (jadis nous l'écrivions avec un K) politique, gouvernementale et administrative, avec l'ennemi. Collaboration qui corrompt jusqu'à la moelle ceux qui la pratiquent mais introduit de surcroît la méfiance dans la société tout entière car la trahison de quelques-uns incite chaque individu à suspecter tous les autres. Pourriture dissimulée mais fétide qui a tué la spontanéité joviale et la liberté de parole qui caractérisaient le titi parisien. Pas plus que les quais de la Seine, il n'avait d'équivalent au monde.

A cette dégradation imposée par l'occupation hitlérienne vinrent après la guerre s'en ajouter d'autres, différentes mais, pour une civilisation, sublétales. Tout d'abord la prolifération des voitures qui a transformé les rues en garages tristes, en files de véhicules parqués de chaque côté entre lesquelles rampent les véhicules qui, lorsque les encombrements le leur permettent, se déplacent dans un vacarme de moteurs d'autant plus abrutissant que leur puissance et le civisme des conducteurs sont moindres.

Ayant hérité de l'occupation un égoïsme bien développé, le Parisien moyen, un demi-siècle plus tard, le manifeste toujours dans sa façon de conduire, laquelle est l'une des plus odieuses qui soient : la rue, c'est à moi ; les autres, je m'en moque ; je m'arrête en double, voire en triple file ; je brûle les feux rouges ; j'utilise les contre-allées réservées aux transports en commun ; je traîne à dix à l'heure à la recherche d'un créneau où me parquer ; ou bien je roule à près de cent, et alors piétons, deux-roues et riverains assourdis n'ont qu'à tenir compte de moi. Moi qui ne tiens compte de personne. Excepté de moi.

Autre nuisance à avoir contribué à la disparition du merveilleux Paris de jadis : la télévision. Les gens, naguère, même sans se connaître s'adressaient librement la parole, croisaient cordialement leurs regards, partout et à toute occasion, au bistrot, sur le trottoir, dans le métro, sur la plate-forme de l'autobus. Aujourd'hui, chacun tire sur son visage un rideau de plastique gris : le regard est de ciment et la face de bois. On ne cause plus guère, car outre l'égocentrisme maladif engendré par l'abus de l'automobile, il y a la TV. Ou, plutôt, son abus, comme pour l'automobile. La TV vers laquelle on se hâte, boulot à peine fini, pour s'évader d'un quotidien que l'on ne fait plus guère que supporter. TV dont les programmes, aux « heures de grande écoute » sont désespérants tantôt de médiocrité, tantôt de mauvais goût, tantôt de pornographie, tantôt de violence. Ni l'intelligence ni l'éthique du cher téléspectateur n'en sortent indemnes...

Je n'en ai pas moins apprécié ce qu'il restait de plaisant dans le Paris où je vins jeter l'ancre en 1953, année importante du point de vue de la politique mondiale : répression par les chars soviétiques de la révolte antistalinienne en Allemagne de l'Est, fin de la guerre de Corée, mort de Staline, succession de Staline... Il avait fallu de longues années au militant communiste que j'avais été, de 1930 à 1944, pour reconnaître en son for intérieur que le communisme stalinien ne correspondait en rien à l'image que sa propagande avait gravée dans les esprits. Ce fut pourquoi je ne m'impliquai en aucune façon dans la guerre de Corée : le manichéisme qui me caractérise ne parvenait pas à trancher entre les deux propagandes affrontées et à me convaincre que le bien n'était pas d'un côté et le mal, forcément, de l'autre.

Nous étions des dizaines de millions de par le monde à nous être laissé abuser par Staline, des dizaines de millions avides d'espoir en une société moins injuste. Or, qui nous promettait cette justice, sinon le marxisme-léninisme? Pour être militant, il faut croire aveuglément, il faut de façon délibérée écarter le doute, refuser l'évidence lorsqu'elle ne correspond pas à la foi. La vérité n'est que celle qui vous a été révélée; ceux qui ne la reconnaissent pas sont des mécréants ou, sinon, des sous-développés intellectuels. Ou bien des gens de mauvaise foi. Et la foi, qu'elle soit politique ou religieuse...

Il y avait alors dix ans que j'avais fini par accepter le fait que le régime soviétique était fort éloigné de l'image idyllique qui constituait mon idéal politique. Je l'ai dit, ceux qui m'avaient ouvert les yeux sur cette réalité très indigeste étaient les soldats de l'Armée rouge qui, prisonniers des Allemands, avaient réussi à s'échapper des mines de charbon du Nord où on les faisait travailler et qu'il m'arrivait de convoyer vers un maquis des Ardennes belges. Lorsque enfin la Libération nous débarrassa des nazis, des Allemands et de la guerre, je pris mes distances avec le parti communiste. Très discrètement, d'ailleurs, car la destruction de l'image que je m'étais toujours faite de l'Union soviétique, si elle m'en écartait désormais, ne signifiait nullement que je ne lui devais, que nous ne lui devions, l'écrasement du nazisme. Sans elle, les USA n'auraient pu vaincre les très puissantes armées allemandes, de même que, sans l'Amérique, l'Urss n'aurait pu anéantir ces armées. Et la gratitude que j'éprouvais pour ces deux pays était proportionnelle au soulagement que m'avait procuré la fin de la guerre : immense. Près d'un demi-siècle plus tard, je l'éprouve toujours.

Trois autres raisons m'avaient empêché de quitter le PC avec un certain fracas. La première était, jusqu'aux années soixante, mon ignorance de son rôle dans l'assassinat sur ordre de Moscou de certains de mes camarades, prétendument abattus par la Gestapo ou par les SS mais que, beaucoup plus tard, on sut l'avoir été sur ordre du Kominform : Eugen Fried d'abord, puis Léon Laisné, puis Emile Altorfer... La seconde raison résidait, elle aussi, dans mes ignorances : celle des monstruosités staliniennes, que d'aucuns depuis des lustres dénonçaient mais auxquelles, militant dévot, je refusais de croire. La troisième, c'est qu'il me fallut vingt années et la persistance dans le mensonge de certains dirigeants du parti communiste français pour reconnaître que les idées généreuses du discours du PC dissimulaient – sauf en Italie – les délits inhérents à toute nomenklatura.

En quittant l'Europe pour l'Afrique centrale, je m'étais éloigné de la politique, laquelle m'avait tellement passionné jusqu'en 1945. Du moins la politique « droite contre gauche », capital opposé au travail, souci de l'ordre contre aspiration à plus de justice. Mais, à peine arrivé au Congo, j'avais pris parti, et c'était de la politique, contre le colonialisme – dont j'étais d'ailleurs, par métier et fonction, un représentant qualifié. Je le fis avec la candeur et avec le manichéisme qui me caractérisaient. Cet anticolonialisme – très justifié d'ailleurs puisqu'il dénonçait les abus et l'exploitation du plus grand nombre par une minorité qui, sans le moindre droit, avait par la force occupé des pays immenses – ne tenait pas du tout, dans mes pensées ni dans mes propos, la place qui avait été celle de la politique « droite contre gauche » de ma jeunesse.

Aussi, dans les années cinquante, quoique j'eusse retrouvé l'Europe et ses incessantes querelles, quoique je reprisse intérêt aux affrontements partisans, tant entre nations aux intérêts divergents qu'à l'intérieur de la France où j'avais décidé de vivre, je demeurai d'autant plus longtemps indécis que les partis, dont je commençais à regarder le comportement d'un œil moins naïf que naguère, m'apparaissaient tous moins attirants les uns que les autres. Or, comment s'occuper de politique sans tenir compte des partis?

Qui se refuse à s'occuper de politique se condamne à être un sujet et non un citoyen. « Le pire des systèmes, mais après tous les autres », la démocratie possède cet avantage immense de permettre à chacun de s'exprimer, de s'informer, d'avoir une opinion et de participer – à son échelle, infime certes, mais de participer – à la gestion du pays. Qui se refuse à s'occuper de politique et laisse d'autres libres de faire la leur fait le lit du fascisme. Je le savais parfaitement, mais l'éventail des partis, leurs professions de foi et leur mauvaise foi me laissaient sur ma faim. Aussi, pour ne pas prendre parti, je profitais du fait que ma nouvelle profession, celle de volcanologue, et mes soucis d'en financer le fonctionnement ne me laissaient vraiment guère de temps pour m'occuper de façon active des problèmes politiques de l'après-guerre.

*

Dans l'attente de quelque solution positive quant à ce qui me tenait le plus à cœur, l'étude du lac de lave du Niragongo, je multipliais mes séjours sur les deux volcans siciliens, alors en activité quasi ininterrompue. Faute de moyens – instruments et personnel –, je n'y apprenais plus grand-chose, sinon à me familiariser peu à peu avec ce monde fort particulier. Assez en tout cas pour m'y sentir aussi à l'aise qu'un alpiniste en haute montagne ou un marin en mer. A l'aise, donc en sécurité suffisante, ce qui me permettait de me balader en des endroits où d'autres ne s'aventuraient pas et d'observer ainsi des événements qui, sinon, seraient passés inaperçus.

Outre ma faim du lac de lave, j'aspirais à faire la connaissance des volcans « classiques », ceux que leurs éruptions avaient rendus célèbres – Krakatau, Popocatepetl (je me demande si son nom très aztèque n'a pas fait plus pour sa renommée que son éruption, concomitante à la Conquista espagnole), Sakurajima, montagne Pelée, Fuji Yama, Mayon, Hekla – et ceux que les volcanologues d'avant 1940 avaient particulièrement étudiés et qui, dès lors, m'attiraient comme des aimants – Kilauea, Mauna Loa, Santorin, Merapi, Bromo, Semeru, Tambora, Idjen – sans parler du Katmaï, de Crater Lake, de l'Asama, de l'Aso, du Mihara, du Klioutchevskoy...

L'année 1956 m'offrit un bien beau cadeau : l'Union générale cinématographique, plus connue sous le sigle UGC, me proposa de réaliser sur les volcans un long métrage en 35 millimètres (jusque-là je n'avais travaillé qu'en 16, lequel me suffisait largement). J'acceptai aussitôt, tout d'abord parce que le tournage d'un tel film me donnerait l'occasion de visiter enfin ces volcans dont je ne connaissais que ce que j'en avais lu dans la littérature professionnelle, ensuite – preuve supplémentaire d'un certain infantilisme –, parce que l'on mettait à ma disposition ce que je considérais comme la meilleure caméra de l'époque, une Arriflex 35. Enfin, parce que ma soif de paysages nouveaux était aussi vive que jamais. Ce

« tour du monde des volcans » nous prit huit mois. Il ne fut guère monotone, ne fût-ce que par son itinéraire : Java puis Bali en Indonésie, Luzon aux Philippines, Hondo et Kyushu au Japon, Hawaii, Californie, Guatemala, Mexique, Costa Rica, Panama, Chili... Huit mois à apercevoir des douzaines de volcans, à en visiter une trentaine, à ébaucher l'étude d'une dizaine.

Le film, qui sortit trois ans plus tard sous le titre *Les Rendez-Vous du diable,* nous n'avons commencé à le tourner en 35 millimètres qu'au Japon, lorsque m'y rejoignit mon assistant bénévole et ami nouveau, le peintre Pierre Bichet. En Indonésie j'avais, comme d'habitude, pris des vues en 16. J'avais eu là pour compagnons mon déjà vieux camarade, le volcanologue sicilien Micio Abbruzzese, et un nouveau, Tewfik Zen, jeune Javanais qui achevait à Bandung ses études de géologie et voulait se spécialiser en volcanologie. Il est, depuis, devenu prof de fac en cette discipline et vice-ministre indonésien de la Recherche.

Les trois mois que notre équipe minuscule, joyeuse et solide, a passés en Indonésie en une époque où la sécurité était loin d'être rétablie après les années de guerre, d'occupation japonaise et d'accession à l'indépendance, ont été passionnants. Passionnants par la découverte de paysages qui me ravissaient les yeux, ces rizières étagées en terrasses admirables – au sens littéral du mot –, pareilles à des miroirs horizontaux reflétant et le ciel et les cocotiers qui jalonnent la limite entre ces marches de lumineuse beauté, villages au charme incomparable, adorables troupeaux de canards couleur de sépia clair, hospitalité de paysans, civilisés depuis des millénaires... Passionnants par la visite des volcans parmi les plus célèbres dans la profession volcanologique, si longuement et si bien étudiés par les spécialistes hollandais qui, entre les deux premières guerres mondiales, avaient été parmi les meilleurs du monde. J'ai évoqué ces volcans dans *Les Rendez-Vous du diable* et dans *Vingt-Cinq ans sur les volcans du globe,* je n'y reviendrai donc pas.

De ce tour du monde je ne retiendrai ici que la visite que ma femme France – qui était venue nous rejoindre –, Bichet, notre porteur Kano, qui comprenait assez bien l'anglais mais ne le parlait guère, et moi-même avons faite au cratère du Sakurajima. Il était en éruption et donc interdit d'accès : des panneaux placés au départ du chemin qui escaladait la montagne le stipulaient très nettement. Mais ces panneaux étaient en japonais et, lorsque notre ami Kano nous les eut traduits, je lui dis : « *Don't mind, Kano san* [*san* signifie « monsieur »], *I have not understood your translation, so let's go up.* » Et nous gravîmes les quelque mille mètres de dénivellation qui séparent le rivage du sommet.

Sakura signifie « cerisier », arbre très révéré au Japon, et *jima* veut dire « île ». Ce volcan terrible, qui avait en partie détruit la ville de Kagoshima en 1914, s'appelle île des Cerisiers... Son sommet est une crête longue et large constituée par trois cratères alignés nord-sud. Les deux plus anciens sont éteints et comblés jusqu'à la lèvre par tout ce que vomit, depuis qu'il s'est ouvert, le plus méridional et le plus jeune des trois. Lequel était à nouveau en éruption depuis quelques semaines, ce qui avait déterminé les autorités locales à en interdire l'accès. Les quelques heures que nous avons passées au bord de ce cratère sont, à ce jour en tout cas, uniques pour moi. Uniques en ce sens que nous avons assisté à une activité littéralement formidable qui, de surcroît, n'avait jamais encore été – et, que je sache, ne l'a plus été depuis – observée d'aussi près ni aussi clairement.

Cette activité est caractérisée par ce que l'on appelle improprement, car ce n'en sont pas, des « explosions » vulcaniennes (car – je l'ai dit et je le répète – il ne s'agit pas d'explosions, mais de détonations dues à des gaz surcomprimés qui soudain se libèrent pendant de longues secondes, voire des minutes; alors qu'une explosion, qui est de nature chimique, se passe en une minime fraction de seconde.) Qui plus est, nous avons réussi à les filmer malgré la relative précarité de notre situation. Ces manifestations étaient soudaines et violentes. Des bombes volcaniques de plus d'une tonne étaient propulsées à plusieurs centaines de mètres de hauteur, mais d'autres, beaucoup plus grosses – de la taille d'un wagon de chemin de fer, c'est-à-dire de l'ordre de la centaine de tonnes, parfois trois ou quatre fois plus – s'élevaient jusqu'à des dizaines de mètres au-dessus du fond, sur lequel elles retombaient lourdement.

C'étaient chaque fois des milliers de tonnes de roc en fusion que les gaz tout à coup libérés projetaient dans les airs. Le fait qu'il s'agissait de lave fondue ne se voyait pas, car ce ballet fantastique se jouait dans des gris tendres, gris souris, gris doux à l'œil comme une fourrure, les gris d'une très noble et très épaisse poussière. Poussière de la même roche que les bombes, mais roche qui avait été pulvérisée tant par la violence et la vitesse des jets de gaz que par les myriades de chocs, par les collisions et les frottements des fragments qui jaillissaient et retombaient tout du long de ces événements.

De nuit, on aurait à coup sûr vu l'incandescence de ce roc fondu. De jour, elle était dissimulée sous la mince couche de poudre qui la masquait en réfléchissant vers nos yeux la lumière du soleil. Mais il suffisait d'aller jusqu'à l'une ou l'autre des bombes qui s'étaient abattues non loin de nous et de lui donner un solide coup de marteau – ce marteau-pic dont un géologue ne se sépare guère sur le terrain –, pour non seulement en découvrir l'intérieur couleur de feu, mais pour en percevoir aussi la fluidité : la pointe du pic s'y enfonçait comme dans de la glaise. Une très visqueuse glaise incandescente...

Paradoxalement, le spectacle qui nous était offert était silencieux. Alors que, au Kituro, sur l'Etna, sur le Stromboli, le fracas qui accompagnait chaque « explosion » était à la dimension de l'énergie libérée – énergie toujours énorme à l'échelle de l'homme –, ici tout était ouaté, presque silencieux : ni détonation initiale ni vacarme des impacts innombrables des innombrables projectiles à s'abattre sur le fond du cratère. L'explication de ce silence tenait à l'épaisseur de la couche de poudre, de « cendres » comme on dit (plutôt improprement puisqu'il ne s'agit nullement des résidus d'une combustion), qui étouffait tout autant les détonations que le bruit du roc qui se brisait et celui des impacts des bombes cyclopéennes s'abattant dans le cratère. Celles qui retombaient sur les bords, par contre, nous faisaient tressauter, tant par le choc et par le bruit assourdi – car l'intérieur de la bombe était encore fluide – que, parfois, par la vibration du sol.

Nous faisions bien sûr attention et, à chaque éruption, nous suivions attentivement des yeux la trajectoire des projectiles susceptibles de nous retomber dessus. Mais lorsque nous nous mîmes à filmer, ce ne fut plus possible : ou bien il fallait regarder vers le haut les yeux large ouverts, ou bien, dans le viseur de l'appareil, regarder vers le bas... J'ai résolu le dilemme posé par mon furieux désir de fixer sur la pellicule un phénomène pour moi tout nouveau en demandant à France, ma femme, de jouer le rôle de vigie afin de nous alerter si besoin était : j'étais sûr qu'elle serait beaucoup plus vigilante que moi !

Les milliers de bombes volcaniques à s'abattre dans les épaisseurs de cendres tapissant le fond du cratère engendraient de puissantes volutes de poussière qui s'élevaient avec une lenteur majestueuse en tourbillons épais se serrant les uns contre les autres à mesure que se prolongeait la grêle des projectiles. En même temps, la base de cette colonne en expansion divergeait depuis la bouche éruptive nichée au centre du puits et, bourrelet colossal de matière pulvérulente suspendue dans l'air, s'en allait buter contre la paroi à pic du cratère.

A l'époque (il fallut attendre dix ans et la description que Jim Moore fit d'une éruption du Taal, aux Philippines), on n'avait pas décrit – et dès lors encore moins interprété – un type de dépôts de cendres volcaniques qui sont désormais appelés *base-surges,* ce qui se traduit littéralement par « lames (ou vagues) de base » et que certains, en France, traduisirent par « déferlantes », terme que j'aurais tendance à récuser car il ne traduit pas du tout le phénomène qu'il prétend définir – et dont alors, en 1956, personne n'avait jamais observé le déroulement.

Nous avons eu cette chance, qui d'ailleurs fut double : celle de voir, donc de comprendre, et celle de filmer. Filmer des phénomènes fugaces, de surcroît peu fréquents, est un privilège. C'est ainsi que, une trentaine d'années plus tard, dans l'Antarctique (oui, dans l'Antarctique; parce que mon rêve d'enfance, celui d'explorations polaires, a finalement, chance peu croyable, été réalisé), nous avons, à deux reprises, vu quelque chose de plus extraordinaire encore, mais sans pouvoir ni le photographier ni le cinématographier. Si j'avais été seul, j'aurais d'ailleurs cru à une illusion, tellement ce que mes yeux avaient vu semblait impossible.

Nous revenions, « Yeti » Faivre et moi, d'une manipe que nous avions effectuée sous le rebord oriental du large puits actif du volcan Erebus – trois mille neuf cents mètres d'altitude par près de soixante-dix-huit degrés de latitude sud. Malgré le lac de lave en fusion niché au fond de ce puits, lac que nous avions découvert une demi-douzaine d'années plus tôt, il ne fait vraiment pas chaud là-haut : dès que possible, appareils et caméras sont mis à l'abri dans le sac à dos, enfouis dans l'épaisse veste de duvet que l'on y garde en réserve. Car les températures de moins vingt-cinq à moins quarante qui règnent en cet endroit sont redoutables pour la pellicule, qui devient cassante, plus encore que pour la mécanique de prise de vues. Aussi, lorsque se produisit l'événement, aussi stupéfiant qu'inattendu et bref, nous n'avons pu ne serait-ce qu'essayer d'en faire une seule image.

Nous longions le bord étroit du puits à pic donc la paroi, profonde ici de quelque deux cents mètres, tombait verticalement jusqu'au lac de lave. La forme de ce dernier, en ces années-là du moins, rappelait celle d'un hippocampe et, lorsque les irrégularités du sol de roc noir et de glace entremêlés sur lequel nous marchions ne nous obligeaient pas à une attention continuelle, notre regard plongeait vers la lave incandescente : la lave incandescente fascine.

A notre droite, la pente extérieure du volcan fuyait jusqu'à la banquise, près de quatre mille mètres en contrebas et à une quinzaine de kilomètres de distance. Distance que la pureté cristalline de l'air polaire rendait, pour la vue, minime. Je venais de jeter un coup d'œil sur ces immensités stupéfiantes qui s'étendaient jusqu'à la chaîne des montagnes Transantarctiques, à plus de deux cents kilomètres de distance, paysage dont je ne me rassasiais pas, et, ramenant mon regard vers la gauche, je découvris que tout le fond du cratère avait disparu sous une gigantesque bulle, un incroyable hémisphère de magma rouge feu maculé de noir...

Et cette bulle monstrueuse s'enflait, s'enflait, remplissait tout le cylindre du puits, vaste comme une grande arène à toros... Elle approchait à vue d'œil et je voyais parfaitement les détails de l'épaisse peau de lave – plastique encore, grumeleuse comme celle d'un pachyderme monstrueux –, qui s'étirait à mesure que l'incroyable vésicule s'amplifiait davantage de seconde en seconde. A présent, la peau de lave arrivant aux limites de sa plasticité, des lacérations apparaissaient dans ce ballon stupéfiant de magma rouge cerise maculé de taches sépia foncé. Mais, malgré la déperdition des gaz sous pression au travers de ces multiples déchirures, l'incroyable expansion se poursuivait, la tension de vapeur de cette phase gazeuse quelque peu infernale étant tellement forte que ces fuites ne lui importaient guère.

Ce fut, je crois, l'arrivée de la base de cet hémisphère plastique à hauteur du rebord inférieur du puits de feu, à une centaine de mètres sous l'orle du cratère où nous nous trouvions, et alors que la partie supérieure de la bulle n'était plus qu'à quelques dizaines de mètres en contrebas de nous, ce fut cette arrivée au ras de la terrasse horizontale à mi-profondeur du cratère qui libéra soudain la masse gazeuse. Celle-ci s'échappa silencieusement – ce qui me surprit car j'aurais plutôt attendu sifflements, détonations, grondements – et la bulle aussitôt s'affaissa sur elle-même. Quelques instants plus tard, toute incandescence éteinte, le puits avait retrouvé son aspect habituel et le lac de lave, hippocampe rouge, était redevenu identique à lui-même...

Ce fut l'une des très rares fois dans ma vie, pourtant assez remplie d'imprévus, où je sois demeuré sans réaction, victime d'une stupéfaction presque paralysante. La pensée, qui d'ordinaire fonctionne vite et, à l'occasion, à vitesse quasi électronique, était médusée... Je ne pouvais que regarder, à peine réfléchir. Je pense que le tout n'a pas duré dix secondes. Mais quelles secondes! Si nous n'avions été deux à avoir vu cela, j'aurais cru à une hallucination. En effet, non seulement un tel phénomène n'a jamais été relaté – donc n'a sans doute jamais été observé –, mais je n'aurais pas imaginé qu'une bulle de cent mètres de diamètre puisse se produire sur terre... Sur un satellite de Jupiter ou de Saturne, dépourvu d'atmosphère, oui, sur le Soleil, bien sûr, et de dimensions cent mille fois plus grandes. Mais « chez nous »...?

Je n'avais rien pu filmer de ce prodige ni simplement le photographier. Si même je l'avais tenté, je n'aurais pu sortir assez rapidement les appareils du sac que j'avais aux épaules car, par froid polaire, l'opération est plutôt malaisée. Peut-être même n'y ai-je pas pensé tant me fascinait l'événement incroyable auquel il m'était donné d'assister.

Vingt-trois années auparavant, par contre, sur le bord du cratère en éruption du Sakurajima, nous avions réussi à filmer un base-surge, événement peu fréquent lui aussi, pas trop rare cependant et, en tout cas, jamais observé jusque-là. Mais ce base-surge n'avait rien d'extraordinaire, sinon de somptueux : il nous ravissait, mais ne nous stupéfiait nullement. Et nous l'avons enregistré, Bichet en 35 millimètres et moi en 16.

Pendant qu'accroupis sur le rebord intérieur du cratère du Sakurajima nous filmions les formidables volutes d'épaisse poussière tourbillonnante, France, debout sur la crête quelques mètres plus haut, observait la trajectoire des bombes volcaniques qui auraient pu s'abattre sur nous et que – notre œil étant collé au viseur de la caméra – nous ne pouvions voir arriver. Il faut du sang-froid à ce genre de vigies, l'alerte ne devant être donnée qu'à coup absolument sûr, et seulement deux ou trois secondes, voire une seule, avant l'impact. Car il ne faut surtout pas, par un cri lancé mal à propos, que celui auquel il s'adresse fasse le saut de côté qu'il croit salvateur et qui risque de le placer précisément là où la bombe va s'abattre, alors qu'il n'aurait pas été touché s'il n'avait pas bougé... France, comme toujours, fut parfaite. Et le volcan tout autant !

*

Quelques semaines plus tard, nous avons connu des émotions nouvelles sur un autre volcan de la Ceinture de feu du Pacifique, l'Izalco, dans la république du Salvador. Rappelée à Paris par son travail de chercheur à l'Institut Pasteur, France nous avait quittés à San Francisco, et ma mère nous avait retrouvés, Bichet et moi, à Mexico.

Ma très indomptable maman avait alors près de soixante-dix ans et, d'emblée, elle avait affirmé son caractère : pas question de nous attendre à Mexico pendant que nous faisions l'ascension du Popocatepetl ! Mais vers les cinq mille mètres, à court d'entraînement et surtout d'acclimatation à l'altitude, il lui fallut renoncer. Nous lui creusâmes dans la neige inclinée une enfonçure en forme de hamac pour que, couchée, elle se trouve à l'abri du vent ; je l'enveloppai de nos vestes de duvet et nous la laissâmes nous y attendre pendant que nous gravissions la pente monotone menant à la partie du cratère la plus basse d'abord, car ce bord est incliné, puis, le long de sa crête étroite, au sommet. Quelques heures plus tard, nous l'avons retrouvée profondément endormie et, le soir, avons fêté joyeusement cette journée chez le consul de France, alpiniste aguerri, qui avait fait avec moi l'ascension de ce volcan célèbre.

Du Mexique, nous avons gagné le Guatemala pour en visiter quelques autres, assoupis, puis le Salvador où notre objectif était l'Izalco, « frère » du Stromboli car, comme lui, en activité continuelle et, à cause de cette éruptivité ininterrompue délivrée à plus d'un demi-kilomètre d'altitude en bord de mer, surnommé le « phare du Pacifique » (comme le Stromboli l'est de la Méditerranée). Mais l'activité de l'Izalco était nettement plus violente que celle de son parent d'Europe. Nous pûmes nous en rendre compte facilement dès la route qui grimpe sur le volcan voisin, appelé Santa Ana si je ne me trompe, profondément endormi quant à lui et qui offre un belvédère exceptionnel.

Ce que l'on contemplait de là, pour somptueux que cc fût, avait dc quoi rcfroidir lc volcanologuc désireux d'aller y regarder de près. La violence des éruptions de gaz chargés de fragments de lave incandescente était à l'évidence trop forte pour permettre l'approche du cratère : non seulement le montraient la vitesse et la hauteur – une à deux centaines de mètres – de ces jets rougeoyants, mais le fracas qui les accompagnait nous impressionnait tout autant, quoique nous en fussions à un kilomètre... Nuit tombée, ce fut assez fantastique et je comprenais que personne, depuis la naissance de ce volcan en 1770, n'en eut, à ma connaissance, jamais atteint le sommet.

Notre surprise fut grande, au réveil, de voir le cratère de l'Izalco absolument calme : non seulement n'en sortait plus aucun des jets de feu tonitruants dardés vers le ciel qui nous avaient tellement impressionnés la veille, mais les coulées incandescentes elles-mêmes, qui descendaient droit la pente roide en face de nous, s'étaient éteintes. J'inspectai la bête aux jumelles avec un maximum d'attention et, vers la fin de la matinée, arrivai à la conclusion que, si ce calme durait une ou deux heures de plus et – pour quelque raison, luni-solaire ou magmatique, se reproduisait le lendemain –, il serait possible de gravir les quelques centaines de mètres de la pente à trente-cinq degrés qui conduisait jusqu'au sommet pointu. Dans l'après-midi, l'Izalco se déchaîna et nous offrit un spectacle identique à celui de la veille. A l'aube suivante, il était de nouveau parfaitement calme et cela me décida à tenter notre chance.

Nous laissâmes ma mère seule au camp, dévalâmes le Santa Ana jusqu'au petit col qui le sépare de l'Izalco et entreprîmes la désespérante remontée de ce dernier. La pente de cailloutis instables qui la constitue glissait vers le bas à chacun de nos pas et chaque quart de mètre d'altitude exigeait, pour être gagné, que nous nous y reprenions à plusieurs fois, malgré notre savoir-faire en la matière, né d'une expérience déjà longue. Exaspérant et physiquement fatigant. Patience et longueur de temps sont indispensables en ce genre de situation mais, lorsqu'on redoute le réveil du dragon endormi vers lequel on s'efforce, longueur de temps signifie inquiétude croissante. Tout cependant se passa bien et nous parvînmes finalement au sommet ou, mieux, sur l'orle du cratère, c'est-à-dire sur du roc dur qui ne fuyait plus sous notre poids. De quoi soulager tout le monde. Du moins soulager les jambes et le souffle. Car pour le reste... !

Devant nous s'étendait une surface circulaire d'une bonne centaine de mètres de diamètre faite de basaltes fraîchement solidifiés, noirs et luisants – parce que non oxydés encore au contact de l'air –, percée de quatre larges puits incandescents d'où sifflaient des gaz sous pression. Le sol vibrait sous nos semelles et ce qui nous avait paru paisible même regardé au travers des jumelles de notre belvédère du Santa Ana, était drôlement impressionnant vu d'ici. Quand je dis « vu », j'entends également ressenti par l'oreille, par les pieds et par les narines, l'odeur d'anhydride sulfureux ajoutant à l'ensemble son piment très caractéristique. C'en était trop pour les trois peones qui nous avaient aidés à porter nos charges jusqu'à ce sommet quelque peu tumultueux : ils les déposèrent, firent demi-tour et dégringolèrent à grands bonds la pente de lapilli que nous avions eu tant de mal et mis tant de temps à gravir.

Bichet, lui, planta son trépied et y fixa sa caméra ; nos deux autres compagnons occasionnels eux aussi photographiaient et filmaient cet endroit hors du commun. Quant à moi, je me hasardai prudemment. Pied à pied, je descendis le petit mètre de dénivelée qui séparait le rebord du cratère de son plancher et entrepris de traverser celui-ci à pas circonspects avec l'espoir d'arriver à jeter un coup d'œil dans l'un ou l'autre des puits actifs. Comparer ce qui s'y passait avec ce que j'avais parfois eu l'occasion d'apercevoir dans la cheminée éruptive du Kituro ou du Stromboli justifiait dans mon esprit le risque que cette promenade pouvait représenter. En vérité, je crois bien que le défi, c'est-à-dire le plaisir d'ordre sportif, me poussait autant, voire plus, que la curiosité plus ou moins scientifique.

Malheureusement il me fallut battre en retraite avant d'avoir atteint le bord du puits vers lequel je me dirigeais. Non que la prudence m'y ait finalement obligé, mais le fait, tout simple, que la plante de mes pieds se mit à me brûler tout à coup : la chaleur du roc solidifié depuis fort peu sur lequel j'avançais à pas comptés – donc lentement, donc en laissant mes pieds trop longtemps au contact du sol –, avait fini par traverser les épaisses semelles de mes chaussures de montagne. Demi-tour et course quelque peu éperdue jusque sur le rebord relativement froid du cratère. Mes compagnons l'avait déjà quitté, je le découvris en y parvenant, et je dégringolai aussitôt la pente jusqu'au point où ils m'attendaient... Bichet me dit : « J'avais tellement peur que je me suis réfugié dans le viseur de la caméra : ce qu'on y voit est tellement réduit que ça impressionne bien moins qu'à l'œil nu... »

Nous remontions du petit col vers notre campement lorsque l'éruption se déchaîna à nouveau, somptueuse sur le ciel du couchant, mais un peu terrifiante pour l'imagination, un instant débridée : et si elle s'était déclenchée une demi-heure plus tôt...? Nous retrouvâmes ma mère et je ne me pardonnerai jamais l'inquiétude insupportable que je lui avais causée : à la distance où nous nous trouvions, elle ne pouvait pas nous distinguer et la seule chose qu'elle avait aperçue, après des heures, c'était le sillage de poussière claire que nous soulevions lorsque, à grands bonds, nous dévalions la pente. La rapidité de notre course, au lieu de la rassurer sur notre santé physique, avait exacerbé cette continuelle inquiétude qui l'a rongée tout au long de son existence pour les rares personnes qui lui restaient chères : notre rapidité, elle l'avait interprétée comme une fuite. Ce qui n'était d'ailleurs pas loin de la vérité. La reprise violente de l'activité l'avait confirmée dans cette certitude et enfoncée dans ses affres.

L'ambassadeur de France à San Salvador nous confirma le lendemain que nous étions bien les premiers à avoir atteint le cratère de l'Izalco : en activité ininterrompue depuis deux siècles, il semblait inaccessible. La presse salvadorienne, après avoir aussitôt annoncé cette « première », publia le jour suivant des articles virulents sur les « vantardises françaises », comme l'écrivaient leurs auteurs. Nos films ne pouvant, en ces temps-là, être développés ailleurs que dans des labos spécialisés, aux États-Unis ou en Europe, nous ne pûmes démontrer que non seulement nous l'avions atteint, ce cratère, mais que nous nous étions même promenés à l'intérieur...

Quelques semaines plus tard, alors qu'après avoir visité d'autres volcans d'Amérique centrale et d'Amérique du Sud nous en gravissions quelques-uns dans la cordillère des Andes au Chili, l'Izalco s'endormit pour la toute première fois de son histoire. C'était en 1956 et il ne s'est pas réveillé encore. S'il ne s'agit pas de chance que d'en avoir réussi la seule et unique ascension durant ses deux siècles d'activité ininterrompue...?

Par contre, d'autres en ont eu moins, de chance : ceux qui venaient de faire construire sur la Santa Ana un hôtel luxueux d'où les touristes – essentiellement américains en ces temps où le Japon se relevait à peine d'une guerre qu'il croyait avoir perdue et où les Européens n'étaient pas encore assez riches pour des voyages transatlantiques – pourraient contempler le plus somptueux des spectacles terrestres tout en dégustant des délicatesses que les peones salvadoriens ignorent.

*

Je lis à l'instant d'Umberto Saba (l'un des amis italiens de mes parents dans les années cinquante) ces quelques lignes d'*Ombre des jours*, qui, pour la façon d'écrire – ou plutôt de ponctuer – me caractérisent autant que leur auteur, ce qui à la fois m'honore beaucoup et, en même temps, me disculpe un peu. Me complexent en effet toujours (complexe dont Saba n'était nullement affecté) la longueur de mes phrases et ma façon de les couper par des signes typographiques variés : « Mes raccourcis, dit-il, sont pleins de parenthèses, d'entre tirets, d'entre guillemets, de mots soulignés dans le manuscrit et devant être imprimés en italiques, de mots en capitales, de points de suspension, de points d'exclamation et d'interrogation. Que l'imprimeur d'abord et le lecteur ensuite me pardonnent. » A part les points d'exclamation, qui m'agacent plutôt car ils sont l'antithèse de la litote, je partage avec Saba ce genre de manie.

Pendant que j'écrivais ce qui précède, la guerre du Golfe prenait une formidable ampleur, Saddam Hussein était balayé hors du Koweït, le cessez-le-feu lui sauvait la mise – provisoirement je l'espère – et commençait l'après-guerre le plus bancal qui soit. Il voyait d'abord le soulèvement des chiites dans l'Irak méridional, celui des Kurdes en Irak septentrional. La très « invincible » garde prétorienne de Saddam Hussein, qui avait fui devant les troupes alliées sans même faire semblant de résister, écrasait alors sous ses chars, ses hélicos et ses avions ces Kurdes révoltés contre la dictature. Et les alliés laissaient faire... Des alliés à la fois soulagés de n'avoir pas rencontré de résistance de la part d'une armée de tartarins, et apparemment plus préoccupés de pseudo-équilibres stratégico-diplomatico-économico-politiques que de la prévention des génocides.

Vu de Sirius – ou du XXIIe siècle –, ce qui se passe depuis une demi-douzaine d'années sur notre terre est d'un intérêt réellement extraordinaire et c'est bien pourquoi je ne puis me résoudre à naviguer dans mes seuls souvenirs d'il y a trente ans et plus. Jamais encore l'humanité ne s'est trouvée dans une situation aussi globale où tout désormais se répercute partout, où ce qui se passe aux antipodes peut dans l'instant agir d'une façon ou d'une autre de l'autre côté du globe. Les rodomontades d'un Saddam Hussein déstabilisent le monde musulman tout entier bien plus qu'elles ne l'auraient fait naguère, celui du Maghreb en particulier. Et cela va se répercuter sur toute l'Europe méditerranéenne.

De même les discours démagogiques de Boris Eltsine sont déstabilisants : ils menacent de provoquer l'implosion de l'Empire soviétique et l'échec de la politique de Gorbatchev, difficile à l'extrême mais déjà incroyablement positive, car génératrice de la fin de la guerre froide entre l'Est et l'Ouest. Ces discours menacent du même coup l'équilibre du monde : si l'Urss en effet s'effondrait, ou si reprenaient le pouvoir les nostalgiques de la dictature policière que Gorbatchev a mise momentanément hors d'état de nuire, la catastrophe serait planétaire. Mais il faut craindre aussi l'explosion démographique des pays pauvres, la misère accrue des plus misérables, la montée des intégrismes de toute espèce, les épidémies de virus nouveaux (ainsi le sida) ou de vibrions trop connus comme ceux du choléra. Et, à terme, menace une quatrième guerre mondiale. Celle du Golfe, malgré sa brièveté exceptionnelle, ayant été, je l'ai dit, la troisième.

Je rentre du Koweït. Brice Lalonde, notre actuel ministre de l'Environnement, m'avait demandé de l'accompagner là-bas pour discuter sur place avec lui – et avec son homologue koweïti – de ce que la France pourrait offrir comme aide technique pour résoudre les formidables problèmes que posent les sabotages de Saddam Hussein. Pourquoi avoir fait appel à moi? Pour deux raisons, l'une étant notre amitié, vieille d'un quart de siècle, née de nos luttes communes pour la sauvegarde de la nature, l'autre mon expérience professionnelle des volcans : les quelque sept cents puits de pétrole en feu, par l'énergie thermique qu'ils dégagent, rappellent une éruption d'envergure.

Les techniques dans lesquelles le spécialiste mondial numéro un de l'extinction des puits de pétrole en feu, Red Adair, est passé maître pourraient ne pas être suffisantes pour éteindre rapidement cette forêt de jets à 1 500 degrés Celsius dardés vers le ciel. Sans doute est-il possible de réduire la durée de la lutte en multipliant le nombre des équipes qui la mènent. Peut-être, encore, l'expérience de pétroliers français, l'expérience d'un artificier italo-suédois avec lequel nous avions réussi, en 1983 sur l'Etna, à détourner une coulée de lave incandescente – premier et jusqu'ici seul succès en ce domaine – et notre expérience de l'approche des cratères en éruption, peut-être tout cela pourrait-il permettre à la vieille Europe d'aider le Koweït à abréger le désastre économique et environnemental dans lequel il se trouve plongé. Et dont il porte d'ailleurs, par sa politique antérieure, une part de responsabilité.

Nous avions vu à la télévision d'impressionnantes images de ces puits de pétrole en feu. Nous savions qu'il s'agissait d'un incendie très exceptionnel, peut-être le plus énorme que le monde ait connu. Nous nous attendions à être impressionnés : nous avons été stupéfaits. Pas tant par la quantité incalculable – au sens premier du mot – de torchères déchaînées que nous aperçûmes lors de notre arrivée au-dessus du Koweït. Pas tant par le nuage de fumée noire, proprement formidable, qui couvrait l'immense champ pétrolifère saboté : nous l'avions vu sur nos écrans de télévision. Mais par l'épaisseur de cette fumée d'abord, par l'étendue de l'incendie ensuite. Nous l'avons « vécue » plus d'une heure et demie durant à bord du gros hélicoptère Puma avec lequel nous avons fait le tour complet de ce désastre. L'épaisseur de fumée, nous l'avions découverte auparavant d'avion, en traversant le dais dont elle couvrait le pays : à environ trois cents kilomètres à l'heure, nous avons passé huit minutes dans le noir absolu, dans l'absence totale de toute trace de lumière, pas plus celle du soleil qui brillait joliment ce jour-là que celle des centaines d'incendies que nous survolions...

Au sol, nous n'avons pas été autorisés, ni par les militaires américains ni par les militaires français, à quitter la route que nous suivions pour approcher des puits en feu : le pays entier était miné et au premier pas hors de l'asphalte on risquait de sauter. Je regrettais de ne pouvoir comparer les conditions imposées ici par la chaleur irradiée par ces flammes qui fonçaient du sol en rugissant et dont vitesse, puissance et débit variaient d'un puits à l'autre, avec celles auxquelles m'avaient habitué les éruptions volcaniques. Or l'approche des équipes chargées de leur extinction et donc les techniques d'extinction possibles dépendaient de ces conditions – tant de la chaleur dégagée que des températures, tant de la nature et de la concentration des gaz non brûlés que des suies... (N'oubliez pas que chaleur et température sont des concepts différents.) Mais les ordres étaient formels : ne pas s'écarter d'un seul pied de la route asphaltée et déjà déminée.

C'était il y a une quinzaine de jours et celui qui est devenu mon alter ego dans l'étude du phénomène éruptif et, avant tout, des gaz volcaniques à hautes températures (entre 900 et 1 200 degrés Celsius), François Le Guern que tous appellent Fanfan, est aujourd'hui au Koweït pour étudier, à la demande d'une société française, les conditions de lutte contre cette forêt dont chaque tronc est un cylindre de feu de pétrole. J'attends son retour avec une impatience certaine.

*

En 1956, sur le volcan Sakurajima, lorsque nous redescendions par le sentier, qui se trouvait ce jour-là sous le vent, nous avions dû marcher sous une averse dense de poussières, de sables et de lapilli. Alors que sur le bord, au vent, du cratère situé nous en étions à l'abri, ce qui nous avait permis d'observer dans le fond le phénomène plus tard baptisé base-surge. Les nuées éruptives que les violentes exhalaisons du Sakurajima engendraient étaient nouvelles pour nous, habitués à celles, relativement limpides et transparentes, des volcans basaltiques que nous connaissions : Kituro, Niragongo, Stromboli, Etna... Ici, ces nuées étaient opaques et sombres, tellement y abondaient les parcelles de laves pulvérisées par la violence des gaz.

Ce ne fut cependant que l'année suivante, en 1957, que je me trouvai pour la première fois non pas sous le vent d'une telle nuée, mais dedans. Et que, du même coup, je fis ma première expérience, en plein jour, de la « nuit éruptive ».

Au large du cap ouest de l'île de Faïal, à un kilomètre du phare de Capelinhos, une éruption avait éclaté sous la mer. J'avais été alerté par un télégramme, trouvé à notre descente du Kilimandjaro dont nous venions, Alyette de Munck et moi, de faire notre première ascension. Lorsque je finis par arriver à Faïal – les voyages étaient bien moins rapides alors –, je craignis que l'éruption, déclenchée depuis quatre semaines déjà, ne se soit éteinte. Il n'en était rien, malheureusement pour la population de l'île, heureusement pour moi. Malheureusement, car destructions et pertes matérielles étaient déjà importantes et allaient finir par devenir très lourdes. Heureusement pour le volcanologue, parce qu'il y découvrit pas mal de choses.

A mon arrivée, plusieurs mètres de « cendres » gris noir s'étaient déjà accumulées sur les kilomètres carrés les plus occidentaux de Faïal. Les toits s'étaient effondrés sous leur poids – deux à trois tonnes par mètre carré – et le phare avait dû être abandonné. Non qu'il ne fonctionnât plus, mais simplement parce que le formidable panache éruptif de gaz chargés de milliards de mètres cubes de cendres en dissimulait désormais l'éclat aux navires qui passaient au large. Car, pour basaltique qu'elle fût, cette éruption engendrait un panache énorme et d'une opacité que je ne devais retrouver qu'à trois reprises depuis : en 1984 à Java, lors de l'éruption du Galungung, en 1991 au Koweït, au-dessus du vaste champ de puits de pétrole en feu, et la même année au Pinatubo.

Au Koweït, c'était du petit triréacteur Falcon qui nous amenait de France que nous avions vécu cette nuit totale – longue d'interminables minutes – provoquée, ici aussi, par les milliards de mètre cubes d'aérosols, par les poussières qu'engendrait la combustion du pétrole et les microgouttelettes d'imbrûlés. Mais, aux Açores, la cause en était les « cendres » volcaniques bien particulières qui caractérisent les éruptions sous-marines. Ou, mieux, les éruptions subaquatiques, ainsi celles qui se déroulent sous une calotte de glace épaisse : l'Islande et l'Antarctique le démontrent.

En observant l'éruption de Capelinhos – qui devait durer plus de neuf mois – mes craintes d'arriver trop tard avaient été bien injustifiées –, j'eus la chance de découvrir comment sont engendrées ces roches très spécifiques du volcanisme sous-marin et sous-glaciaire qu'en jargon géologique ou nomme tantôt palagonites (du nom d'un village sicilien, Palagonia, à mi-chemin entre l'Etna et Syracuse), tantôt hyaloclastiques (du grec *hyalos*, « verre » – car il s'agit de roche volcanique vitreuse, c'est-à-dire non cristallisée – et *klastein*, « briser »).

Jusqu'alors (et même depuis, car les erreurs ont la vie dure), on les croyait provenir toutes – alors que ce n'est qu'une partie infime qui possède cette origine – de la desquamation et du bris de la coquille de lave, solidifiée dans l'instant, formée autour de la boule de magma qui suinte et se gonfle à la base du front d'une coulée progressant sous l'eau sur une pente suffisante. Cette boule – en jargon volcano dite *pillow*, « oreiller » – se détache sous son propre poids et roule jusqu'au bas de la pente, ce qui brise en menus fragments de verre sa coquille superficielle à mesure qu'elle se reforme. Si le talus est court, les boules s'immobilisent à son pied avant d'être entièrement réduites en poussière par ce processus de desquamation et les débris de coquille se déposent sur elles. Mais, lorsque la pente est suffisamment longue, le volume de chacune des boules de lave diminue par bris des coquilles successives au cours de la dégringolade de la miche en fusion : au bout de quelques dizaines de mètres à rouler de la sorte, le pillow est entièrement transformé en sable de verre volcanique frais. Verre dont l'action de l'eau – et sans doute aussi celle de ce qui restait dans cette lave de gaz éruptifs – transforme les minéraux jusqu'à donner ces roches curieuses appelées hyaloclastites. Elles forment des dépôts très caractéristiques que mon ami Alfred Rittmann, célèbre volcanologue de la génération qui a précédé la mienne, a bien analysés, compris et expliqués.

Mais ce mécanisme, déduit par Rittmann de la dissection des gisements siciliens de palagonites, n'est en fait responsable que d'une petite fraction de toutes celles que l'on trouve à travers le monde, partout où la mer (plus rarement des lacs) ou des glaciers recouvrent ou recouvraient des bouches éruptives.

L'immense majorité des hyaloclastites, d'une part ne montrent pas trace de pillow-lavas, d'autre part, reposent sur des sols soit totalement horizontaux, soit tellement peu pentus que la dégringolade de pillows y était impossible.

Ces contradictions ne m'avaient guère préoccupé jusqu'à ce que je découvre, à Faïal, des hyaloclastites en pleine gestation : elles se formaient ici sous nos yeux, par la fragmentation brutale, instantanée, répétée, des gros paquets de lave fondue que les gaz éruptifs projetaient au travers de quelque cent mètres d'eau de mer jusque dans l'atmosphère. Ayant fini par me convaincre que toutes ces « cendres » qui recouvraient le tiers occidental de l'île de Faïal étaient des fragments de basalte essentiellement vitreux, donc des hyaloclastites au sens étymologique du terme, je m'efforçai de comprendre le mécanisme de cet émiettement. Il suffisait d'observer l'éruption d'assez près pour arriver à le découvrir. Ce fut ainsi que je me trouvai, à deux reprises, dans « une nuit en plein jour » due aux milliards de mètres cubes d'hyaloclastites projetés dans les airs (parmi lesquelles on apercevait d'ailleurs, rougeoyantes, quelques bombes non pulvérisées) et aux milliards qui, simultanément, en retombaient : va-et-vient hallucinant.

Je finis par comprendre que les paquets de lave en fusion, propulsés vers le haut par les gaz éruptifs, étaient brisés durant leur parcours sous les eaux par l'explosion de la vapeur instantanément engendrée par le contact avec l'eau de la matière à plus de 1 000 degrés de température. Qu'elles se brisaient uniquement par l'explosion de la vapeur piégée sous la « bombe », car les bulles de cette vapeur surchauffée qui se trouvaient sur le dessus et même sur les côtés s'échappaient sans mal vers la surface (qu'elles n'avaient d'ailleurs pas le temps d'atteindre, car elles se résorbaient aussitôt par condensation dans l'eau froide qui les baignait). Tandis que les bulles qui se trouvaient piégées sous le paquet de lave ou prisonnières dans certaines de ses anfractuosités, surchauffées, éclataient instantanément et fracassaient la bombe. Du coup, l'intérieur incandescent de celle-ci était à son tour mis au contact de l'eau et le processus se répétait aussitôt, fragmentant ces fragments en fragments plus petits, et, pour autant que fût suffisante l'épaisseur d'eau à traverser, jusqu'à pulvérisation complète.

La plus grande partie des volcans actifs se trouvant sur le fond des océans, cette constatation revêt une importance certaine : les seuls rifts océaniques, tout le long jalonnés de volcans, s'étirent sur plus de soixante mille kilomètres... Comme les fonds océaniques représentent les deux tiers de la surface terrestre, les hyaloclastites pourraient être les roches les plus répandues qui soient. Mais, comme elles sont rares à la surface des continents, les géologues ont tendance à les sous-estimer. Voire à les ignorer...

A Faïal, ce qui m'avait le plus terrifié, ce ne fut jamais d'aller regarder ce qui se passait dans la gueule du volcan, mais bien de rouler en taxi de Horta à Capelinhos. La route monte et descend au flanc verdoyant des cônes volcaniques éteints dont est faite l'île et, par économie, à chaque descente et quelle qu'en soit la pente, les chauffeurs coupent le contact, passent au point mort et laissent aller, qu'il s'agisse de lignes droites ou de lacets, confiants en leurs freins... Chaque matin, quand je débarquais en face du volcan, j'éprouvais le même soulagement.

Pourtant l'éruption était fort impressionnante, tant par les frémissements du sol et les sourds roulements qui accompagnaient les paroxysmes que par les formidables murailles de scories et de sables absolument noirs – hyaloclastites tout juste engendrées et encore toutes trempées d'eau – que le cratère projetait à plus d'un demi-kilomètre de haut en moyenne. Cette « noirceur » peu ordinaire des laves éjectées était pour moi un phénomène nouveau. Quoiqu'il y eût alors près de dix ans que je courais les éruptions et que j'eusse eu la fortune d'en étudier une vingtaine, jamais il ne m'était arrivé d'observer ce phénomène. Tantôt en effet le matériel expulsé par le cratère est incandescent et, selon les températures, resplendit de jaunes éclatants, de cuivres et de pourpres; tantôt il est « éteint », constitué de fragments plus ou moins gros, plus ou moins fins de roche déjà consolidée et les couleurs alors sont des gris ou des bruns, toutes les nuances des gris et toutes les richesses des bruns.

Ici c'était noir, d'un noir de suie impressionnant. Cette couleur – ou plus exactement cette absence de couleur – résultait du fait que l'éruption était sous-marine : quoiqu'une vaste presqu'île nouvelle faite de coulées et d'hyaloclastites se fût déjà formée et allât s'élargissant, le fond du cratère se trouvait toujours sous le niveau de la mer car le talus circulaire de débris et de coulées qui le circonscrivait était encore ouvert sur le large et l'eau, de ce fait, s'y engouffrait toujours. Gris, bleu, violet foncé ou brun sombre lorsqu'il est sec, le basalte mouillé paraît noir et ses menus débris – normalement de teinte grise ou café brûlé – deviennent, eux aussi, sinistrement noirs. Même la matière incandescente, par refroidissement superficiel instantané dû à l'eau, était de la sorte noircie : seules les très grosses bombes, celles d'un demi-mètre cube et plus, montraient encore quelque éclat lorsqu'elles jaillissaient, et surtout lorsque, au choc de la retombée, elles se fragmentaient en lambeaux rougeoyants et visqueux qui dévalaient lourdement les pentes du cône.

Tout ce noir passait d'ailleurs aux bruns, aux roux sombres, aux teintes soufrées quand, au cours des paroxysmes prolongés, après avoir expulsé et l'eau et les milliers de mètres cubes de scories mouillées retombées dans le cratère, le volcan vomissait pour finir des laves, humides certes, mais qui n'étaient plus gorgées d'humidité.

Ces longues émissions de quantités colossales de matière, laves et gaz, étaient formidables au sens premier du mot : elles engendraient la peur. D'immenses gerbes noires aux branches verticales et obliques, pointues comme des cyprès, jaillissaient à des centaines de mètres de hauteur et, sur ce rideau de suie, naissaient des points blancs qui dessinaient alors de pures courbes claires : c'était la vapeur qui se dégageait des bombes et des fragments imbibés d'eau, se condensait et traçait en paraboles blanches la trajectoire des projectiles. Ceux-ci, s'abattant sur les flancs du cône, soulevaient d'impressionnantes bouffées de cendres grises qui se gonflaient aussitôt en effrayants ballons fuligineux. En même temps des volutes de vapeur immaculée, si denses qu'on les eût dit solides, s'élevaient de la mer frappée par les fragments brûlants et s'immisçaient dans le jeu hallucinant des montées et des retombées de toute cette matière en expansion.

Les tourbillons se tordaient les uns autour des autres, monstrueuses cervelles libérées de quelque crâne cyclopéen. En une dizaine de secondes le « champignon » s'élevait jusqu'à cacher le soleil et le ciel, et une étrange obscurité s'étendait sur tout ce coin du monde. En même temps s'emparait de vous cette indéfinissable inquiétude que les séismes provoquent : sans interruption désormais jusqu'au terme du paroxysme, la terre en effet tremblait, dans un roulement grave et profond comme d'un gong énorme qu'on aurait fait vibrer.

C'était déjà assez impressionnant lorsqu'on regardait le phénomène d'assez près, certes, mais, si je puis dire, du dehors. Ce l'était davantage lorsqu'on se trouvait au-dedans de l'averse compacte des lapilli. La première fois où je connus cette expérience, ce fut bref mais inoubliable. J'étais seul sur l'isthme de sables noirs qui reliait désormais le volcan à Faïal, à contempler sans jamais m'en lasser ces éruptions sans cesse recommencées et à essayer de les comprendre. Soudain leur intensité s'accrut et leur rythme s'accéléra : un nouveau paroxysme commençait. La hauteur des gerbes dépassa aussitôt quatre cents mètres et la terre se remit à trembler. Je demeurais fasciné par la grandeur, la puissance, la sauvagerie du phénomène.

Ce qui, d'un certain côté, le rendait plus impressionnant encore, c'était son silence paradoxal : une épaisse couche d'eau étouffant tous les bruits durant les premiers mois de l'éruption, celle-ci se déchaînait sans fracas. Rien, hormis le grondement sourd de la terre frémissant sous la ruée des laves qui se pressaient pour en jaillir, bruit que l'on ne perçoit que de près. Ni sifflement strident des gaz, ni coups de bélier du basalte fondu battant les parois du cratère, ni cet assourdissant vacarme fait de mille vacarmes confondus et qui, à lui seul, peut terroriser. J'oubliais : au cours des paroxysmes, les intenses frictions qui s'exercent entre les milliards de particules solides entraînées dans la convulsion tourbillonnante des gaz en expansion déterminaient de fortes différences de potentiel électrique et des éclairs soudains illuminaient de leur fulgurance la noire masse mouvante qui dominait le volcan de plusieurs milliers de mètres; le craquement sec de la foudre les accompagnait, comme d'un tissu immense brutalement déchiré.

Ce jour-là je contemplais une fois de plus la stupéfiante démonstration d'énergie que m'offrait la Terre, quand l'une des innombrables décharges qui se succédaient sans interruption hors des trois évents que semblait contenir le cratère jaillit soudain dans un azimut inhabituel : vers le nord-est, c'est-à-dire dans la direction où je me trouvais. Je savais qu'avant que ne retombent de là-haut les premiers blocs, les premières lourdes mottes de roc fondu, il se passerait plusieurs secondes et je bondis vers le grand pinacle de roc, distant de quelques pas, dans lequel depuis longtemps j'avais repéré une sorte de niche où les projectiles, sans doute, ne pourraient m'atteindre. Blotti dans cette anfractuosité de pierre, j'attendis quelques instants. J'entendis le choc sourd des premières bombes, l'impact des paquets de plusieurs kilos s'abattant sur le sable. Et puis se fit une nuit quasi totale, en même temps que résonnait, myriades de minuscules baguettes de tambour, la grêle incroyablement serrée des lapilli frappant tout ce qui, dès lors, constituait mon univers.

Il était quelque peu exaltant, en plein milieu de ce déchaînement tellurique, de se trouver à l'abri. Mais l'instant d'après, je perçus l'odeur fétide de l'hydrogène sulfuré, à laquelle par moments se mêlait, douceâtre, celle d'un autre gaz que je ne pouvais identifier. Paupières serrées, mouchoir humide pressé sur la bouche et les narines, dans cette étrange et totale nuit, je vécus alors une éternité.

Un peu plus tard, je fis une autre expérience de ce genre mais à plus grande distance, sur le phare, à un kilomètre du cratère. Ce jour-là le vent chassait de ce côté, et nous avions gravi l'escalier qui se visse jusqu'à la lanterne, trente-cinq mètres au-dessus du sol. Nous étions trois, Pacheco le gardien, un reporter du *National Geographic* et moi. Depuis près d'une heure le volcan « travaillait » de façon modérée, lançant, trois, quatre ou cinq fois par minute d'harmonieuses gerbes noires pareilles à des bouquets de cyprès cyclopéens qui, quelques instants après leur apparition, fleurissaient en éventails soulignés par la trajectoire de vapeurs blanches des grosses bombes.

Le paroxysme commença pendant que nous montions : la tour s'était mise à vibrer et nous entendions gronder les profondeurs. A la lampe, on ne voyait déjà plus rien au-dehors : les vitres, qu'une corvée de matelots la veille avait décrassées de l'épaisseur de cendres qui s'y étaient collées dès le début de l'éruption, étaient de nouveau totalement opaques. Cette obscurité, déjà, était impressionnante. Impression accrue par le balancement inquiétant de la tour, par les roulements sourds des séismes, par les craquements secs et furieux de la foudre toute proche, par le crépitement des lapilli qui cinglaient les carreaux.

Je voulus en connaître davantage. Pacheco débloqua la barre qui verrouillait la porte de fer, pesa sur elle jusqu'à ce qu'elle s'entrouvrît, et les lapilli nous frappèrent de plein fouet. Je me faufilai par l'ouverture et pendant que le Portugais refermait difficilement le vantail, je tâchai de regarder, les yeux abrités sous la paume. Chassé par un vent violent, le sable s'abattait en oblique, tambourinant serré sur le capuchon de mon anorak. Le monde n'était qu'une hallucinante poursuite de fuligineux rideaux de gros sables et de cailloux. Tout était flagellé par cette grêle brutale, dans une semi-obscurité de fin du monde. Parfois, derrière les nuées sombres de ces averses de cendre que chassaient les rafales, apparaissait durant quelques instants un sinistre disque rougeâtre : le soleil.

Vacillant sous le choc pesant de cet air hostile, je m'enfuis par le balcon circulaire qui couronne le phare pour m'abriter sous le vent de la lanterne. Mais, là encore, dans le remous, la mitraillade me frappait. Cela me parut très long, dans cette atmosphère obscure, épaisse, de cendres et de gaz, sous les craquements trop proches de la foudre, avec au ventre l'ancestrale inquiétude qui resurgit dès que tremble le sol. Je me mis à filmer « cela ». Car comment le décrire? Plus tard, dans un univers plus normal, il me fallut deux heures pour nettoyer la caméra de prises de vues, engluée de poussières volcaniques que le sel de l'eau de mer avait rendues collantes.

Le calme revint. Redescendus, nous sortîmes du phare : tout était couvert d'une épaisseur de deux pouces, plus même par endroits, de sables basaltiques tout frais. Sur le cône il avait dû s'accumuler plus de trois pieds, sinon le double, de bombes neuves, de fragments de vieux rocs, de scories, de lapilli... Ainsi, à chacun de ses nombreux accès de colère, le volcan de Capelinhos croissait de près d'un mètre en même temps que s'élargissait sans cesse l'isthme qui le reliait à Faïal.

Aux souvenirs, peu ordinaires parfois, je préfère le présent. Du moins lorsqu'il est plaisant et quelle que soit la nature du plaisir qu'il procure. Ainsi cette journée où, assis, je suis en train d'écrire ces lignes au soleil printanier de ce coin, à la charnière du Bas-Dauphiné et de la Haute-Provence. La brise d'est fait chanter les peupliers légers qui se balancent doucement et leurs feuilles luisent à contre-jour. Ce chant du vent dans les feuilles me ravit depuis l'enfance, ma lointaine enfance passée en Géorgie, dans le Caucase. Pour l'exprimer, la langue française n'a guère de terme, sinon « bruire ». Mais « bruire », dans mon esprit formé au russe, dans ma lointaine enfance, n'est pas suffisamment spécifique. Et « chant », « chanter » signifie tellement de sons totalement différents les uns des autres qu'il n'évoque pas non plus – du moins pour moi – ce que ma langue maternelle, que j'ai commis le crime d'oublier ou presque, dit de la rumeur du vent dans les branches : *chumiat'*... Outre le frisson des feuilles, j'entends sans les écouter des gargouillis de passereaux, des bourdonnements d'abeilles, un croassement de corneille, le toc-toc-toc d'un pivert, des chuintements ténus...

Deuxième Partie

Durant la fin des années cinquante et le début des années soixante je m'étais d'autant plus immergé dans la volcanologie que je me trouvais désemparé face à l'évolution politique du monde. Les certitudes qui avaient fait de moi, de 1930 à 1944, un militant actif, avaient été démantelées par une analyse objective des faits. Longtemps je m'étais refusé à écarter les œillères dont m'avaient pourvu lectures, propagandes et discussions subjectives. Les prisonniers soviétiques évadés m'avaient ouvert les yeux et, sans le chercher, obligé à revenir, presque contre ma volonté, sur les événements d'avant et d'après guerre et à en tirer des conclusions qui contredisaient les certitudes qui m'avaient habité plus d'une quinzaine d'années durant.

Ces certitudes de l'adolescence chez certains individus sont inébranlables. Ou quasi. J'étais de ces individus. D'autant que l'éducation que ma mère m'avait donnée – infligée même parfois – était manichéenne à l'extrême : il y a le bien et il y a le mal, le blanc et le noir. Je ne faisais pas dans la nuance. Aujourd'hui non plus, d'ailleurs. Et si je n'estime guère ceux qui en font trop, ceux qui, comme moi, n'en font pas assez ne sont pas des exemples à recommander.

Durant les années cinquante, les yeux finalement dessillés sur une extrême gauche dans laquelle j'avais tellement investi, je ne trouvais pas quelle autre option politique choisir. Les quatre dures années de travail clandestin avec les Partisans armés contre les nazis, quatre années rendues indélébiles par la mort de presque tous mes camarades de combat, ces quatre années me liaient au PC et m'écartaient d'autres résistants qui trop souvent, pendant ces mêmes années, n'avaient guère fait beaucoup plus qu'attendre.

D'autre part, les trahisons du PC me restaient en travers de la gorge, depuis le pacte germano-soviétique de 1939 jusqu'aux exécutions criminelles des nôtres, en 1943 et 1944... Nous ignorions alors – parce que nous refusions de voir – ce qu'aujourd'hui depuis Khrouchtchev, mais surtout grâce à Gorbatchev, tout le monde sait, et l'évangile marxiste-léniniste demeurait imprimé dans notre subconscient. En 1944, j'avais quitté le Parti discrètement au moment où tant de résistants de la onzième heure se découvraient tels sans la moindre vergogne. Mais je ne savais quelle tendance politique choisir : la Section française de l'Internationale ouvrière, la SFIO d'attristante mémoire, apparaissait beaucoup trop molle au dur que j'étais. De Gaulle m'attirait par le courage rare qui le caractérisait, par ses qualités tout aussi rares de chef, par son mépris des médiocres, mais huit sur dix des néo-gaullistes, devenus fort vite gaullistes tout court, ne valaient pas plus que huit sur dix des néo-communistes ou des néo-résistants de 1944-1945. Et cela m'écartait du gaullisme. Quant au marécage politicien qui s'étendait entre ces deux pôles...

Finalement, jusqu'aux années soixante, je demeurai ce que l'on appelait alors un « compagnon de route » du PC, essentiellement parce que les objectifs de justice sociale que le communisme s'était fixés étaient à mes yeux les tout premiers à poursuivre. Fidèle à cet objectif sinon au Parti, je demeurais compagnon de route par paresse mentale, d'autant plus que mon anticolonialisme, comme d'habitude chez moi sans nuances, me rejetait vers lui à mesure que se développait la guerre d'Indochine d'abord, celles de Corée et d'Algérie ensuite. Aujourd'hui encore je considère ces conflits, ainsi que toutes les guerres coloniales, comme profondément injustes : immoralité de la force brute et lâcheté de ceux qui en abusent. Le PC combattait ces guerres, donc je ne pouvais pas combattre le PC. Malgré les évidences, de plus en plus nombreuses, qu'il avait depuis très longtemps trahi et ses objectifs de justice sociale et ses millions de militants. Tant le PCUS que le PCF.

Seul me semblait honnête le Parti italien. A l'analyse tardive, j'attribue cela à la qualité exceptionnelle de son chef, Enrico Berlinguer. Tout, partout, toujours, en tout, dépend du chef. Il est fort rare qu'un chef soit digne de son poste. Mais, lorsque cela se produit, les miracles sont possibles. Ce n'est pas le communisme qui a trahi, ce fut Staline d'abord, ses successeurs ensuite jusqu'à Gorbatchev exclu, et ses larbins étrangers, Berlinguer mis à part.

Que le communisme soit utopie est possible, probable même, étant donné qu'il est fondé sur une illusion, celle que les prolétaires sont bourrés de qualités. Alors qu'ils ne sont ni meilleurs ni pires que les bourgeois – qu'ils imitent d'ailleurs et qu'en fait ils rejoignent aussitôt que les moyens leur en sont donnés. Autre illusion : que le pouvoir puisse être exercé par le peuple – la chose est simplement impossible. Troisième illusion : que l'étatisation du capital et des moyens de production puisse conduire à une meilleure répartition des revenus. L'expérience a mis en évidence, partout où elle a été appliquée, que l'étatisation du capital ne fait qu'engendrer une bourgeoisie nouvelle, cette caste que l'on appelle désormais une nomenklatura. Cette bourgeoisie est pire que celles des démocraties : elle s'est imposée parce qu'aucune éthique ne la freinait et, trop neuve encore, elle n'a pas eu le temps – et aux nouveaux riches, il en faut beaucoup – de se fixer des règles morales, sans lesquelles il n'est pas de civilisation.

Arriver à admettre cela après tant d'années de bourrage de crâne infligé, et accepté, ne me fut pas chose facile. D'autant que demeuraient communistes ou compagnons de route des penseurs de haute volée, des écrivains parmi les meilleurs, des physiciens de tout premier plan (et la physique, à mes yeux, est la science par excellence), de grands acteurs, des poètes admirables...

Face à ces contradictions que je ne parvenais pas à concilier, de surcroît interdit d'activité politique car encore étranger dans le pays où j'étais venu vivre, je me réfugiais dans mon travail. Il faut dire qu'il me passionnait. Outre mes séjours – plusieurs chaque année – sur le Stromboli et l'Etna – qui étaient pour moi les plus accessibles de tous les volcans à l'activité quasi permanente –, les années 1958 et 1959 m'offrirent la possibilité de conduire deux missions successives jusqu'au lac de lave du Niragongo. En ces années-là, c'était l'endroit le plus favorable au monde pour une étude rationnelle et sérieuse de ce phénomène éruptif dont l'importance, naguère encore niée par la plupart des géoscientistes, commençait à être prise en considération.

Mais, vous demanderez-vous, comment l'autorisation m'avait-elle été accordée, à moi son ennemi numéro un, par l'Administration des parcs nationaux? Simplement par la volonté du prince. En 1957, j'avais fait connaissance de l'ancien roi des Belges, Léopold III, et nous avions sympathisé. Tantôt chez moi à Paris, tantôt chez lui à Bruxelles, nous nous sommes rencontrés souvent et je lui parlais – à lui qui était explorateur dans l'âme – essentiellement de volcanologie et de ce que la Belgique pourrait – devrait – faire en ce domaine, elle qui possédait le seul lac de lave existant alors dans le monde.

Le roi fit ce qu'il put et ce fut énorme : il créa le CNV, Centre national de volcanologie, il lui fit attribuer un budget d'équipement et de fonctionnement et il fit très diplomatiquement comprendre au Pr Van Straelen, président des Parcs nationaux du Congo belge, qu'il me fiche la paix. Et qu'il nous autorise à lancer un programme de volcanologie dynamique. Ce fut ainsi que dès l'année suivante, cinq ans après ma dernière escapade dans ce cratère, j'y retournai, très officiellement cette fois, avec une vingtaine de coéquipiers, Blancs et Noirs, scientifiques et militaires de soutien logistique.

J'ai parlé de ces expéditions dans plusieurs de mes bouquins dont l'un existe encore, *Niragongo ou le volcan interdit*, et j'y renvoie ceux que cela peut intéresser. Mais pour qui ne pourrait le trouver, je reprends ici ce que j'en avais raconté à l'époque dans un petit Livre de poche aujourd'hui épuisé, *Histoires de volcans*.

L'expédition de 1958 fut placée sous la direction de mon ami Ivan de Magnée, professeur à l'université de Bruxelles; j'avais trop à faire avec les problèmes de descente, de remontée et de sécurité pour m'occuper des tâches absorbantes qu'impose l'organisation générale d'une mission aussi importante. Celle-ci avait pour objectif de tenter de descendre le plus bas possible et de déterminer les techniques de vie et de travail scientifique à adopter dans ce milieu peu ordinaire. Une mission de cette envergure ne s'organise pas, comme les promenades que j'avais pris l'habitude de faire aux volcans, en deux coups de cuiller à pot. Ici, c'étaient des observations quantitatives et non seulement qualitatives que nous désirions : le problème en devenait tout autre.

Le préalable à cette étude était la descente dans le puits. Autant était facile l'escalade vers le bas et vers le haut de la première paroi, autant était délicate l'attaque de la deuxième... La muraille supérieure est en effet loin d'être verticale, et cela suffit à en rendre le parcours relativement confortable. Le puits central, au contraire, tombait à pic. Il est aisé pour un alpiniste de descendre une falaise verticale : il lui suffit, pour peu que l'escalade soit hasardeuse, de se laisser glisser le long d'une corde fixée au sommet. En montagne, on dévale souvent de la sorte des murailles de plusieurs centaines de mètres. Cette technique du rappel ne convenait guère ici. Pour plusieurs raisons : après avoir séjourné dans le fond du puits, après y avoir respiré, très concentrés encore, les gaz nocifs qui s'y dégagent, après avoir subi les effets débilitants de la chaleur intense rayonnée par le lac de roche en fusion, les explorateurs, pour remonter, auraient à faire par leurs propres et seuls moyens l'escalade d'un mur vertical de cent quatre-vingts mètres, mur aux blocs instables s'il en fut. (Les jumars, petits outils qui permettent de se hisser sans fatigue exagérée sur une corde lisse fixée au sommet, n'avaient pas été encore inventés...)

Une solution pratique, sûre et simple, était d'utiliser un treuil pour se faire descendre et remonter au bout d'un câble, tel un sac de farine. Plus exactement, ce qu'il nous fallait, c'était une grue. Car l'endroit exigeait des précautions spéciales. Tout d'abord, la plate-forme de départ n'était, aux abords du puits, rien moins que rassurante : larges d'un pouce, d'un pied ou d'un pas, des crevasses concentriques la parcouraient et parfois s'anastomosaient pour former d'impressionnants « séracs » de roc noir ; la paroi elle-même, en haut, était presque en surplomb, ces séracs inclinant vers le vide de façon inquiétante. Aussi valait-il mieux éviter de se tenir à plusieurs sur l'un de ces blocs dangereusement penchés et d'y manœuvrer.

L'exploration spéléologique du gouffre de la Pierre-Saint-Martin nous avait fait perdre notre ami Marcel Loubens, tué comme je l'ai déjà dit, par les insuffisances tant du treuil que de celui qui l'avait conçu et construit. Cela nous avait appris qu'on ne prend jamais trop de précautions avec le matériel de descente ou d'escalade. L'un des membres de l'équipe de la « Pierre », Corentin Queffélec, ingénieur en levage, avait finalement conçu un engin à la fois solide, sûr et léger, celui-là même avec lequel on avait remonté en 1954 le corps de Marcel Loubens. Ce fut donc à lui que je posai notre problème et il imagina la grue souhaitée sous la forme d'un châssis tétraédrique en duralumin, muni d'une flèche oblique tournante longue de six mètres, destinée à renvoyer jusqu'à sa poulie terminale surplombant le vide le câble déroulé par l'appareil haleur.

Le tout, comme un Meccano, était démontable en pièces n'excédant pas trois mètres de longueur et ne pesant jamais plus de cinquante kilos : il fallait que ce matériel pût être ultérieurement acheminé à dos d'homme – plus exactement, « à tête d'homme » – jusqu'à 3 470 mètres d'altitude, et redescendu ensuite le long d'une paroi, presque verticale tout de même.

Chaque élément fut éprouvé minutieusement, d'abord dans un laboratoire de résistance des matériaux, puis dans un vaste gouffre du Jura, le trou de Jardelle. Toutes précautions prises, il n'y avait pas, semble-t-il, d'incidents ni d'accidents mécaniques à redouter. Rendu néanmoins méfiant par mes souvenirs de certaines mésaventures souterraines, je décidai d'emporter suffisamment d'échelles spéléologiques – minces assemblages de fil d'acier et de barreaux de dural – pour en équiper la hauteur complète de la paroi : si le treuil tombait en panne, les hommes ne resteraient pas prisonniers dans le puits. Obsédé par le problème de la sécurité et par le souvenir des incroyables insuffisances de celui qui se disait le chef des expéditions au gouffre de la Pierre-Saint-Martin, j'en arrivais à imaginer les cas les plus improbables, telles la mort ou la désertion des équipiers de surface !...

Sur le terrain, on avait prévu quatre camps d'approche successifs, le premier situé à trois heures de marche du point de départ, dans la clairière d'une forêt de bruyères géantes. A notre arrivée, il était déjà installé, par les soins de Camille Tulpin, familièrement appelé « Mylord », officier de l'armée congolaise détaché auprès de nous pour nous prêter main-forte. Le camp des Bruyères ne devait servir que de relais, de séjour de repos éventuel et de base de communication radio avec l'extérieur.

Le véritable camp de base était perché sur la crête, ou plutôt, cette crête n'ayant pas un demi-pied de large, deux mètres en contrebas de l'arête circulaire que l'on appelle le « sommet » de la montagne. Trois tentes s'y trouvaient piquées, une pour les Blancs, deux pour les Noirs (nombreux, ces derniers y étaient beaucoup plus serrés que nous dans la nôtre, ce qui leur valait au moins l'avantage – le seul vraiment – de se réchauffer les uns les autres car la température, avant l'aube, tombait à près de zéro). C'était là-haut, au camp numéro 2, que s'achevait le long cheminement, jour après jour recommencé, des caravanes de porteurs chargés du matériel de campement, des vivres, des pièces du treuil, des caisses d'instruments, de dames-jeannes de vin, de jerrycans d'eau. Le ravitaillement en eau, en saison sèche, constituait un problème. Alors que durant les pluies des sources abondantes et claires ruissellent un peu partout, à cette époque – juillet –, on ne trouvait déjà, au mieux, que des bourbiers où les éléphants venaient patauger en quête d'humidité. L'eau devait donc être apportée des derniers villages, à cinq ou six heures du sommet.

Le 24 juillet, lorsque je retrouvai Tulpin au camp numéro 2 où, pour la troisième fois de la semaine, il était remonté la veille avec trente-cinq porteurs et leurs caisses, sacs, couffins et même poules entravées, les réserves de vivres frais encombraient l'étroit rebord entre les tentes et l'à-pic du cratère. Je m'arrêtai à un demi-pas de ce dernier, mon regard plongea le long de la paroi jusqu'à la vaste terrasse et j'éprouvai pour la première fois un sentiment de crainte, tel que cet endroit ne m'en avait jamais inspiré. J'avais peur comme ont dû avoir peur la plupart des gens non habitués à ce genre d'exercice. C'était une peur irraisonnée, déraisonnable : j'avais déjà parcouru cette paroi en 1948, puis en 1953, dans des conditions bien plus aléatoires que je n'aurais à le faire cette fois ; lors de la « première », surtout, alors qu'on ne savait même pas s'il serait possible de passer ni quels pièges cette muraille et ce puits pouvaient réserver.

Aujourd'hui, une angoisse montait en moi à simplement regarder ces immenses chaudières emboîtées d'où s'exhalait, nonchalant, un léger panache bleuté... Les causes de cette inquiétude étaient qu'il fallait s'attaquer à l'effrayant puits central et que j'étais responsable non seulement d'avoir prétendu qu'il était possible d'accéder à son tréfonds, mais aussi de la sécurité de chacun des membres de l'expédition : que, par sa propre imprudence, l'un d'entre nous vînt à se tuer ou à seulement se blesser, et j'aurais à en porter le poids, devant les autres et devant moi-même.

Mylord, déjà, avait fixé à la crête deux cordes solides et épaisses, rampes destinées à faciliter le parcours de la paroi supérieure. L'une aiderait à franchir les premiers quatre-vingts mètres, l'autre, placée à une centaine de mètres plus à l'est, servirait dans la moitié inférieure de la muraille. Entre ces deux mains-courantes, il n'y avait qu'une traversée quasi de niveau, par une vire, inclinée mais large comme un sentier, qui ne demandait aucune aide artificielle.

Depuis notre première descente, dix ans auparavant, plusieurs cordées s'étaient succédé dans cette chaudière. Gravie de nombreuses fois, la paroi s'était peu à peu « nettoyée », les prises fragiles, les blocs instables étant allés l'un après l'autre joncher la plate-forme. Je passai néanmoins plusicurs heures à inspecter l'itinéraire, éprouvant les becs rocheux, descellant ceux qui me semblaient douteux, taillant au piolet, comme dans une pente de glace, des marches dans les couches de cinérite. Un volcan est fait de toute la matière non gazeuse que son cratère vomit, coulées, plus ou moins fluides lors de leur émission, fragments de lave, nouvelle et fondue ou ancienne et désormais solide, éjectés par les explosions. Le Niragongo est constitué d'une superposition de coulées solidifiées et de couches de débris plus ou moins cimentés que l'on appelle « tufs ». Ces strates peuvent avoir toutes les épaisseurs, de quelques décimètres à plusieurs toises : cela dépend de l'intensité et de la durée de l'éruption qui les a engendrées.

Les effondrements qui accompagnent ou suivent les paroxysmes élargissent le cratère après le dépôt de ces couches alternées et celles-ci affleurent dans la paroi par leur tranche. Pour le grimpeur, cette alternance sans cesse répétée pose des problèmes : s'il peut faire confiance à la solidité du roc de coulées, il y rencontre souvent des verticales et des surplombs qu'il faut franchir ou contourner ; la pente des tufs au contraire dépasse rarement les quatre-vingts degrés, mais il faut s'y méfier de la plus grosse des prises : ces couches en effet sont formées par l'accumulation des débris de toute grosseur que le cratère a éjectés. Lors des paroxysmes, ce sont de terrifiantes avalanches qui s'abattent, de rocs énormes, dc bombes et de lapilli mélangés. Par compaction, par cimentation, ces amas acquièrent ensuite une certaine cohésion mais fragile, et le grimpeur ne peut guère s'y fier : un bloc, qu'il soit gros comme le poing ou comme une maison, dès lors qu'il est, telle une cerise confite dans un cake, pris dans une masse de cendres et de fragments minuscules, peut se détacher à la moindre sollicitation. Comme il peut par contre tenir à merveille et fournir une prise excellente s'il se trouve vraiment coincé. Un alpiniste doté de quelque expérience se débrouille aisément là-dedans. Malheureusement, la plupart des membres de notre mission n'avaient jamais escaladé de falaise. Il fallait donc aménager l'itinéraire pour éliminer tout risque d'accident.

L'expédition s'organisait et prenait forme. Tulpin, aidé du géologue Meyer, installa au bord du cratère un petit treuil destiné à envoyer vers la plate-forme, deux cents mètres plus bas, et à remonter les charges de matériel et de ravitaillement grâce à un câble d'acier tendu à quarante-cinq degrés sur lequel courait une poulie accrochée à un autre câble, tracteur, tiré par ce treuil. Le camp 3 fut établi sur la terrasse au point d'arrivée de ce va-et-vient. C'était le 29 juillet. Le 2 août, au terme de cinq journées très remplies, l'essentiel était stocké sur la plate-forme. L'un après l'autre, les membres de l'expédition avaient rejoint le camp. Tulpin et moi, nous avions encadré les premiers, solidement encordés : j'avais une telle crainte d'un accident possible !... Ensuite nous nous étions relayés pour cette besogne de guide, un seul y suffisant chaque fois, et tout le monde se retrouva finalement en bas sans le moindre incident.

Il fallut attendre la fin du gros du travail de débardage pour que, profitant d'une éclaircie suffisante, nous pussions enfin examiner à loisir la paroi du puits central et ses abords immédiats afin de choisir le point par où l'attaquer. Nous le déterminâmes en fonction des crevasses impressionnantes qui, aux abords du puits, parcouraient la terrasse supérieure et, sur la plate-forme inférieure, des endroits abrités de la chaleur irradiée par le lac. Ce point, hélas, était situé exactement de l'autre côté du puits, et cela nous obligea à coltiner des quintaux de matériel tout autour du cratère... A les coltiner nous-mêmes, car nous n'avions pas pu obtenir l'autorisation nécessaire pour que des aides, européens ou indigènes, nous assistent dans notre tâche : la bureaucratie envahit le monde jusqu'au-dedans des volcans actifs !

Le camp 4, constitué de deux tentes, fut alors monté du côté nord de la terrasse et relié au réseau téléphonique que Tulpin avait établi entre les camps précédents. Ce téléphone de campagne fonctionnait si parfaitement qu'il finit par empoisonner notre existence d'appels aussi intempestifs et exaspérants qu'en ville ! On se mit ensuite à monter le châssis de la grue avec le soin et la minutie souhaitables pour un engin appelé à supporter nos précieuses carcasses. Quotidienne, la pluie froide nous calfeutrait chaque après-midi dans notre tente. La tente voisine accueillait les trois soldats noirs qui, enfin, venaient de nous être envoyés par les lointaines autorités des Parcs nationaux.

Basés au camp 3, de l'autre côté du puits, d'où ils nous rendaient parfois visite, notre chef d'expédition le Pr de Magnée et un jeune géophysicien nommé Berg amorçaient une première prospection du magnétisme, de la radioactivité et de la sismicité de cette plate-forme annulaire. Eux aussi étaient gênés par le temps exécrable. Ces pluies avaient cependant un grand avantage : celui de résoudre le problème de l'eau potable. Il y eut tant d'eau que nous pûmes non seulement nous laver à loisir, mais même nous raser chaque jour, chose excellente pour le maintien du moral en pareilles circonstances.

Le châssis dûment monté, nous nous aperçûmes, au moment d'y joindre sa flèche oblique, que manquait une pièce, petite mais essentielle : le cardan qui devait les relier. Toute l'équipe, Noirs et Blancs, se mit à fureter, au camp 3, au camp 4, et même au camp 2, là-haut sur la crête, fouillant caisses, sacs et couffins, perquisitionnant sous les lits et dans les chaussures de réserve, inspectant de l'œil les fissures du rugueux plancher de la plate-forme. En vain... Dans mon esprit rendu soupçonneux par d'anciennes expériences, traînaient des idées de sabotage...

La seule solution était de dégringoler à Goma et d'y faire forger un autre cardan. Cela représentait un jour et demi de perdu, et je frémis à l'idée que l'expédition eût été un échec si le volcan s'était trouvé à des journées de marche d'une cité suffisamment bien outillée... La préparation « logistique » d'une mission scientifique prévue en un lieu relativement perdu est d'une importance capitale, et j'apprenais, année après année, à devenir minutieux, trait qui n'était guère dans ma nature. Les montées et les descentes innombrables que Tulpin et moi avions dû faire entre les camps 2 et 3 nous avaient mis en forme excellente et, notre cardan forgé, nous gravîmes la montagne en courant presque tout le long du parcours.

Les choses dès lors progressèrent du même train. Pendant que Berg poursuivait son levé magnétique, nous finissions le montage puis l'arrimage de la grue. Ce travail était important : il ne fallait pas que durant les descentes et les remontées l'engin bascule – vers l'avant, vers l'arrière ou sur le côté – ni qu'au cours des efforts futurs se produise un quelconque cisaillement. Le souvenir ne me lâchait pas du lamentable treuil qui avait provoqué la mort de Loubens... A grands coups de masse nous enfonçâmes donc des barres à mine dans des fissures du sol rocheux, nous étayâmes la grue de câbles d'acier tendus en divers azimuts et nous chargeâmes la partie postérieure du châssis de plusieurs quintaux de blocs.

Le treuil proprement dit, c'est-à-dire le haleur, consistait en un simple système de six poulies à gorge, serrées sur deux axes parallèles dans un bâti d'acier muni de deux fortes manivelles latérales et d'un ingénieux système de freinage automatique. Il fut boulonné à l'emplacement qui lui était réservé sous la flèche oblique, devant son articulation à cardan ménagée sur le châssis fixe. Derrière le haleur, on suspendit le pesant tambour de fer qui portait, enroulés, deux cents mètres de câble d'acier. L'extrémité de celui-ci fut enfilée par la gorge des poulies, limitée par des guide-câbles, et tirée jusqu'à la poulie terminale à l'extrémité de la flèche de renvoi. Une boucle y fut ensuite formée, que nous bloquâmes avec un soin tout particulier par trois serre-câbles successifs : une fois encore, le souvenir de l'accident, dû au défaut de serrage de la boucle d'attache, survenu dans le gouffre de la Pierre-Saint-Martin, nous rendait particulièrement attentifs à ces détails. Enfin, la flèche fut relevée jusqu'à sa position de travail, une trentaine de degrés sur l'horizontale, et fixée par un gros câble de dix millimètres tendu entre son extrémité et le sommet du mât du châssis : tout était prêt, les essais pouvaient commencer.

Ce fut alors, toutes préoccupations techniques écartées, que je sentis l'angoisse, tapie depuis le premier jour dans les tréfonds de mon esprit, se réveiller, se répandre, feutrage d'ouate sèche dans les poumons et la gorge. Le puits, colossal, m'apparaissait dans sa redoutable majesté de monde interdit. Il était énorme, formidable... De son fond s'exhalaient les vapeurs sulfureuses, bleutées, derrière lesquelles grommelait le large croissant de roc fondu, écarlate. Nous avions souvent discuté des difficultés de la tentative et des moyens de les surmonter. Mais ces propos techniques déraillaient immanquablement vers la plaisanterie dès que le côté psychologique de l'aventure était évoqué. Je me demande encore si mes camarades ont eu aussi peur que moi et l'ont, eux aussi, soigneusement dissimulé. Peut-être n'ont-ils pas eu peur du tout...

Le matin du grand jour, il faisait beau. Cela me rendit un peu de courage car je suis de ceux auxquels la présence du soleil facilite toute chose. Virée de quatre-vingt-dix degrés, la flèche orientable de la grue avait été ramenée au-dessus de la terrasse. Au mousqueton fixé en bout de câble, j'accrochai les anneaux du harnais de parachutiste que j'avais enfilé et l'on me hissa jusqu'à ce que mes pieds quittent le sol; je me mis à gigoter et m'agiter jusqu'à essoufflement : rien ne broncha dans notre léger engin dont, malgré les calculs, malgré les essais antérieurs, l'aspect fragile prêtait à inquiétude; rien ne céda, rien ne se rompit. Je coiffai le casque.

« Allons-y! »

Le mât de charge tourna lentement autour de son axe, ce cardan que nous étions allés faire forger à Goma, me faisant décrire un quart de circonférence de six mètres de rayon, et je me trouvai suspendu au-dessus du vide. De même que l'anxiété du pugiliste se volatilise dès le premier coup de poing au premier round d'un combat, de même toute crainte, ici, disparut aussitôt : il y avait trop à faire avec les obligations de l'immédiat pour avoir loisir de cultiver l'inquiétude. Le meilleur remède pour lutter contre la peur, c'est l'action. Mais, direz-vous, quoi faire lorsqu'on se trouve suspendu dans le vide comme un sac de pommes de terre? Eh bien, surveiller le serre-câble de la cosse terminale, ainsi que la boucle d'alerte destinée – en se rétrécissant – à avertir du coulissage éventuel du câble; vérifier le bon fonctionnement du téléphone, faire attention que son fil n'aille s'emmêler ni avec le câble ni avec les échelles; commander téléphoniquement les arrêts pendant lesquels extraire du kit-bag accroché aux suspentes chacun des éléments, long de dix mètres, des échelles, le dérouler, puis l'accrocher à l'extrémité du train déjà en place et pendant dans le vide; il fallait téléphoner l'ordre de reprendre la descente; et, durant les rares moments de farniente, au cœur de cet étrange paysage vertical, je voulais prendre des photographies, souvenirs de cette descente aux Enfers. « *Nel mezzo del camin di nostra vita...* », me murmurai-je : j'avais quarante-quatre ans...

Je n'avais pas emporté de caméra afin de ne pas me distraire des besognes indispensables à la sécurité. Cela me permettait de considérer à loisir la situation que j'occupais et, malgré la ténuité apparente du mât de charge qui, dépassant l'orle du cratère, me semblait un crayon débordant du rebord d'une table, malgré les ondes qui, par moments, couraient le long du câble, si mince et de plus en plus long, je n'eus pas à surmonter la moindre appréhension : une fois que vous avez décidé de faire confiance à un matériel et que les dés ont été jetés, il n'y a plus à s'inquiéter. On s'accoutume d'ailleurs très vite à ce genre de transport, tout comme à l'avion ou à l'ascenseur; cet ascenseur-ci fonctionnait fort bien, quoique nous eussions souhaité qu'il nous véhiculât un peu plus vite : quinze à vingt centimètres par seconde et une vingtaine d'arrêts, demandés pour la manœuvre de prolongation du train d'échelles souples ou pour déloger et précipiter quelque bloc instable. Il fallait aussi veiller à ce que les divers filins que j'entraînais – câble de suspension, fil téléphonique, échelle, deuxième câble d'acier destiné à établir un va-et-vient pour matériel – ne décrochent des pierres de la falaise et ne provoquent des avalanches; et, lors du passage d'un surplomb où, suspendu dans le vide, j'avais tendance à tourner au bout de mon fil, il fallait à tout prix éviter que ces liens parallèles ne s'entortillent, ce à quoi ils ne sont que trop portés.

Passé le milieu de la paroi, la verticalité était interrompue par ce qu'Ivan de Magnée avait baptisé le « buffet », espèce de large vire inclinée à soixante degrés environ. Il était bon, après vingt minutes de suspension, de se remettre d'aplomb sur ses propres semelles et de fouler le roc de plain-pied. Par contre, la sensation de sentir chaque bloc branler dans son alvéole était désagréable, comme la perspective que, dès l'instant où j'allais me retrouver dix ou quinze mètres plus bas, les câbles et l'échelle allaient se mêler dangereusement dans ce clapier. Je ne savais que trop l'absolue impuissance d'un homme suspendu dans le vide et sa totale incapacité à esquiver un projectile éventuel. Je m'évertuai donc à débarrasser de ses pierres les plus instables ce pupitre incliné chargé à mitraille latente. Puis, par l'impeccable téléphone de Tulpin, je demandai que la descente reprît.

Marchant à reculons, jambes écartées, et basculé vers l'arrière, je franchis le rebord et, à nouveau suspendu, retrouvai la paroi verticale. Dès que ma tête eut à son tour dépassé cet endroit, je surveillai avec quelque anxiété le câble qui allait sous peu entrer en contact brutal avec l'arête de roc du balcon. Celle-ci allait être sollicitée vers le bas par le quintal que, tout équipé, je représentais. J'avais bien éprouvé ces blocs à grands coups de talon au cours du nettoyage que je venais de faire, mais je me demandais quelle allait être leur réaction à la traction du câble ainsi chargé. Aussi avais-je demandé à l'équipe de surface de me descendre avec une lenteur extrême : si je voyais un morceau de paroi branler et menacer de se détacher, j'aurais ainsi soit la possibilité de me faire remonter jusqu'au-dessus de lui pour le déloger en dessous de moi, soit celle de le faire basculer progressivement par le biais du câble et, à bras tendus, de le dévier dans le même temps. Mes craintes heureusement se révélèrent vaines.

Plus je descendais et plus, tout là-haut, la flèche du treuil m'apparaissait minuscule, plus le câble me semblait ténu, plus m'impressionnaient les larges ondes qui y couraient tout du long... En tournant la tête, avec difficulté d'ailleurs car un harnais de parachute n'est guère conçu pour cela, j'apercevais sous moi l'anneau tranché net de la deuxième plate-forme et, par-delà, la surface de plus en plus vaste, de plus en plus précise à mesure de mon approche, de la lave en fusion. On a beau avoir confiance dans son ascenseur, il est agréable d'en sortir. D'autant que, au bout d'une longue heure de suspension, les cuisses sont douloureusement engourdies par les sangles. Mais la joie que j'éprouvais valait mille fois ces inconvénients mineurs !

Je débarquais là sur une terre non seulement vierge de toute trace humaine, mais à peine née, tout juste engendrée par les abysses de la planète... Les habitants de Paris ou de Genève, de Moscou, de Londres marchent sur des sables, des marnes ou des grès âgés de millions d'années. La terrasse horizontale que je foulais n'avait pas deux lustres : dix ans auparavant, lors de notre première descente jusque sur la plate-forme supérieure, ce deuxième chemin de ronde n'existait pas et le lac qui grondait aujourd'hui trente mètres plus bas clapotait là même où je me trouvais maintenant. Étrange sensation que de fouler cette surface de roc créée de la veille...

Mais il y avait autre chose à faire que se complaire

dans l'émerveillement. D'abord se détacher et fixer solidement l'extrémité du câble afin que, sous l'effet de son élasticité, il ne s'échappe pas vers le haut et n'aille s'entortiller, hors d'atteinte, en boucles sournoises dans la muraille. J'attachai donc très soigneusement, avec une cordelette passée dans la boucle terminale, le câble à un gros bloc d'éboulis. Je fis de même pour l'échelle métallique souple, après quoi je pus m'éloigner du pied de la paroi, tirant derrière moi les deux autres fils, celui du téléphone et celui du monte-charge, que j'allai fixer à un autre bloc d'éboulis, énorme, immobilisé à mi-chemin entre la falaise et le rebord du second puits.

Pendant que là-haut mes camarades s'occupaient à m'envoyer le matériel de première nécessité, je fis par téléphone rapport au chef d'expédition. L'une de mes plus grandes récompenses, au terme de dix années d'efforts de toute espèce qu'il nous avait fallu déployer pour aboutir ici, fut la satisfaction que je perçus dans la voix de mon ami de Magnée...

Arrimée entre deux blocs, la minuscule tente-bivouac symbolisa l'occupation de ce territoire neuf. Autour d'elle, les objets indispensables se succédaient à mesure de leur arrivée par le câble à matériel : masques à gaz, bonbonne d'oxygène, respirateurs, géophones pour la détection des ondes sismiques, caméra, pyroscope, trépieds, cordes et cordelettes, vêtements calorifuges, sacs à échantillons... Et une gamelle pleine de nourriture appétissante! On remonta ensuite le câble à bonshommes que, du bas, je maintins tendu grâce à une cordelette suffisamment longue afin d'éviter à tout prix ou qu'il ne fît des spirales susceptibles d'abîmer des torons ou que la cosse terminale n'allât s'accrocher sous quelque bec en surplomb : grâce à cette cordelette, les boucles néfastes ne pouvaient se produire et, en la tirant vers le bas et en secouant la ficelle, je pouvais dégager l'extrémité du câble, éventuellement captive.

Tout cela avait pris quatre heures et l'après-midi était bien avancé déjà lorsque Tulpin apparut, minuscule insecte suspendu sous le trait léger de la flèche du treuil. Ininterrompue, sa descente se déroula sans le moindre incident. Assis par terre à rebobiner à mesure la cordelette, j'étais à présent infiniment plus anxieux à regarder mon camarade que je ne l'avais été quelques heures plus tôt, tant il est vrai que l'inquiétude prospère dans l'inaction et qu'on n'a jamais aussi peur pour soi que pour un autre... Mylord atteignit le fond en moins d'une demi-heure, frais et hilare derrière ses grosses bacchantes, tout à la joie de parvenir en ce haut lieu, s'il est permis d'appeler de la sorte le fond d'un puits.

Malgré trois semaines d'efforts soutenus, à cause d'eux peut-être, nous étions en condition physique excellente et l'enthousiasme d'approcher enfin de notre objectif nous donnait un moral de fer. Nous pensions nous restaurer et aborder immédiatement le problème de l'approche des évents qui, à la périphérie septentrionale du puits igné, laissaient fuser des gaz dont certains prenaient feu, flammes que de là-haut l'astrophysicien de notre équipe, Armand Delsemme, avait, l'année d'avant, vainement tenté de spectographier et que nous voulions analyser le mieux possible. Mais, pour prélever des échantillons de ces gaz, il fallait étudier avec soin les obstacles à franchir. Après quoi, il serait possible de tenter une descente jusqu'à la rive même du lac de lave.

Toutes les opérations enfin terminées, nos amis du camp 4 nous souhaitèrent une bonne nuit et le téléphone fut mis au repos jusqu'au lendemain matin. Le crépuscule déclinait pendant que nous achevions la poule au riz préparée au camp 2 par notre cuisinier Sweli, poule comportant autant de piment fort – le pili-pili – que de riz, et qui nous était parvenue au terme d'une première descente par le téléphérique supérieur, d'un transport au pas de course tout autour du cratère, et d'un deuxième trajet par câble : elle était encore excellemment chaude ! La nuit venant, il n'était plus possible de tenter ce jour-là l'approche des gueules à gaz ni celle de la rive du lac. Nous quittâmes le camp, armés de caméras, d'appareils photographiques, du géophone et du pyroscope.

A présent que l'éclat du jour avait presque disparu, celui de la lave incandescente prenait toute sa splendeur. La terrasse annulaire où nous étions s'interrompait aussi brutalement que celle du haut. Mais l'à-pic ici ne dépassait pas trente mètres. Trente mètres au pied desquels venait battre le plus fantastique ressac que l'on puisse imaginer. De lourdes ondulations se mouvaient à la surface, faisant tour à tour gonfler et s'abaisser la peau sombre et plastique qui recouvrait le bain en fusion. Par endroits, avec une fureur qu'on eût dit contenue, des tourbillons éclatants brassaient cette matière d'écarlate et d'or. Des courants convergeaient vers chacun de ces tourbillons. Lents tout d'abord, ils allaient s'accélérant à mesure qu'ils approchaient de ces maelströms qui déchiraient de leur violence la peau de pachyderme qui recouvrait ces fleuves d'un autre univers et l'engloutissaient par lambeaux.

Nous connaissions ce spectacle pour l'avoir longuement contemplé, des heures durant, du haut de la première plate-forme ; ici, tellement plus près du phénomène, nous demeurions hypnotisés comme si nous le regardions pour la première fois. Et c'était bien la première fois que nous étions admis à si courte distance. Tout était, de ce fait, transformé, pour les yeux, pour l'oreille et pour la peau aussi, qui nous cuisait de façon intolérable dès que nous avancions jusqu'à l'à-pic : à diverses reprises je tentai, penché par-dessus le rebord, de filmer le plus longtemps possible les jeux monstrueux de ces fontaines de lave; l'épiderme nu ne résistait pas à plus de huit secondes d'exposition. Heureusement, nous avions des vêtements calorifuges, costumes-miroirs de tissu plaqué d'aluminium en feuille mince. Les yeux étaient protégés par une large visière vitrée faite d'une feuille d'or enserrée entre deux plaques de verre spécial (l'or est transparent en feuille mince mais, métal poli, joue pour la chaleur le rôle d'un miroir). Ce scaphandre nous donnait l'air étrange d'habitants de quelque autre planète (c'était avant les astronautes...). Mais n'étions-nous pas dans un monde autre?

Grâce à cet accoutrement, qui réfléchissait 95 pour cent de la chaleur et n'en absorbait donc que le vingtième, nous pouvions demeurer où nous étions, à trente pas de la lave en fusion, aussi longtemps que nous le voulions, à filmer le mécanisme mystérieux du lac ou à mesurer ses températures. Celles-ci oscillaient entre 850 degrés environ dans les parties pourpres, les plus froides, et 1 050 ou 1 060 degrés, au cœur jaune des plus chaudes fontaines. En fait, les températures étaient sans doute plus élevées de quelques degrés : toute la luminosité absorbée par l'atmosphère qui se trouve entre le corps observé et l'observateur diminue d'autant l'éclat que l'on mesure; dans l'air pur, cette perte est insignifiante; ici, l'atmosphère polluée de gaz et de fumées était trop absorbante pour que nos lectures soient très exactes.

De même qu'au Kilauea jadis, de même que je l'avais remarqué ici lors de nos visites de 1948 et de 1953, l'activité du lac semblait liée à un « cycle », guère régulier d'ailleurs, mais dont on retrouvait toujours les phases. Au terme d'une période d'activité, un calme presque absolu s'établissait et la surface incandescente s'obscurcissait aussitôt, cachée sous le derme épais, bientôt transformé par endroits en carapace de refroidissement. Tout était sombre, sauf quelques longues craquelures rouges zigzaguant au travers de l'étendue figée qu'elles découpaient en immenses radeaux. C'est dans ces fissures, durant les repos, que nous avons lu les températures les plus basses.

Au bout de cinq, dix, trente minutes, parfois davantage, des bulles de lave en fusion venaient crever de-ci, de-là la peau superficielle, comme un poêlon de purée pour Cyclopes qui commencerait à bouillir. Rapidement, le nombre et bientôt la dimension de ces bulles augmentaient. En même temps, des courants se déclenchaient dans la masse entière du bain et des fontaines bouillonnantes apparaissaient, nées chacune de la coalescence de plusieurs des bulles initiales. Les courants entraînaient de plus en plus vite les pans de croûte noire, comme si une débâcle infernale s'emparait d'une banquise de feu... Tous ces courants fluaient vers l'une ou l'autre des puissantes fontaines qui à présent rugissaient et éclaboussaient leurs abords jusqu'à vingt mètres de distance. De ces fontaines principales, il semblait que la position demeurât fixe : il y en avait aux deux cornes, nord et sud, du large croissant que dessinait le lac ; il y en avait deux sous nos yeux, au pied de l'à-pic où nous nous tenions, à la partie septentrionale du puits ; il y en avait contre la falaise à l'ouest ; il y en avait contre celle de l'énorme escarpement qui occupait les deux tiers du fond du puits, et qui, tel un colossal piston, suivait les fluctuations de niveau du lac. Car ce niveau varie, lentement d'ordinaire, rapidement parfois. Ainsi, il y a dix ans, était-il à la hauteur de la terrasse annulaire que nous habitions aujourd'hui. Ainsi aussi, au cours des trois semaines que nous venions de passer dans le cratère, avions-nous pu voir, d'un jour à l'autre, des variations de l'ordre de cinq mètres en moins de vingt-quatre heures. Au Kilauea, le célèbre lac du « Halemaumau fire-pit » a d'ailleurs connu des changements de hauteur et aussi de forme plus considérables encore au cours de son siècle d'existence.

Durant les périodes calmes surtout, mais aussi pendant les phases de forte activité, nous remarquâmes, Tulpin le premier, un phénomène qui nous surprit : d'un vert pomme, inattendu sur le rouge du magma et sur le noir de sa peau éphémère, des flammèches fugaces couraient à la surface du lac. Elles apparaissaient soudain ici, soudain là, jaillissant d'une fissure ou d'une petite fontaine, et flambaient sec, d'un seul coup. Dus à quelque gaz, d'un composé du cuivre sans doute, ces feux follets dont le vert stupéfiait dans cet univers de roc et de feu ajoutaient encore à l'étrangeté du lieu.

Je m'étais éloigné du rebord du puits et assis sur un bloc d'éboulis. Mes deux compagnons hors de vue, hors de portée de voix, je goûtais pleinement mon extraordinaire solitude. D'ici, la surface incandescente ne se voyait plus, masquée par la plate-forme elle-même. Mais le cadre n'en paraissait que plus grandiose, plus fantastique encore : sous le reflet d'incendie du feu liquide que j'entendais battre à trente pas de là, la concavité de la gigantesque falaise était couleur de sang gravée d'ombres noires et circonscrivait, loin au-dessus de ma tête, un cercle de nuit où scintillaient quelques étoiles. On eût dit le donjon démantelé d'un château fort colossal dont ne seraient demeurées que ces murailles crénelées, rougeoyant de ce feu liquéfié qui lui servait de base, et à l'intérieur desquelles, au pied desquelles nous étions, minuscules.

Minuscules et chétifs, nous nous trouvions aventurés au plus profond de ce gouffre qui pouvait être un piège, et je sentais sourdre en moi comme une légère terreur, vague et superstitieuse. Notre isolement était formidable. Comment donner l'idée de ce que représente l'intimité grandiose d'un volcan en gésine? Comment utiliser ici la litote? Il y faudrait le génie d'un très grand poète. C'est devant cette impossibilité où je me trouve de restituer en mots cette majesté tellurique que je me suis rabattu sur la facilité offerte par la cinématographie en couleurs. Ses images ne sont qu'un succédané du spectacle que la Terre nous dispense, mais ce sont elles qui, jusqu'ici, le trahissent le moins.

Il devait être 1 ou 2 heures du matin lorsque la lassitude m'envahit. Après cette journée peu ordinaire, après les huit heures de nuit passées à se gorger les yeux et les oreilles d'un prodigieux spectacle, après avoir toussé et pleuré dans des tourbillons de fumées soudain rabattues par une saute de vent, après nous être grillés dans la chaleur irradiée par la vaste surface en fusion, la fatigue survenait.

Alors que je me dirigeais vers la tente, j'entendis un crépitement, absolument identique à celui d'un joyeux brasier de bois sec... C'était on ne peut plus inattendu, en ce royaume du roc, solide ou fondu, et des gaz. J'eus quelque peine à localiser le bruit, mais après avoir zigzagué sur la terrasse, je m'arrêtai finalement au bord du petit à-pic qui la séparait de la base de l'île escarpée, ce « piston » flottant dans le magma qui occupait, à l'est du lac, les deux tiers du puits de feu. A quelque dix pas par-delà cette falaise s'ouvrait l'un des évents dont nous avions projeté de tenter l'approche ; il se trouvait à moins de douze mètres plus bas, au sommet d'un petit cône, haut de trois toises peut-être, d'où s'échappaient les gaz. A présent que l'éclat du jour ne la concurrençait pas, je voyais une large flamme d'un jaune paille passé, flamme permanente et, d'ici, idéale pour le spectographe. C'était de là que sortait l'étonnant crépitement de bois sec. C'était aussi la première fois en dix ans, en soixante-dix volcans et en une quinzaine d'éruptions, que j'entendais cela. Je me demandai si quelque hallucination ne se jouait pas de moi. « Avec cette fatigue... », me dis-je. Aussi appelai-je à grands cris mes compagnons, non seulement pour leur faire entendre ce divertissement sonore et pour leur faire voir ce phénomène volcanique peu fréquent, des flammes, mais aussi pour m'assurer que je ne rêvais pas éveillé... Non : cela crépitait pour eux de la même façon. Il s'agissait donc de quelque réaction chimique de l'oxygène de l'air avec sans doute quelque molécule réductrice des gaz éruptifs. Petit mystère à éclaircir.

Allongés l'un contre l'autre, à l'étroit dans la petite tente, nous nous endormîmes, je crois, d'un seul bloc. Mais bientôt le froid humide nous réveilla, Tulpin et moi, cependant que Meyer continuait de dormir, chaudement vêtu d'une veste en duvet et enfoui dans un sac de couchage (les nôtres étaient restés au premier étage du cratère). Il eût évidemment suffi de nous extraire de la tente et d'aller nous asseoir au bord du puits de feu, lui offrant tour à tour le visage puis le dos. Mais notre fatigue était trop lourde, et le courage nous manquait de remuer nos jambes et nos bras. Nous redoutions aussi quelque peu, rompus comme nous l'étions, de nous assoupir sur la lèvre à-pic au-dessus de ce lac... Aussi la nuit nous parut-elle interminable, à grelotter misérablement.

Il peut sembler bizarre d'avoir froid dans un volcan à quelques pas d'un lac de feu liquide, et cela à moins de deux degrés de latitude sous l'équateur ! C'est que la chaleur de la lave, insupportable lorsque l'on se trouve dans la zone irradiée, n'influe guère sur la température des régions qui ne le sont pas. Quant à l'équateur, passé deux mille cinq cents mètres d'altitude, il y fait, la nuit, froid et humide : ici, il n'y avait guère que deux degrés au-dessus de zéro.

Dès l'aube, le contact téléphonique fut rétabli avec Ivan de Magnée. Lui non plus n'avait guère passé une bonne nuit, tourmenté par les inquiétudes que provoquait dans son imagination la situation assez peu normale de ces trois hommes qui relevaient de lui. Pour nous, par contre, sa présence là-haut représentait le réconfort d'une amitié vigilante, garante de notre sécurité et de notre retraite. Pour lui, nous étions des gosses turbulents, cause de souci !

Cinq minutes plus tard, glissant sur le fin câble tendu, le sac du petit déjeuner nous parvenait et la chaleur du café brûlant se répandit par tout notre corps grelottant. Il est de ces détails d'apparence anodine qui revêtent parfois une importance certaine : je me souviens de tel trou d'eau fraîche dans le désert de pierres calcinées au sud du lac Rudolf, ou de cet igloo de neige dans la cordillère des Andes où nous pûmes nous réfugier enfin à l'abri du vent hurlant, ou encore de ce gobelet de thé chaud, un hiver, sous le sommet du mont Blanc...

Nous quittâmes le camp pour faire, par l'ouest, le tour du puits de feu. Cela n'avait vraiment rien de difficile par ce chemin de ronde horizontal que le lac de 1948 avait abandonné en témoignage de sa présence passée. La partie occidentale de notre terrasse était beaucoup moins large que celle où nous avions planté notre camp, laquelle avait plus de cent pas : ici elle se rétrécissait jusqu'à moins de vingt mètres entre la muraille qui nous encerclait et l'à-pic du puits de feu. Ce fut de là que nous avons joui de la vue la meilleure sur le lac, aussi bien à cause de la direction du vent qui, ce matin-là, nous épargnait le désagrément trop habituel du voile des fumées et des vapeurs, que parce que le soleil, si rare durant toute l'expédition, donnait par moments à la surface de la roche en fusion un relief et des tons étonnants. Par temps couvert, la peau que le refroidissement engendre est d'ordinaire d'un terne gris de fer. Mais que le soleil vienne illuminer la scène, et la matière qui recouvre le lac apparaît dans toute son iridescente splendeur. Moirures, chatoiements argentés, reploiements du derme épais et souple, ondulations qui s'amorcent puis se précisent, se resserrent et finalement arrivent à se chevaucher à mesure que le magma flue sous cette peau fantastique. Nous demeurions ensorcelés.

Nous pénétrâmes ensuite dans un secteur où se dégageaient des gaz sulfureux trop concentrés pour qu'on puisse y demeurer sans masque. Groin de protection sur le visage, nous nous aperçûmes, à la pureté de l'air que soudain, grâce à lui, nous respirions, que celui que nous avions depuis la veille considéré comme excellent, en vérité ne l'était pas du tout! Sans doute cela avait-il contribué à accroître cette lourde fatigue qui, passé minuit, nous avait assaillis, fatigue que Mylord et moi avions ressentie nettement plus que Meyer : non seulement nous avions respiré cette atmosphère polluée respectivement trois et sept heures de plus que ce dernier, mais ayant, pour tout agencer, fait beaucoup plus d'efforts physiques, nous en avions inhalé davantage encore. Avec nos masques, nous passâmes confortablement près d'une demi-heure à aller et venir dans un brouillard bleuté, à faire des images et à prélever des échantillons.

Le sud-ouest et le sud de cette terrasse inférieure étaient recouverts par la lave, figée et bulleuse, d'une gigantesque éclaboussure relativement récente : quelques semaines ou quelques années plus tôt, à un moment où le lac, dans ses variations de niveau, ne se trouvait qu'à quelques pieds sous cette terrasse, un pan de falaise s'était sans doute détaché pour s'abattre dans le bain en fusion, et avait éclaboussé de lave bouillante et écumeuse des dizaines de milliers de mètres carrés.

Nous longeâmes ensuite, du côté oriental du cratère, la région où j'estimais que pourraient se faire l'attaque du puits de feu et l'approche des évents à gaz et du lac lui-même. C'est là en effet que les obstacles étaient le moins redoutables : à-pics moins élevés, chaleur plus supportable, gaz moins concentrés peut-être. Nous étions beaucoup trop fatigués pour songer à tenter la chose cette fois-ci, mais j'étudiai les lieux avec l'espoir qu'ils n'auraient pas trop changé lors de notre prochaine expédition.

Vers midi, Tulpin se sangla du harnais de parachutiste et fut rapidement remonté. Puis ce fut le tour de

Meyer. Dès que ce dernier eut été hissé au camp 4, on s'affaira à remonter, par le va-et-vient, le matériel et les échantillons de roc prélevés en ces vingt-quatre heures. Le temps, qui s'était couvert dans l'après-midi, se gâta et je demeurai isolé dans le désagréable brouillard de nuées sombres qui déferlaient tout là-haut par-dessus la lèvre du cratère, et se mélangeaient aux fumées sulfureuses montant du puits central.

La fatigue m'était lourde. Tous les quarts d'heure, je m'appliquais le respirateur sur la face et ouvrais le robinet de la bonbonne d'oxygène. Cela donnait un coup de fouet, bref mais délicieux. Par moments, il pleuvait. Par moments aussi, les rideaux gris se déchiraient, me laissant entr'apercevoir le trait ténu de la flèche du treuil. Plusieurs fois, dans mon désir d'en avoir terminé, je chargeai par trop le sac du va-et-vient. Alors les hommes là-haut peinaient, attelés aux manivelles trop courtes du monte-charge et le temps que j'avais espéré gagner s'étirait désespérément. Cela n'en finissait pas. Je me laissais parfois envahir de bouffées de colère que seule la lassitude expliquait, au terme de ces deux journées – sans assez de sommeil ni de repos – trop riches en efforts, en émotions, en gaz. Alors je saisissais le téléphone et agonisais d'injures le malheureux, quel qu'il fût, qui là-haut répondait à l'appel de la sonnerie.

Nous laissâmes au camp 5 la bonbonne d'oxygène – à demi vidée – et le géophone, qu'un fil électrique, dont l'extrémité m'avait été dépêchée par le va-et-vient, reliait à la plate-forme supérieure : du haut de celle-ci, que l'on atteignait sans difficulté depuis le sommet, il était désormais possible de lire les impulsions sismiques déclenchées par la lave. Le crépuscule s'annonçait lorsque, enfin, je m'accrochai au mousqueton de remontée, deux grands sacs vides traînant à mes chausses : ils allaient recevoir, l'un après l'autre, les dix-huit rouleaux d'échelle métallique que j'allais à présent décrocher et enrouler au long de la remontée. Remontée qui fut, pour moi, merveilleuse.

Mes stupides colères de l'après-midi avaient disparu en même temps que les inquiétudes qui, en dépit de nous-mêmes, demeurent tapies dans des creux de cervelle ou de gorge. Lentement, dix mètres par dix mètres, on me hissait dans la falaise qui, le jour quasiment éteint, se teintait de somptueux reflets rouges. Les bras me faisaient mal à tirer les éléments d'échelle, des crampes parfois maintenaient mes doigts tendus et raides, mais c'était une bonne fatigue, une fatigue de fin de course quand la course est gagnée.

De temps en temps je tournais un peu la tête pour voir encore : dans les indigos, les lavande et les outremers du crépucule, le lac resplendissait de ses ors et de ses pourpres, aux creux de cette gigantesque muraille qui le circonscrivait et que son reflet faisait flamboyer. Et je parvins au bord tranché net de la plate-forme où m'attendaient, amicaux, les visages épanouis de mes compagnons.

*

Au mois de mai 1958 je reçus à Paris ce télégramme de Horta (Faïal, Açores) : « 430 TREMBLEMENTS DE TERRE EN 18 HEURES – STOP – VILLAGES DÉTRUITS – STOP – EXPLOSIONS À CALDEIRA – STOP – VENEZ. » La Caldeira (la « Chaudière ») constitue l'ossature même de l'île de Faïal : c'est un puissant cône volcanique d'un millier de mètres d'altitude au sommet duquel s'ouvre un vaste cratère large de plus de deux kilomètres et profond d'un demi, aux parois abruptes constituées de blocs, de lapilli, de tufs accumulés, vomis jadis par ce volcan. Le fond est horizontal, formé par la sédimentation des particules de tuf que les pluies lessivent aux dépens de la haute muraille circulaire. Un petit lac occupait une partie de ce fond de chaudière où, par un roide sentier taillé dans la roche tendre, les paysans descendent porcs et brebis qu'ils peuvent laisser paître des semaines durant sans les surveiller et sans craindre qu'ils ne s'échappent de ce gigantesque enclos naturel.

La Caldeira aurait eu une éruption au XVIIe siècle. Elle n'est donc qu'en sommeil. Que le réveil de ce puissant volcan coïncidât avec le paroxysme de Capelinhos n'était pas absolument impossible, mais assez surprenant tout de même, car il est bien rare que la contagion éruptive s'empare des volcans. Je n'en connais d'ailleurs aucun exemple. Lorsque j'arrivai à Horta (en toute hâte, mais il n'était guère possible alors, sans avion particulier, d'atteindre Faïal en moins de deux jours), je trouvai assez angoissée la paisible population de cette petite cité blanche perdue au milieu de l'Atlantique. Et, plus inquiets que les autres, les responsables : le gouverneur, le maire... Depuis que le volcanisme s'était, huit mois plus tôt, réveillé dans leur île, tous avaient lu, ou relu, les récits relatant la fin de Pompéi ou celle de Saint-Pierre de la Martinique !

La Caldeira cependant ne s'était plus manifestée depuis son coup de semonce. Deux explosions violentes, me dit-on, avaient éclaté vers la fin de cette longue crise sismique qui avait affolé la population et, quelques minutes après, l'île entière avait été saupoudrée d'une fine poussière blanche. Cette poudre, déjà disparue, lavée par les pluies lorsque j'arrivai à Faïal, devait provenir de la roche trachytique dont la Caldeira est constituée (les trachytes sont un type de laves assez acides et visqueuses).

Je rendis visite au volcan de Capelinhos d'abord. Son aspect, depuis six mois, avait fortement changé : ce n'était plus une péninsule qu'un isthme étroit reliait à l'île principale, mais toute une terre nouvelle largement soudée à Faïal. Le phare qui jadis dominait la mer du haut de la falaise, à plus de cent mètres, n'était plus aujourd'hui qu'un bout de tour émergeant d'un désert de cendres sombres, étrangement isolé à quinze cents mètres du rivage nouveau... L'activité éruptive elle-même était autre : il n'y avait plus de jets noirs, de fantastiques panaches obscurs de cendres et de gaz montant à des milliers de mètres d'altitude, il n'y avait plus de paradoxal et angoissant silence, mais un fracas, parfois assourdissant, qui accompagnait le jeu des myriades de parcelles de lave incandescente, bombes, escarbilles ou larges pans de roc liquide que la violence des gaz lançait à deux, trois ou quatre cents mètres de hauteur.

La crise sismique avait fait s'effondrer un millier de maisons et, dans l'ouest de l'île, des crevasses parallèles béaient, larges ici de quelques millimètres, là d'une demi-douzaine de pieds. On observait même parfois un « rejet » vertical atteignant près de deux mètres entre les lèvres d'une faille, ce qui est assez énorme...

Je supposai que ces fractures et les quatre cent trente secousses qui, dix-huit heures durant, avaient accompagné leur formation, avaient été provoquées par l'effondrement du sol dans la caverne que l'éruption, en huit mois, avait sans doute engendrée : en effet, des kilomètres cubes de laves avaient été vomis, et si l'afflux de matières montées des tréfonds de la planète ne les avait pas entièrement remplacés, un vide important avait dû se former à relativement faible profondeur.

On trouvait là de quoi expliquer – de façon schématique – les secousses qui avaient terrifié la population. Et aussi de quoi la rassurer : l'effondrement du toit de cette cavité ayant comblé le vide, il n'y avait guère de nouveaux séismes à craindre. Restait la menace que les habitants de l'île sentaient toujours suspendue à mille mètres au-dessus de leur tête, celle d'un réveil catastrophique de la Caldeira et de l'anéantissement de toute vie dans l'île par quelque soudain paroxysme de type Vésuve ou Montagne Pelée...

La route conduisant jusqu'au bord du vaste cratère était toujours excellente et, dans la paroi intérieure de celui-ci, le sentier de chèvres qui zigzague jusqu'au fond n'avait souffert ni des tremblements de terre ni des deux explosions successives. En moins d'une heure mon ami Tomaz Pacheco, le gardien de phare, et moi arrivions en bas en même temps qu'une famille de paysans, père, mère, deux fillettes et trois garçons, tous déguenillés et tous merveilleusement beaux, qui poussaient devant eux un troupeau de gorets.

De la crête déjà, on voyait de façon flagrante que la superficie du lac avait diminué des trois quarts. Arrivé au fond j'eus tôt fait de noter l'existence d'une fissure, parallèle à celles qui zébraient la moitié sinistrée de l'île, et de constater que cette fracture – où trois puits béaient, dans lesquels une boue liquide bouillonnait en monstrueux glouglous – avait recoupé toute la partie occidentale de la lagune.

L'explication paraissait claire : le lac s'était en partie engouffré dans cette crevasse, ouverte lors de la crise sismique. J'ignorais quel était ici le degré géothermique, c'est-à-dire le nombre de mètres qu'il faudrait descendre pour voir la température monter d'un degré – trente mètres en moyenne dans une région normale, beaucoup moins dans le cratère d'un volcan assoupi tel que celui-ci où, à quelques dizaines ou quelques centaines de mètres de profondeur, cette eau avait atteint la zone où le roc déjà se trouve porté au rouge. Le résultat en avait été une vaporisation presque instantanée, et l'énorme pression ainsi brutalement engendrée avait provoqué les deux déflagrations qui avaient terrorisé les gens.

Si cette hypothèse était exacte, il n'y avait pas à craindre pour le moment que Horta connût le sort tragique de Saint-Pierre de la Martinique. Tout au plus pouvait-il se produire encore une éruption phréatique supplémentaire, causée par l'engouffrement éventuel dans une nouvelle fissure de ce qui subsistait du petit lac. Mais ce ne seraient là, comme les précédents, qu'éternuements superficiels. Je m'en allai donc rassurer le gouverneur et les amis que je m'étais faits à Horta.

Je savais combien ma responsabilité était lourde à donner ainsi un pronostic sur l'humeur future d'un volcan : un excès d'optimisme fait risquer la mort à une population entière, un pessimisme injustifié la plonge non seulement dans l'angoisse, mais provoque des évacuations, voire des émigrations qui, pour elle, signifient la ruine.

En l'absence d'instruments permettant de mesurer ce qui peut l'être dans l'activité volcanique – fréquence et intensité des tremblements de terre, profondeur de leur foyer, variation de l'inclinaison du sol, augmentation ou diminution de l'attraction magnétique, températures des gaz, dosage des constituants gazeux –, et donc dans l'impossibilité de disposer de quelques chiffres – lesquels d'ailleurs sont souvent impossibles à interpréter –, il est délicat de se faire une opinion tranchée sur ce qu'un volcan prépare. Surtout lorsque est courte l'expérience que l'on possède...

Or je ne disposais d'aucun de ces outils mais j'avais par contre confiance dans l'analyse, rassurante, que j'avais pu faire des événements observés : c'était il y a aujourd'hui trente-trois ans passés et la Caldeira ne s'est pas réveillée encore. Pas plus qu'un séisme, depuis, n'a détruit quoi que ce soit à Faïal.

Durant les vingt années qui allaient suivre, je devais d'ailleurs progressivement m'apercevoir que ces instruments classiques, dont je déplorais tellement le manque à Faïal, étaient infiniment moins indispensables qu'un sens de l'observation assez aiguisé, une expérience aussi étendue que possible et le flegme nécessaire à une interprétation correcte des phénomènes observés.

*

Mon année 1959 fut pleine de péripéties et me permit d'apprendre pas mal de choses, dont de solides éléments de géothermie, l'art de faire flotter des canons de bronze, et comment travailler sur la berge même d'un lac de lave.

Pierre Anthonioz sort de l'ordinaire. Entre autres qualités par le courage. Courage physique bien sûr (c'est la moindre des choses), mais courage dans les choix où s'affrontent carrière et éthique : c'est cette dernière qui a toujours déterminé Anthonioz. Ainsi en 1940 lorsque le jeune (vingt-sept ans) administrateur qu'il était de la colonie française du Soudan répondit à l'Appel du 18 juin de Charles de Gaulle : ils n'étaient guère plus nombreux alors, dans l'Empire français que ne le furent les résistants dans la métropole... La chance lui souriant, il fit une belle carrière, laquelle s'acheva par cinq postes, mérités et successifs, d'ambassadeur de France.

Lorsqu'il vint me trouver, en 1958, il était encore commissaire-résident dans le condominium franco-britannique (formule de colonialisme assez peu intelligente) des Nouvelles-Hébrides. Ce qu'il me demandait ne pouvait qu'enflammer mon imagination : ses obligations professionnelles l'obligeant à quitter ces îles des antipodes pour un haut poste en Mauritanie, il avait pensé à moi pour le relayer, non dans l'administration (ce dont j'aurais été bien incapable), mais dans la poursuite des recherches – déjà couronnées de succès – qu'il menait sur la disparition, en 1791 (il y a deux siècles tout juste au moment où j'écris ces lignes), de l'expédition commandée par Jean-François de Galaup, comte de Lapérouse.

Qui, des enfants « amoureux d'estampes et de cartes », n'a rêvé de Lapérouse, de sa circumnavigation aux dures péripéties et de sa mystérieuse disparition quelque part entre l'Australie, tout juste et de justesse colonisée par les Anglais, et l'Insulinde qui, depuis plus d'un siècle alors, l'était par les Hollandais? Le nom seul de Lapérouse avait bercé toute mon adolescence. Et voilà qu'on me proposait de m'intégrer à cette longue quête...

J'ai bien sûr accepté d'emblée, d'autant qu'Anthonioz, compte tenu de ses responsabilités dans l'archipel très volcanique des Nouvelles-Hébrides, souhaitait qu'une expertise y soit faite des risques potentiels que ces volcans représentent. Cela signifiait six à huit semaines de volcanologie et, comme récompense, dix ou quinze jours sur le récif-barrière qui entoure l'île de Vanikoro sur lequel, en 1840, après un demi-siècle de recherches, le captain Dillon avait retrouvé l'épave de *La Boussole*. Quant à *L'Astrolabe*, on la recherchait encore.

La Boussole elle-même, après avoir été reconnue par Dillon d'abord, par l'amiral Dumont d'Urville ensuite, avait disparu, recouverte par les coraux. Et ce fut Pierre Anthonioz qui la retrouva en 1958, après une enquête intelligemment menée et une campagne de plongée de trois jours seulement. Beaucoup néanmoins restait à faire, m'avait-il expliqué, d'une part sur cette épave, d'autre part pour retrouver sa conserve *L'Astrolabe*. En fidèle du général de Gaulle, Anthonioz tenait à ce que cette recherche – et les éventuelles découvertes – demeurassent françaises et que notre ancienne et multiséculaire ennemie, l'Angleterre, ne nous dépossédât pas de ces reliques. Comme il devait quitter les Nouvelles-Hébrides, il avait obtenu de son collègue, le commissaire-résident britannique, qu'il ne laisserait aucun de ses compatriotes plonger sur les restes de *La Boussole*, et ce durant toute l'année 1959. Pour le relayer, Anthonioz ne trouva pas mieux que moi : une nouvelle chance de me meubler plaisamment l'existence...

Cependant, une assez mauvaise surprise nous attendait à Vanikoro : pas trace d'épave à l'emplacement où m'amenèrent les deux compagnons d'Anthonioz qui, huit mois auparavant, avaient avec lui retrouvé *La Boussole* : John Barley, marin néo-hébridais et Reece Discombe, mécanicien néo-zélandais. Sans le moindre doute cependant, nous étions dans la « fausse passe » du récif-barrière où *La Boussole* avait fait naufrage, mais les fonds, quelques mètres à peine sous la surface, se montraient désespérément vides. La seule explication était que les ancres de trois toises et les canons de bronze que Reece et John avaient dû, vu le poids de ces objets, laisser sur place lors de l'expédition Anthonioz, avaient été recouverts – déjà – par du corail ou par des encroûtements d'algues calcaires.

En effet, quelques pétards de dynamite, quelques pressions exercées au levier, et nous évoluions au milieu de ces témoins, muets mais impressionnants au plus haut point, du naufrage d'un navigateur hors du commun, naufrage rendu plus dramatique encore par le mystère total qui l'avait entouré un demi-siècle durant et qui persistait depuis partiellement : quelles circonstances avaient conduit à la perte des deux navires, où gisait le second, qu'était-il advenu des survivants... ?

Je me souviens, au cours d'un dîner, quelques mois plus tard à Paris, d'un semi-sourire de presque commisération sur les lèvres d'une personne très intellectuelle, au moment où la conversation avait glissé sur le mystère Lapérouse : visiblement, un tel sujet ne justifiait guère, à ses yeux, la passion que lui accordaient aussi bien les convives qui m'interrogeaient que l'attardé mental qu'à l'évidence je lui semblais être. Et pourtant... Où passe la frontière entre l'important et le futile, entre l'infantile et le sérieux ? J'y réfléchis et j'éprouve quelque difficulté à la préciser, cette limite.

Une telle définition se doit d'être objective. Or en l'occurrence, elle ne peut être que subjective à l'extrême, autrement dit différente d'un individu à l'autre. S'intéresser à la disparition de Lapérouse, est-ce vraiment moins important pour l'esprit que de discuter de l'inspiration d'Arthur Rimbaud, des motivations, ô combien intellectuelles, d'André Breton, de l'insondable profondeur de la peinture abstraite, de l'harmonie délicieuse de la musique concrète, voire des origines de l'univers – big-bang ou pas – de la philosophie de Jean-Paul Sartre ou de la psychanalyse ? Il m'est arrivé de remarquer que l'on peut parler de science, d'art ou de littérature de façon peu intelligente, mais avec intelligence de sport, d'aventure ou d'exploration.

Quoi qu'il en soit, me comblait le fait d'évoluer, en scaphandre autonome, sur ce haut-fond tout à la fois tragique et historique. Il me comblait par l'exceptionnelle unicité de ce lieu, à nul autre identique. Alors que la banalité m'ennuie jusqu'à l'écœurement, j'éprouvais ici une espèce de joie contenue aussi intense que celle procurée à chacune de mes visites dans l'intérieur cylindrique du cratère du Niragongo. Ce qui n'est pas rien ! Il me comblait parce que je me trouvais, d'une certaine façon, admis parmi les compagnons de Lapérouse, ce qui n'est pas rien non plus – et je remerciais en moi-même Pierre Anthonioz pour la chance exceptionnelle qu'il m'avait offerte. Il me comblait aussi par l'euphorie que tous les sportifs éprouvent à aller aussi loin que possible dans l'effort ou dans la performance.

Des efforts, nous en avons développé beaucoup, à travailler chaque jour une dizaine d'heures sous quelques mètres d'eau. Et pas en eau calme : au flux comme au jusant, les courants étaient forts qui parcouraient le détroit sous-marin de cette étroite passe entre deux môles de corail, et qui nous obligeaient à nous cramponner d'une main à quelque chose de stable pour ne travailler que de l'autre. Travailler à dégager des objets, à les élinguer, à les remonter jusqu'à la surface, à les hisser sur notre radeau. Canons, ancres, enroulés de feuilles de plomb, chacun de ces objets pesait des centaines de kilos. Bien sûr, le fait qu'ils se trouvassent dans la mer les allégeait d'autant de kilos que leur volume déplaçait d'eau. N'empêche.

A la barre à mine ou à l'explosif, nous commencions par les dégager de leur gangue, de corail ici, d'algues calcaires là-bas. Puis, de part et d'autre de la pièce à remonter sur le radeau de fortune que nous nous étions construit, nous élinguions serré des fûts à pétrole de deux cents litres chacun que nous avions remplis d'eau de mer et que nous raccordions ensuite au compresseur, placé sur le radeau, pour remplacer leur eau par de l'air. Si nos élingues avaient été correctement amarrées, la pièce d'artillerie, ou l'ancre, ou le rouleau de plomb s'élevait, soulagé de quelque quatre cents kilos par nos bouées de fortune. Mais il arrivait, simplement parce qu'un cordage avait glissé, qu'il faille recommencer toute la manœuvre...

Nous avons trouvé aussi des objets très menus, dont aucun ne posait problème, ni de poids ni de volume, mais qui touchaient l'âme bien plus que les spectaculaires tonnes de fer ou de bronze dont le hissage sur le radeau d'abord, puis sur le tout petit bateau qu'Anthonioz avait fait mettre à notre disposition, demandait des efforts supplémentaires (en quelques jours, malgré l'excellence de notre nourriture et la solidité de nos appétits, nous avions perdu, chacun, plus de dix kilos...). Ces menus objets évoquaient directement les hommes qui avaient vécu tous les drames et toutes les satisfactions de ce très aventureux périple – pièces de vaisselle, couverts, pelotes d'épingles, clous forgés, cloche de cuivre, et un rouble d'argent qui provenait de leur escale à Petropavlovsk, en Sibérie...

Toutes ces reliques devaient être transportées jusqu'en France par un bâtiment de la Marine nationale (le très sympathique commandant de la flotte française dans le Pacifique, l'amiral Évenou, nous avait apporté une aide fort efficace) et servir de pièces de base au musée Lapérouse prévu dans la ville natale du grand explorateur, Albi.

Malheureusement, un haut gradé de la Royale, profitant de mon absence de Nouméa, détourna sans la moindre vergogne d'abord les honneurs militaires, puis les médias et les applaudissements de la petite foule assemblée sur les quais de Nouméa le jour du retour des reliques. Or cet officier n'avait participé rigoureusement en rien à la récupération des épaves. De surcroît, il détourna les pièces qui lui convenaient. Quant aux autres, elles furent entassées dans un recoin des quais où la rouille les a rongées. Pas plus qu'un titre universitaire, galons ni étoiles militaires ne sont synonymes d'éthique.

*

Rentré des Nouvelles-Hébrides en Nouvelle-Calédonie, j'y trouvai une invitation à participer, en Nouvelle-Zélande, à l'inauguration de l'usine géothermique de Wairakei. De la géothermie, art d'utiliser la chaleur naturelle concentrée dans le sous-sol de certaines régions pour fabriquer de l'électricité (plus accessoirement pour chauffer maisons, serres, voire industries), je ne savais pas grand-chose. L'occasion d'en apprendre davantage me séduisit et je pris l'avion (alors à hélices) pour Auckland.

Je passai en Nouvelle-Zélande une dizaine de jours passionnants car les meilleurs spécialistes de cette discipline s'y trouvaient réunis. En particulier, les géologues responsables des prospections qui permirent de localiser le gisement souterrain, les ingénieurs qui avaient effectué les forages jusqu'aux eaux souterraines chaudes et ceux qui avaient monté l'usine : j'eus les meilleurs profs possible, c'est-à-dire des chercheurs de terrain tout pétris d'expérience.

La géothermie utilise la vapeur d'eau surchauffée que l'on va chercher, lorsque les conditions géologiques s'y prêtent, à quelques centaines de mètres, voire à deux ou trois kilomètres sous la surface (les gisements trop profonds ne sont pas économiquement intéressants). Ces nappes souterraines sont chauffées par les calories que diffuse un magma en fusion situé plus profond : la géothermie est étroitement associée au volcanisme et c'était la raison pour laquelle j'avais été invité à cette inauguration.

Pour que gisement géothermique il y ait, il faut, bien sûr et avant tout, de la chaleur. La fournit le volcanisme, actuel certes mais aussi celui d'âge tertiaire, c'est-à-dire vieux de quelques millions d'années seulement, durée trop brève pour que la colossale quantité de calories contenue dans une poche de magma de quelque envergure ait pu être dissipée. Il faut ensuite un fluide naturel susceptible de transporter cette chaleur jusqu'à nous qui voulons l'utiliser. Ce fluide, c'est l'eau souterraine, ce qui exige des roches suffisamment perméables pour que les eaux de surface descendent assez bas pour atteindre des zones à 200, 300, voire 600 degrés Celsius. Enfin il faut des roches imperméables, lesquelles servent d'indispensable couvercle à la nappe géothermique finalement engendrée : sans couverture suffisamment étanche, l'eau chauffée, voire surchauffée, s'évaporerait.

La surchauffe, c'est l'état d'un liquide porté, sans qu'il puisse se vaporiser, au-dessus de sa température d'ébullition : il ne se vaporise pas lorsque la pression qu'il supporte l'en empêche, cas des marmites autoclaves et des cocottes-minute. La prospection vise à localiser de telles nappes, aussi chaudes que possible – car plus elles sont chaudes, plus elles sont riches en énergie récupérable – et, ce qui est antinomique, aussi peu profondément enterrées que possible – car moins elles sont profondes, moins leur exploitation est coûteuse.

Après le stade de la prospection commence celui des forages. Puis celui des études du gisement : températures, chimie des eaux, qualité de la vapeur qui se forme soudain dès que l'eau surchauffée se trouve décomprimée, dépôts de sels chimiques dans les tuyauteries et les appareils... La qualité du gisement dépend de ces facteurs comme en dépendent aussi les spécifications de l'usine qui produira de l'électricité à partir de cette vapeur.

Ces semaines de précieuses leçons particulières me permirent, rentré aux Nouvelles-Hébrides, de regarder celles-ci d'un œil neuf : non plus celui du volcanologue que seuls les risques éruptifs et les aspects de l'activité intéressent, mais celui de l'ingénieur converti à la géothermie. Et ce ne fut pas long : parti étudier le volcan de Tanna, cousin du Stromboli logé aux antipodes, je découvris à sa base des indices fort prometteurs de gisement géothermique. Celui-ci se trouvait sur la côte, de surcroît en bordure d'une petite baie aisément aménageable en port, de sorte que l'utilisation de l'électricité que produirait une centrale géothermique construite à cet endroit serait extrêmement rentable : de quoi traiter avec cette énergie le minerai de nickel de la Nouvelle-Calédonie toute proche au lieu de continuer à utiliser soit le pétrole acheté à coups de dollars dans le golfe Persique, à douze mille kilomètres de là, soit le charbon d'Australie « voisine » (deux mille kilomètres « seulement »), lui aussi payé en dollars. Formidable économie en devises et importante économie en frais de transport. De plus, comparée à celle des énergies fossiles, une pollution quasiment nulle. Or, dès cette époque, les pollutions me faisaient réfléchir...

Rentré à Paris quelques semaines plus tard, je remis au gouverneur Roland Pré le projet de prospection, de forages et d'exploitation que j'avais ébauché. Ingénieur de formation, il partagea aussitôt mon enthousiasme et, puisqu'il s'agissait d'électricité, transmit le document au directeur général d'EDF. Lequel l'enterra. Et ce fut ainsi que la France, qui aurait été la troisième nation du monde à exploiter la très rentable et inépuisable – car renouvelable – énergie géothermique (après l'Italie qui le fait à Larderello, en Toscane, depuis le début du XXe siècle, et la Nouvelle-Zélande) n'a toujours, à la fin de ce siècle, aucune capacité en ce domaine. Alors que les États-Unis, le Japon, l'Islande, et quantité de pays plus modestes à s'y être lancés dès 1961, ont épargné des milliards de dollars de combustibles fossiles et s'en félicitent. Je reviendrai sur cette question « géothermie-EDF » à propos de la façon délibérée dont, un quart de siècle après avoir étouffé ce projet des Nouvelles-Hébrides, elle a saboté une étude géologique préalable à la prospection géothermique dans l'île de la Réunion.

*

Au cours d'un voyage professionnel au Maroc, j'avais eu, à Fès, la chance de faire la connaissance des Frères Jacques. Et nous étions devenus amis. Je dis bien la chance car, d'une part, ce fut le hasard seul qui provoqua notre rencontre, d'autre part j'appréciais au plus haut point point leurs talents, de chanteurs, de mimes, de gens d'humour. Ils me ravissaient!

J'aime rire. Surtout lorsque ce qui me fait rire relève de l'intelligence. Intelligence et drôlerie vont bien ensemble. Voyez ou écoutez, voyez et écoutez Jean Rigaux, Francis Blanche, Pierre Dac, les Frères Jacques, Raymond Devos... Et tous les bons clowns.

Les clowns ont les muscles puissants et l'âme tendre. Ils sont géniaux et modestes. Grock et Harpo Marx m'ont ravi, je les pleure et les pleurerai toujours. Et les Fratellini. Et Popov... Difficile et délicat, l'art du clown est celui de faire rire ou sourire de tout. Avant tout de ce qui fait mal. De remplacer la douleur par une joie qui, pour être paradoxale, n'en est que plus positive.

Pleins de joie de vivre, les Frères Jacques, c'était la drôlerie des mots, plus la drôlerie des mimiques. Ils étaient uniques. Comme l'est tout artiste véritable, quel que soit son art. Trente années durant, sauf lorsque je me trouvais dans quelque contrée perdue à la recherche de vérités volcanologiques pas encore découvertes, je courais à l'avant-première de chacun de leurs nouveaux spectacles. Jamais ils ne m'ont déçu. Jamais ils n'ont déçu personne.

Et cependant j'allais au spectacle de moins en moins à mesure que mûrissait l'adolescent que j'avais été trop longtemps. A cette désaffection, il y avait plusieurs raisons, dont le manque de temps inhérent à mon métier, où je subissais, en plus, les conditions imposées par mon fichu caractère d'une part et de l'autre les réactions négatives que ce caractère provoquait dans l'*establishment* universitaire.

Ce sentiment de la fugacité de l'existence avait, alors qu'il n'avait pas vingt-trois ans encore, fait abandonner les cartes au joueur quasi professionnel de poker, de bridge et de belote que, alors étudiant à l'Agro, j'étais devenu en peu d'années. Vingt ans après, j'avais aussi délaissé, les uns après les autres, les spectacles et la lecture de tout ce qui relève de la fiction. Je ne vais presque plus jamais au théâtre, au cinéma, au concert, moins encore à l'opéra ou à un spectacle de danse et je ne lis plus ni romans ni nouvelles. Cependant, j'avais aimé tout cela jadis, et fort...

A la TV, sauf le journal lorsque des choses importantes se passent en politique, sauf certaines rencontres sportives, sauf certains documents, sauf certains débats, et sauf quand, par miracle, passe un bon comique, je ne regarde rien de ce qui, par sa quantité, constitue l'essentiel des programmes. Le comique télévisé, lorsqu'il est de qualité, je l'apprécie pour des raisons identiques à celles qui me rendent si chers les clowns. Et parce que rire est tonique. Par contre, je ne comprends pas l'attirance, quelque peu morbide, de la plupart des gens pour la tragédie, le drame, le mélodrame, voire, à l'extrême, l'horreur : il y a suffisamment de tristesse dans l'existence réelle pour qu'il soit besoin d'en ajouter de fictives. Quant à la violence, à l'érotisme ou à la pornographie, je ne souffre d'aucun des complexes qui poussent ceux qui en sont amateurs à les demander et à ceux qui en tirent profit à les programmer.

Mais l'une des raisons majeures à m'avoir éloigné des spectacles, c'est mon aversion pour la passivité : le spectateur, par force, est passif. Il regarde. Il écoute. Il subit. Il ne fait que subir. Avec un plaisir qui dépend de la qualité du spectacle comme de son propre sens critique et de ses goûts. Sa seule action, si l'on peut dire, c'est de battre des mains (ou de siffler, ce qu'il ne fait quasiment plus, d'ailleurs). Mais applaudir, il sait, même ce qui, à mes yeux ou mes oreilles à moi, ne mériterait que sifflets : je suis devenu un spectateur odieux. Je le sais par mes réactions furieuses lorsque, avant de me laisser aller au sommeil, à la recherche d'un programme acceptable j'aperçois un instant ce que diffusent les chaînes...

Bien sûr, je reverrais volontiers un Louis Jouvet ou un Laurence Olivier, j'écouterais un Fedor Chaliapine, ou un Pablo Casals, ou une Maria Callas, je regarderais les ballets Moïsseiev tels qu'ils furent en leurs débuts. Je vais lorsque – exceptionnelle – l'occasion s'en présente, écouter un Isaac Stern. Les spectacles de haute qualité se sont faits rares à mesure que les spectacles, en inflation continuelle, devenaient de plus en plus médiocres. Et que le spectateur que je fus devenait de plus en plus allergique au spectacle moyen (sans parler du spectacle médiocre).

Ces chanteurs-clowns géniaux, André et Georges Bellec, François Soubeyran et Paul Tourenne, un soir de 1981 ou 1982, ont décidé de mettre un point final à l'irremplaçable équipe qu'ils formaient depuis 1944. Et je n'ai plus de Frères Jacques... Car le disque ne suffit pas pour eux : lui manque tout ce que le corps, le geste, la mimique et le visage expriment.

*

Venu habiter Paris au début des années cinquante, je m'y trouvai d'autant plus rapidement chez moi que ma première année de petit garçon émigré, en 1921, je l'avais vécue à Paris. Année à la fois plaisante, car Paris était exceptionnel, et déplaisante – car les chauvinismes d'alors valaient presque ceux d'aujourd'hui et mes nom, prénom, ainsi que mon accent, slave à couper au couteau, n'avaient guère facilité mon intégration (comme on dit aujourd'hui) ; de plus, en cette seule année – en raison des difficultés que ma mère, émigrée, rencontrait dans la recherche d'un travail correspondant à ses qualifications –, je fis trois écoles primaires successives.

Cette découverte de Paris et les séjours brefs mais relativement fréquents que j'y fis durant les années trente rendirent mon assimilation aisée, d'autant que je gagnais correctement ma vie et que mes films me valaient une certaine popularité. L'intégration d'un immigré est incomparablement plus simple s'il parle la langue du pays où il s'installe, s'il ne manifeste pas, par des pratiques religieuses ou culturelles peu discrètes, ce qui le sépare des autochtones, s'il possède un emploi et, surtout, s'il a de l'argent : déchu des pouvoirs dont il a abusé jusqu'au scandale, mais nullement privé de la fortune que, dans le scandale encore, il a accumulée, et quels que soient ses vices, un dictateur est plutôt mieux accepté qu'un demandeur d'emploi – quelles que soient les qualités, professionnelles, intellectuelles et morales de ce pauvre et les non-qualités de ce riche. Et quelles que soient les prétentions démocratiques du pays qui l'accueille.

Une fois encore, la chance m'aidait. Non seulement je n'étais ni boat-people, ni maghrébin, non seulement on m'offrait plus de travail que je n'en pouvais accomplir, mais la notoriété, née d'un hasard – celui de la rencontre d'un géologue sportif, du phénomène éruptif et de la technique, fort rare encore à l'époque, du cinéma en couleurs –, m'ouvrait plus de portes que je ne pouvais ni ne désirais en franchir. La solitude, qui constitue l'un des facteurs du stress destructeur de toute joie de vivre et qui, de nos jours, est de plus en plus infiltrée dans l'humanité, la solitude désespérante que trop de gens vivent au milieu de la foule des grandes cités, la solitude caractéristique des pays riches, cette solitude qui, dans ces villes de nantis, accable ceux qui ne le sont pas, je n'ai pas eu à la supporter car la chance, toujours elle, m'en a miraculeusement préservé.

Parmi les amis, nombreux, dont la chance, toujours elle, m'a gratifié, quelques-uns étaient connus, voire célèbres, d'autres le sont devenus, d'autres non. Des écrivains, des champions sportifs, des comédiens, des universitaires, des peintres, des chercheurs scientifiques, des explorateurs, des cinéastes, un vigneron, des guides de haute montagne, des marins, un grand maître d'échecs, des médecins... Et combien de joueurs de rugby : les évoquer serait trop long (mais cela m'aurait plu, ô combien!), ceux qui, un beau jour, m'ont admis dans leur fraternité peu ordinaire. Il serait également trop long d'évoquer les sportifs, les scientifiques, les journalistes, les écrivains ou les aventuriers, (aventuriers au sens noble du terme, c'est-à-dire qui prennent délibérément des risques, n'en parlent guère et ne mentent jamais), qui, malgré leurs qualités – ou peut-être à cause d'elles – sont demeurés dans un anonymat relatif (lequel peut valoir mieux que certaines célébrités).

Marcel Hansenne, qui fut recordman du monde du 1 000 mètres plat et médaillé olympique aux Jeux de Londres, outre l'amitié pétrie d'intelligence et d'humour qu'il m'apporta, m'introduisit dans l'univers du rugby. Ce qui – pour moi qui en avais rêvé lorsque je vivais dans des pays rugbystiquement sous-développés, voire incultes – représentait un aboutissement à nul autre pareil.

Je sais que la plupart des scientifiques, mes collègues, la plupart des littéraires, la plupart des intellectuels, voire la plupart de mes lecteurs, penseront ou diront qu'en écrivant ces lignes, soit je provoque, soit j'exagère, soit je fais preuve d'un certain sous-développement de l'esprit. Eh bien, mis à part peut-être le dernier d'entre eux, ces jugements peuvent être écartés. Vous savez, pour avoir lu le premier volume de ces espèces de Mémoires, la place que j'accorde et que j'ai toujours accordée au sport, facteur sans égal d'un relatif équilibre, physique et psychique : *mens sana* etc. Inutile de développer ce truisme : ceux qui y croient ne sont pas à convaincre, ceux qui dédaignent la culture du corps ne changeront pas d'avis à lire les arguments que je pourrais avancer.

Chaque sport apporte des satisfactions qui lui sont spécifiques et, si j'en crois mon expérience personnelle, fort différentes d'un sport à l'autre. Le rubgy présente des caractéristiques qu'on ne trouve dans aucun autre jeu. Et d'abord l'aberrante complexité de ses règles qui, à cet égard, peuvent rivaliser avec celles du jeu d'échecs. Comme ce dernier est bien le seul passe-temps pour lequel j'aie de l'estime, il est fatal que j'en professe pour le rugby. A mes yeux de boxeur, le fait d'être un sport d'équipe est une qualité supplémentaire. Ici, notamment, la cohésion des coéquipiers doit, sous peine d'échec (sans jeu de mots), y être plus étroite – comme pour un huit d'aviron mais avec infiniment plus de variété et de diversité – que dans les autres sports d'équipe.

C'est un sport de balle et, tout comme le football, le basket, le hockey, le volley ou le hand, il demande de l'adresse, de la virtuosité, de la vitesse de course, de la clairvoyance, de la rapidité dans la décision comme dans l'exécution, de la résistance, de la puissance de tir, voire de la puissance tout court. En plus, le rugby est caractérisé par la rudesse des affrontements qu'il multiplie, affrontements statiques des mêlées, affrontements dynamiques des « raffuts » et des plaquages. Dans un match de hockey sur glace les adversaires se cognent, très durement parfois. Rien pourtant ne peut se comparer à la violence extrême de certains plaquages ni à l'épreuve de force pure de la poussée en mêlée.

Pour en revenir à ce qui le rapproche des échecs, le rugby, par sa complexité, exige pas mal d'imagination dans chacune des phases de la partie mais, au contraire des échecs, les choix, essentiels en termes de victoire ou de défaite, doivent se décider en une infime fraction de seconde. Comme, d'ailleurs, dans les autres jeux de balle, comme dans les autres sports d'affrontement, boxe en tout premier lieu. Mais le rugby, par le nombre de ses règles plus farfelues les unes que les autres, offre une bien plus vaste quantité de solutions; le choix de la meilleure, par conséquent, est moins facile à faire et, dès lors, plus gratifiant.

Ainsi, j'avais vainement rêvé de rugby depuis que je l'avais découvert à seize ans, lors de mon premier séjour en Angleterre où j'étais allé améliorer mon anglais. Cela jusqu'au jour où, au vieux et minuscule stade Géo-André, porte de Saint-Cloud, auquel mon nouvel ami Marcel Hansenne m'avait amené, je reçus un ballon ovale dans les mains pour la première fois depuis mon enfance. C'était un jeudi matin de l'an 1954, je crois. Le choc psychosomatique fut d'envergure ! Dans un certain sens, il transforma ma vie ultérieure. C'était un jeudi matin, jour où deux ou trois douzaines de vétérans venaient s'entraîner – des vétérans dont l'âge s'étageait de la trentaine à la cinquantaine. Parmi eux quelques très, très grands anciens champions, dont l'idole de mes quinze et seize ans : Jules Ladoumègue.

Jules Ladoumègue, à la fin des années vingt et au début des années trente, avait détenu tous les records du monde de course à pied, du 1 000 au 3 000 mètres plat et, surtout, les plus prestigieux d'entre eux, ceux du 1 500 et du mille. Il n'y avait à l'époque personne pour le menacer aux jeux Olympiques à venir, ceux de 1932 à Los Angeles. Ce fut pourquoi, et Dieu sait sous quelles pressions, avec l'hypocrisie qui caractérisait le sport dit « amateur », on le disqualifia pour avoir touché quelque chose comme cent ou deux cents francs à une quelconque réunion d'athlétisme. Ladoumègue travaillait comme jardinier de la ville, à Bordeaux, et ces quelques sous lui importaient. Par contre, sur le plan moral, ils ne valaient rien. Mais les tartuffes de l'olympisme brisèrent la carrière de cet athlète de génie. Vingt ans plus tard, il développait toujours sa foulée d'huile, fascinante par son ampleur et sa souplesse. Mais l'homme était amer, à jamais frustré par l'hypocrisie et la lâcheté des dirigeants sportifs.

Vous me direz que le sport de haut niveau d'aujourd'hui, et ses rapports avec le Veau d'or...

*

1960 fut pour moi une année importante parce qu'elle m'ouvrit les yeux sur les horreurs d'un tremblement de terre catastrophique. Cette découverte m'incita à tenter de convaincre les citoyens français, et avant tout ceux qui les administrent, qu'il était urgent de prendre conscience de la fragilité sismique de notre pays et dès lors d'appliquer les mesures préventives qui s'imposent. Cet effort pour convaincre, s'il a conduit à une certaine prise de conscience, et mieux encore à quelques mesures de prévention ici ou là, se poursuit toujours, plus de trente années plus tard, car il reste vraiment beaucoup à faire. Pour cause, entre autres, de certaines carences de civisme et de médiocrités certaines.

Le séisme qui m'avait amené ainsi à jouer les Cassandre s'était produit au Chili, le 20 mai 1960. Comme la radio qui nous l'annonça disait qu'une éruption volcanique l'accompagnait, je pris le premier avion pour Santiago. Mineure certes, mais quelque peu agaçante, une controverse divisait alors les volcanologues : les uns étaient convaincus qu'un séisme est à même de provoquer une éruption alors que les autres en doutaient. Les événements nous offrant une occasion de mettre ces hypothèses à l'épreuve, je décidai aussitôt de laisser continuer sans moi mes camarades, Gaston Rebuffat, Pierre Tairraz et Christian Mollier – tous trois guides de Chamonix – avec lesquels je me trouvais ce soir-là au refuge du Goûter sur le flanc ouest du Mont-Blanc où nous tournions l'une des parties du film *Entre ciel et terre*. Dès l'aube, je dévalai dans la vallée et sautai dans le train de Paris. Et dans l'avion pour le Chili.

Le lendemain j'atterrissais à Santiago pour y retrouver mon ami Pierre de Bourran, attaché commercial à l'ambassade de France et très chilien de cœur, avec lequel, quelques années plus tôt, nous avions tenté de gravir le Tupungato, un volcan de six mille cinq cents mètres dans la Cordillère. Cette fois-ci encore, il m'accompagna tout au long d'une virée de plusieurs semaines au travers d'un pays entièrement dévasté, mais qu'il connaissait très réellement pour l'avoir parcouru à cheval depuis des années. Il me fut précieux, m'aidant à résoudre les multiples problèmes qui se succèdent toujours en pareilles circonstances. De surcroît, tout au long de nos pérégrinations, passionnantes certes, mais ni aisées ni réconfortantes, il préserva, par son esprit et sa constante bonne humeur, le moral de notre petit groupe.

Nous avons zigzagué au travers du Chili de la côte du Pacifique jusqu'à la crête des Andes, et de Chillan jusqu'à l'île de Chiloé : quelque deux mille kilomètres de pérégrinations, sur neuf degrés de latitude et deux de longitude, pour tenter d'établir d'une part de possibles relations de cause à effet entre le séisme et l'éruption (c'était en vérité la seule raison de mon voyage), pour évaluer d'autre part les modifications que peut imposer au paysage – à la géomorphologie, comme nous disons dans notre jargon – un tremblement de terre majeur. Et celui-ci l'était à coup sûr : avec sa magnitude de 8,7 degrés Richter il est toujours, fin 1991, le plus puissant de ce siècle.

A la question que posait cette éruption éclatant le jour même du séisme, je finis par répondre que l'action de ce dernier n'avait été, au plus, que celle de la goutte qui fait déborder un vase plein à ras bord. Le Puyehue se trouve en effet en pleine cordillère des

Andes (il nous avait fallu deux journées de chevauchée pas facile pour arriver à sa base et une journée de plus à pied, dans la froidure humide de l'hiver austral), alors que le foyer du tremblement de terre était logé au large, à hauteur de Concepcion, à quatre cents kilomètres au nord-ouest du volcan.

Aucun accident tectonique, connu des géologues ou décelable sur le terrain, ne relie ces deux centres d'activité tellurique. Autrement dit, aucune connexion géologique directe ne semble exister qui aurait pu, éventuellement, permettre à ce foyer sismique d'agir sur ce foyer éruptif de façon privilégiée. Quant à l'action mécanique des ondes sismiques comme générateur d'éruption, non seulement elle est volcanologiquement impensable mais, même si elle l'était, cela aurait dû réveiller l'un ou l'autre – et pourquoi pas d'ailleurs, plusieurs? – des nombreux volcans moins éloignés de l'épicentre. Ma conclusion était qu'il s'agissait soit d'une simple coïncidence, soit, au mieux, du déclenchement, avancé de quelques heures ou de quelques jours par la secousse, d'une éruption quasi mûre le 20 mai déjà et qui, de toute façon, aurait éclaté peu après.

J'étais venu pour résoudre cette unique question d'une possible relation de cause à effet entre séisme et éruption, mais le manque d'importance de la chose éclata à mes yeux devant l'ampleur et la gravité de la catastrophe sismique. J'avais beau avoir lu la description des plus célèbres – parce que les plus meurtriers – des tremblements de terre classiques (Lisbonne 1755, San Francisco 1906, Messine 1909, Chine 1920, Tokyo 1923, Chine 1950...), ce que je voyais, ce que, en quelque sorte, je vivais, dépassait l'idée que je m'en étais faite.

Pour excellente que soit une description, elle n'est

jamais qu'un schéma, d'autant plus froid qu'il est plus objectif. Elle n'est que le sommaire réducteur d'une réalité gigantesque et effroyable que seul un romancier de talent pourrait rendre en mots. Et ce que je regardais, jour après jour, ce n'étaient pas des mots, c'étaient des faits : villes détruites par les secousses, villes rasées par les « raz de marée », navires échoués à des kilomètres à l'intérieur des terres, dalles de béton des routes enchevêtrées comme de monstrueuses cartes à jouer, rails de chemin de fer tordus, fleuves barrés par des glissements de terrain gigantesques, pans de montagne arrachés aux flancs de la cordillère, ruines, ruines, ruines, ruines...

Mais ce qui, peu à peu, devait s'imposer à mon esprit comme le phénomène le plus impressionnant – ou qui, plus que tous les autres réunis, impressionna le géologue que j'étais –, ce fut d'abord la constatation, puis la confirmation et, pour finir, la certitude que la moitié occidentale de cette étroite bande de terre qu'est le Chili, serrée entre la Cordillère et l'océan, s'était affaissée, de façon d'autant plus marquée que l'on se rapprochait de la côte : les preuves s'en accumulaient à mesure que nous avancions, preuves données par le niveau anormalement élevé des eaux, ou au contraire, par celui, anormalement bas, des maisons et des ouvrages de travaux publics. Ou, plutôt, de ce qui en restait.

Géologue au plus haut point intéressé, j'eus beau chercher une cassure, une faille séparant la zone occidentale affaissée de celle qui, dans l'est du pays, ne l'était pas : rien... J'en conclus qu'il s'agissait de ce que nous appelons une flexure, c'est-à-dire une inflexion plastique du terrain, et non d'une rupture. La rupture, à l'évidence, devait se trouver au large.

Cette localisation de la faille dans le plancher océanique expliquait les raz de marée, *tsunamis* comme nous les appelons de leur nom japonais (ils n'ont rien à voir en effet avec le phénomène de la marée; sinon avec la mer) : lorsqu'un effondrement brutal – ou un soulèvement tout aussi soudain – se produit sous l'océan, il est instantanément accompagné par un mouvement identique de la masse d'eau qui le surmonte, surface incluse. Ce qui se traduit aussitôt par un train d'ondes qui s'irradient jusqu'aux rivages situés de l'autre côté de l'océan. Mais que ces ondes parcourent une douzaine de kilomètres seulement ou dix mille, elles causent le plus souvent des ravages terrifiants.

Je vous parlerai plus tard de la lame qui, jusqu'à six cents mètres d'altitude, a arraché tous les arbres de la forêt qui tapisse le pied des montagnes de l'Alaska lors du séisme colossal (magnitude 8.2) de 1958, que j'étais allé « investiguer » quatre années plus tard. Celui de 1960 au Chili a bien sûr frappé les côtes chiliennes toutes proches, y balayant les cités de bois jusqu'à accumuler planches et madriers brisés au pied des falaises : vus de l'hélicoptère, ils ressemblaient à des tas d'allumettes. De ces villes ou de ces villages, on ne distinguait plus, sous la mince couche d'eau qui désormais s'étendait à cet endroit, que la seule trace des rues : pas un seul bâtiment n'avait survécu...

J'ai écrit tout un livre, *Quand la terre tremble,* à propos de ce séisme, je ne vais donc pas raconter de nouveau les impressions, constatations et réflexions que j'ai pu faire ou avoir à cette occasion. Mais je rappellerai néanmoins qu'elle me sensibilisa à la menace qui pèse, latente, sur la France. Et non seulement la « France d'outre-mer » et spécialement ses

Antilles, mais bien la métropole : durant toute ma longue virée au travers du Chili dévasté, je songeais à ce que j'avais retenu de mes lectures sur l'histoire des tremblements de terre français. Et je ne me souvenais que de quatre d'entre eux : 1356 à Bâle (l'épicentre était hors de France mais des châteaux, des églises, des monastères furent jetés bas jusqu'à Avallon, à quatre cents kilomètres à l'intérieur de l'Hexagone), 1428 à Prats de Mollo, en Catalogne, lui aussi d'intensité XI MSK, avec destruction de forteresses et de couvents – entre autres – jusqu'au Puy-en-Velay et Libourne, et 1564 à Nice (X MSK). Quant au dernier en date, ce fut celui de Lambesc, entre Aix et Salon-de-Provence, le 11 juin 1909 vers 22 heures (IX MSK), détruisant trois villages ainsi qu'un quartier de Salon, mais laissant une soixantaine de morts seulement.

Lorsqu'en 1981 je devins, dans le gouvernement, responsable de la prévention des catastrophes naturelles, je demandai au Centre d'études techniques de l'équipement (CETE) d'Aix une estimation de ce qu'un séisme identique coûterait au pays aujourd'hui : le résultat fut cinquante milliards de francs de dégâts et un millier de tués. Plus de douze fois plus qu'il y a trois quarts de siècle à peine. Pour trois raisons (au moins) : la première, c'est que la campagne ici est devenue « résidentielle » et que la proportion des victimes croît avec la densité de la population ; la seconde, c'est qu'aujourd'hui tout le monde possède la télévision ; la troisième, c'est l'air « conditionné ». Le 11 juin 1909, à 10 heures du soir, les gens étaient en train de prendre le frais dans le jardin tout en causant de façon conviviale jusqu'à ce que la fraîcheur vespérale leur permette d'aller au lit. Aujourd'hui, par chaudes soirées d'été, ils sont tous chez eux, soit à dormir dans une maison artificiellement rafraîchie, soit, toujours au frais, à regarder la télé. En 1909, les maisons étaient donc en grande partie vides lorsqu'elles s'écroulèrent. Demain elles s'écrouleront sur de « chers téléspectateurs »...

Dès mon retour au pays, je me hâtai de vérifier ces souvenirs, de les enrichir et de me convaincre ainsi de la réalité de la menace : en six siècles d'histoire sismique, il s'est produit en France métropolitaine deux douzaines de tremblements de terre destructeurs, c'est-à-dire d'intensité supérieure à VIII MSK. Si l'on pouvait parler de « moyenne » pour des nombres aussi petits, on constaterait qu'il en survient « en moyenne » quatre par siècle. Statistiquement, on ne peut certes parler de moyenne qu'à propos de grands nombres, mais en l'occurrence la pseudo-moyenne de quatre par siècle permet de se faire une idée de la menace : elle est sérieuse. D'autant plus sérieuse qu'en ce XXe siècle finissant, il ne s'est encore produit en France qu'un seul séisme d'intensité IX, celui de Lambesc, et que, comme l'aurait dit M. de la Palice, plus de temps s'écoule depuis le dernier, plus le suivant se rapproche...

M'étant ainsi persuadé qu'il était urgent que des mesures préventives fussent prises, surtout dans les zones sismiquement les plus fragiles du territoire, j'entrepris d'en convaincre mes compatriotes. Rude tâche ! Passe encore pour le bon public, toujours prêt à écouter qui le chatouille avec adresse, qu'on lui dise la vérité ou son contraire. Mais cela ne passe pas lorsqu'il s'agit de ceux que l'on appelle aujourd'hui les décideurs, qu'ils soient élus ou fonctionnaires, de droite ou de gauche, publics ou privés, administratifs ou intellectuels. Non qu'ils refusent de vous entendre, non qu'ils ne saisissent vos conclusions et le raisonnement qui y a conduit, non qu'ils n'agréent à l'idée qu'il faudrait prendre les mesures que vous préconisez, mais...

Mais leur manque presque toujours un certain courage, celui que j'appelle le courage politique, celui de prendre telle ou telle décision qui, quoique d'importance primordiale en ce qui regarde l'intérêt général, risque d'être mal reçue soit par la population – autrement dit les électeurs –, soit par la hiérarchie dont dépend la carrière du « décideur », soit même par le consommateur-contribuable. C'est pourquoi, si souvent, le décideur s'abstient de décider.

*

A propos de décisions politiques, je me permets un saut de trente années : au moment où j'écris ces lignes (comme d'habitude, dans le train) on est peut-être sur le point, faute de certains courages politiques, de perdre la paix qu'aurait dû apporter la guerre éclair menée par Schwarzkopf. L'ordre donné par le président Bush d'arrêter les opérations militaires, une fois Saddam Hussein chassé du Koweït, a permis à cet Hussein non seulement de conserver son pouvoir dictatorial (grâce à la non-mise hors de combat de sa « garde républicaine ») mais aussi d'utiliser son formidable armement pour écraser le soulèvement des Irakiens chiites d'abord, des Irakiens kurdes ensuite – chiites et Kurdes convaincus par la propagande des alliés qu'on les soutiendrait efficacement, soit par un appui militaire et avant tout aérien, soit en éliminant Saddam Hussein, ce qui, militairement encore, eût été chose aisée pour le général Schwarzkopf.

Stopper l'avance foudroyante des « coalisés » aussitôt le Koweït libéré répondait au désir formulé par l'Onu. Il est certain que la poursuite de l'offensive aurait provoqué un tollé, non seulement parmi les soi-disant pacifistes de tout bord, mais même parmi la trentaine de chefs d'État momentanément alliés, en tout cas selon le consensus des Nations unies : trop d'intérêts, fatalement contradictoires parce que égoïstes, auraient hypocritement poussé certains à condamner pareille « ingérence ». Mais il ne paraît pas impossible que l'ordre de stopper cette avance puisse avoir eu comme motivation réelle d'empêcher certains opposants irakiens à Saddam Hussein de prendre le pouvoir. Cela dans le but de mieux asseoir une certaine mainmise américaine sur le pétrole de ce pays par une utilisation adroite du dictateur actuel amené à résipiscence, ou par son remplacement, bien orchestré parce que suffisamment retardé. De toute façon, la situation est à la fois déplorable d'un simple point de vue moral et, politiquement, confuse à l'extrême. Confusion dont les aspects négatifs sont aussi nombreux qu'évidents et les aspects positifs peu discernables.

De plus, l'imbroglio ainsi engendré rend quasi impossible toute tentative de dénouer la crise israélo-palestinienne, de plus en plus redoutable. L'alliance de l'OLP avec Saddam Hussein, pas plus que les Scud lancés par ce dernier sur Israël, pas plus que les pressions américaines pour éviter que le gouvernement israélien ne riposte par la force, pas plus que la colonisation des territoires occupés par Israël, pas plus que le refus d'Israël de discuter avec l'OLP, pas plus que le cadeau, fait par les USA, du Liban au

Syrien Hafez el-Assad, n'ont rendu plus simple l'établissement de la paix dans cette partie du monde, poudrière bien plus explosive que l'Extrême-Orient par la présence d'immenses champs pétrolifères.

La fin de siècle que nous sommes en train de vivre est de première importance historique, tant par les événements qui se succèdent depuis une demi-douzaine d'années que par leur retentissement, tantôt immédiat, tantôt différé, sur l'humanité entière. Chaque mois, chaque jour même qui passent peuvent apporter le meilleur comme le pire. Le meilleur est plutôt rare, mais il ne faut pas désespérer. Quant au pire... A l'aube de 1992, je me demande ce que va engendrer la conjoncture présente, avec ses deux régions hypercritiques, le Proche et le Moyen-Orient d'après la guerre éclair, et l'Urss en état d'implosion. Le tout dans un contexte universel dramatique, depuis les Amériques latines jusqu'au Sud-Est asiatique en passant par le « sous-continent » indien, par l'Empire chinois et par l'Afrique, qu'elle soit noire, somalo-éthiopienne ou maghrébine. Sans parler de l'Europe, Yougoslavie en premier...

La Communauté économique européenne, malgré sa richesse actuelle et malgré sa relative puissance, n'assume pas, dans ce concert plus disharmonieux que la pire des musiques rock, le rôle qui devait être le sien. Car lui manque, de façon attristante, une vocation communautaire authentique : l'Europe des Douze, ce ne sont que douze égoïsmes dans un même marigot.

*

J'avais l'intention de ne pas parler de notre expé de 1959 au Niragongo puisque je l'ai décrite dans un livre, illustré de photographies et de joyeux culs-de-lampe pleins d'humour réalisé par Pierrot Bichet, mais ce volcan et cette mission-là en particulier ont revêtu tant d'importance dans mon parcours que j'y reviens ici.

Cette année-là, le camp de base fut installé sur la plate-forme supérieure. C'était un vrai village, qui abrita à certains moments une trentaine de personnes. L'équipe scientifique comprenait une douzaine de spécialistes ; celle de soutien, dirigée de nouveau par « Mylord » Tulpin, était forte d'une vingtaine de Noirs et de deux ou trois Européens. Comme l'année précédente, un médecin faisait partie de l'expédition. Jusque-là, le bon Dr Coutelier n'avait eu à servir que comme manœuvre de force, caméraman ou mécanicien. Nous espérions bien qu'il n'aurait pas, cette fois-ci plus que les autres, à exercer ses qualités professionnelles. Mais sa seule présence constituait une garantie précieuse.

Depuis l'année d'avant, un énorme pan de falaise s'était détaché du rebord de la terrasse supérieure pour aller s'abattre sur la deuxième plate-forme où il formait un cône d'éboulis effrayant, un amas de blocs énormes. Cette avalanche s'était produite presque au lieu même où nous avions, douze mois plus tôt, installé notre treuil... Un autre éboulis tout aussi impressionnant s'était produit aux dépens de la muraille inférieure. Cette constatation réveilla les angoisses que j'avais connues l'année précédente : un séisme assez fort suffirait à provoquer d'autres effondrements de ce type. La probabilité en était minime, mais à l'évidence non nulle, et cela suffisait à justifier mes inquiétudes.

Si j'insiste tellement sur cet aspect de la question, c'est que l'on se fait d'ordinaire des idées assez inexactes sur les risques que peuvent courir les volcanologues : pour des gens du métier, ce sont rarement les manifestations les plus spectaculaires de l'activité éruptive qui présentent un danger véritable : les rapides coulées de basalte ou les grêles de projectiles des explosions dites vulcaniennes sont en effet périls trop évidents pour qu'un homme d'expérience s'y laisse prendre. Mais il lui faudra toujours se méfier des parois instables, comme aussi des creux sournois où stagnent des nappes de gaz carbonique...

Après avoir longuement étudié et le bord de notre plate-forme circulaire et la paroi qu'il allait falloir franchir de nouveau, je choisis cette fois d'attaquer par le côté sud. Le chevalement mécanique fut sorti des caisses où, dans une anfractuosité du cratère, il avait passé l'année. La graisse épaisse dont nous l'avions enduit avait bien joué son rôle, et ni le dural ni l'acier n'avaient souffert de l'atmosphère acide et très corrosive de ces lieux.

Nous apportâmes au montage et à la fixation de l'appareil les mêmes soins méticuleux, les mêmes excès de précautions que la première fois : cela nous prit, avec les essais, près d'une semaine. Ensuite, les descentes successives et les remontées – une bonne vingtaine de chacune au bout du compte – furent sans histoire. Trente minutes suffisaient, cette année-ci, pour accomplir le parcours. Seule la première descente dura trois fois plus puisque, comme en 1958, il me fallut, outre un gros sac contenant tente, vivres, masques à gaz, c'est-à-dire le nécessaire pour supporter éventuellement un séjour solitaire sur la deuxième terrasse, je m'encombrai d'un fin câble d'acier pour le va-et-vient et du fil du téléphone que j'entraînai avec moi, l'extrémité de chacun attachée à ma ceinture. En revanche, confiant dans le treuil, j'avais renoncé aux échelles spéléos, dont la pose et la relève m'avaient pris du temps et passablement fatigué lors de la première exploration du puits.

Tulpin me rejoignit dans l'après-midi et, jusqu'au soir, nous nous occupâmes aux manœuvres du va-et-vient, à recevoir et à entreposer le matériel. Puis arriva la nuit. Étendus sur le dos, nous nous immergeâmes de nouveau dans cet univers exceptionnel dont il semble impossible de se blaser. Nous retrouvions notre immense donjon décapité dont les murailles concaves aux créneaux pour Cyclopes rougeoyaient sous les reflets du lac de basalte incandescent.

A cet endroit, cinquante mètres de dénivellation nous séparaient du niveau du lac. Nous les franchîmes sans difficulté dès le lendemain. La première moitié, absolument verticale, fut aisément descendue grâce à des échelles rigides en dural, aux éléments boulonnés bout à bout. Au-delà, il nous suffit de cheminer, un peu plus d'une heure durant, au travers des chaos de blocs éboulés qui ceinturaient le pied sud-est de l'île flottante, dont les immenses dalles inclinées encombraient les deux tiers du puits central, le lac occupant le troisième.

Lorsque, après cette traversée précautionneuse parmi les blocs énormes et mal équilibrés, j'ai mis le pied sur la surface horizontale de la troisième terrasse – laquelle, quelques mois plus tôt, n'existait pas encore et qui, l'année précédente, était le lac en fusion lui-même –, j'ai connu un moment de joie intérieure assez exceptionnelle. Avant de parvenir au lac, dont rien désormais ne me séparait que ces quelques pas que nous pouvions faire en courant et un ultime ressaut vertical insignifiant, j'éprouvai pleinement la satisfaction d'être parvenu à un but, celui-là même auquel j'aspirais depuis bientôt douze ans. Je goûtai longuement cette joie strictement cérébrale, cette sensation d'accomplissement, avant d'aller, paisiblement, vers la rive où nos yeux allaient pouvoir se soûler de beauté et nos cervelles de découvertes.

Traversée cette ultime terrasse, nous nous immobilisâmes soudain, subissant à la fois le choc de la chaleur irradiée, intolérable, et celui de la splendeur multiple, mouvante, hypnotisante, de l'énorme surface de roc en fusion, tout à coup vue de tout près. Sans vêtements calorifuges, on ne pouvait supporter ce bombardement de calories plus de quelques secondes d'affilée. Il fallait alors reculer, se mettre hors du rayonnement direct de ces milliers de mètres carrés infernaux.

L'année d'avant, deux îlots minuscules étaient apparus non loin de l'extrémité méridionale du lac. Le niveau de celui-ci ayant baissé, ces îlots avaient émergé jusqu'à former une étroite jetée de basalte figé, bleu sombre, qui s'avançait vers le centre de la mer de feu. Un isthme bas la reliait à la terrasse sur laquelle nous nous tenions, dont seuls nous séparaient un bref à-pic et une crevasse, pareille à une rimaye torride. Des gaz s'en exhalaient en épaisses volutes bleutées.

Nous mîmes nos masques et franchîmes cette crevasse à l'aide d'un élément d'échelle rigide. Le roc rêche de l'isthme était chaud, très chaud : à quelques centimètres sous nos semelles se trouvait la pâte dont est faite la planète... Nous endossâmes nos vêtements-miroirs, ceux-là mêmes qu'utilisent les travailleurs des laminoirs; ainsi protégés, nous pouvions demeurer jusqu'à dix minutes exposés au rayonnement direct de notre gigantesque mare.

Nous avons occupé cette première visite à mesurer des températures, à prendre des échantillons de la roche en fusion, à emplir de gaz quelques ampoules dont Marcel Chaigneau allait faire au labo l'analyse chimique, à filmer et photographier, à contempler l'écoulement de la matière incandescente. Le spectacle était étrangement envoûtant : ce courant fascinait nos regards. Tantôt lent, tantôt rapide, il entraînait la lave vers une hallucinante grotte incandescente, gueule d'enfer telle que Dante eût aimé en voir. Et il s'y engouffrait, torrent d'or liquide disparaissant dans un creuset fabuleux.

Une fois l'itinéraire établi; retourner en ces lieux tenus jusque-là pour inaccessibles devint une routine : chaque jour, de notre campement de la deuxième plate-forme, nous reprenions le chemin de l'étonnant atelier où nous allions travailler. Au cours des trois semaines qui suivirent, tous les membres de l'équipe furent tour à tour descendus au camp avancé et, l'un après l'autre, chacun put gagner la rive du lac, ceux qui avaient des mesures à y faire comme ceux que rien n'y appelait si ce n'était le désir toujours aussi impérieux que nous éprouvions tous de nous approcher autant que possible de cette chose, étrange, mystérieuse malgré les analyses auxquelles elle était soumise. Quasi surnaturelle.

Pendant des semaines, ce grand volcan en pleine activité fut ausculté, pesé, mesuré, et pas en ce seul pôle d'attraction intense qu'était le lac niché tout au fond, quatre cent trente mètres sous la lèvre supérieure du cratère, mais partout. Pendant que nous nous occupions à échantillonner les gaz et à en mesurer la température aux divers évents desquels ils fusaient, pendant que nous prélevions de la lave en fourrageant du ringard la pâte incandescente, les équipes de sismologie, de gravimétrie, de magnétisme terrestre, de spectrographie s'affairaient sur les différents étages de l'énorme cratère aussi bien que sur les pentes extérieures du volcan.

Daisuke Shimozuru, professeur à l'université de Kyushu, était venu du Japon spécialement pour étudier la sismicité du Niragongo. Il faut dire que le voyage en valait la peine, non seulement à cause du spectacle unique qui nous était réservé ici, mais aussi à cause des possibilités d'étude, tout aussi uniques, que ce volcan offre aux chercheurs. Shimozuru avait donc accepté d'enthousiasme l'invitation que lui avait adressée de Magnée, président du Centre belge de volcanologie. L'un des meilleurs de la jeune génération des volcanosismologues japonais, Shimozuru, sortait pour la première fois de son pays et prenait pour la première fois l'avion (c'était en 1959...). A l'escale de Bombay, au milieu de la nuit, le quadrimoteur n'ayant pas pu sortir le train atterrit sur le ventre et prit feu, juste après que passagers et équipage l'eurent évacué en hâte. Ce qui attristait surtout Shimozuru, qui s'était échappé en manches de chemise et les pieds nus, c'était, dans la perte de ses bagages, celle des cadeaux que, selon l'exquise coutume nippone, il destinait à chacun des membres de l'équipe à laquelle il venait se souder!

Pendant que Shimozuru, aidé de Berg, enregistrait dans sa tente-laboratoire, installée sur la plate-forme supérieure, les secousses et les vibrations transmises depuis les géophones répartis dans tout le cratère, une équipe de gravimétrie dirigée par Mathieu mesurait les variations de l'accélération de la pesanteur dans, sur et en dehors du volcan; Wiser procédait à un levé photogrammétrique précis de l'intérieur du cratère; Delsemme photographiait le spectre de flammes volcaniques; Bonnet faisait un levé très serré du champ magnétique, à l'intérieur du cratère d'abord, puis sur les parties extérieures du cône...

Le phénomène qu'est un lac de lave permanent est assez mystérieux. D'abord, il pose le problème du ravitaillement en chaleur qui permet à cette lave de demeurer à l'état fondu, tout en irradiant plus de soixante mille calories par heure et par mètre carré (de ces mètres carrés, il n'y en avait plus que treize mille en 1959 pour trente-cinq mille en 1948...). Le mécanisme régissant les courants qui brassent la matière en fusion est aussi à éclaircir. Il est évident qu'il existe une circulation permanente dans ce bain de silicates liquides : l'alimentation se faisait à mi-distance entre les deux cornes du croissant que dessinait alors le lac, de façon très apparente parfois et parfois de manière imperceptible; l'évacuation, elle, était ininterrompue, mais toujours marquée par des courants assez rapides qui, en divergeant, entraînaient la lave dans la grotte qui s'ouvrait à la pointe de chacune des deux cornes du lac.

La majeure partie de ce dernier, cette année-là, demeurait souvent immobile, recouverte par une peau figée ou par une croûte solidifiée; seules alors quelques cassures zébraient la surface sombre et révélaient l'incandescence de la matière sous-jacente; la température de cette carapace était de l'ordre de 600 à 800 Celsius, celle des zébrures d'environ 900. Mais par moments la masse entière du lac s'animait et se mettait en mouvement, un mouvement d'ensemble s'irradiant à partir du point où semblait s'opérer l'alimentation; les fontaines, rares, petites et confinées aux cornes pendant les périodes de repos, se gonflaient, s'exacerbaient et se multipliaient alors, éclaboussant de lambeaux jaunes la peau environnante que le flux de plus en plus rapide déchirait et engloutissait ; la température s'élevait, non seulement par disparition de la pellicule figée, mais aussi par la combustion des gaz que chaque fontaine émettait en abondance. Nous avons mesuré là jusqu'à 1 250 degrés.

Comme l'apport d'énergie ne peut guère se faire que par les gaz magmatiques (je pensais cela en 1959 ; depuis nous sommes arrivés à la conclusion que l'énergie thermique est amenée par des courants de convection qui brassent le magma), gaz qui, depuis les abysses, percolent jusqu'à la surface, leur étude, chimique et physique, est tout particulièrement intéressante. Malheureusement, elle n'est pas facile car il est presque impossible d'éviter la contamination des gaz juvéniles par l'air atmosphérique et par la vapeur d'eau, elle aussi d'origine atmosphérique, lesquels circulent à travers les couches plus ou moins poreuses et perméables dont est faite la montagne volcanique. Pour éviter ce qui est évitable, c'est-à-dire la contamination directe par l'air, il faut s'efforcer de capter son échantillon aussi près que possible de la cheminée par laquelle s'élève le magma.

Au Niragongo, grâce à la tranquillité toute relative qui caractérise, lorsqu'il ne se déchaîne pas, un lac de lave permanent, nous avons eu la fortune de recueillir ainsi des échantillons qui sont jusqu'ici parmi les meilleurs que l'on ait jamais réussi à prélever. Au laboratoire des gaz du CNRS, Chaigneau y a dosé une moyenne d'environ 44 pour cent d'eau, 43 pour cent d'anhydride carbonique, 2,5 pour cent d'oxyde de carbone, 3,7 pour cent d'anhydride sulfureux (qui donne l'odeur « de soufre » caractéristique des volcans), 0,9 pour cent d'hydrogène, 4,7 pour cent d'azote. Ces chiffres sont assez semblables à ceux que Jaggar, Shepherd et Day avaient trouvé quarante ans plus tôt, en analysant des gaz prélevés au lac permanent du Kilauea, à Hawaii, et leur importance est de premier ordre : ils montrent, d'une part, que les gaz essentiels sont CO_2 et H_2O, d'autre part que, au contraire de ce que croit tout un chacun, y compris nombre de « volcanologues », les composés soufrés sont très secondaires. Par ces analyses, le rôle du gaz carbonique apparaît essentiel dans le phénomène éruptif.

Les gaz du Niragongo flambaient souvent avec des flammes fugaces d'un beau vert pomme. En réussissant, au prix de poses longues chacune d'une nuit entière, à spectrographier ces flammes, Delsemme a montré qu'elles contenaient du monochlorure de cuivre, CuCl. Et ceci confirmait ce que le seul regard suggérait à la vue des flammèches vertes, si abondantes mais que l'on ne voyait que la nuit sur la carapace sombre : la présence du cuivre. J'avais déjà observé des flammes semblables au cratère de divers volcans en éruption : Kituro, Stromboli, Etna, Izalco. Si la couleur verte y est réellement due à la présence de sels de cuivre, ce qui est vraisemblable, on peut en conclure que ce métal, dont les gisements exploitables sont somme toute plutôt rares à la surface du globe, est néanmoins l'un des éléments habituels de l'exhalaison volcanique.

Les résultats plus qu'encourageants de la mission de 1959 devaient servir à établir un programme de recherches plus approfondies pour l'expédition suivante. Malheureusement, les graves troubles qui éclatèrent au Congo en 1960, lorsque l'indépendance lui fut accordée, et le manque de sécurité qui depuis a prévalu dans cette région l'ont interdit. Nous n'y sommes retournés qu'en 1972.

*

1959, ce fut aussi pour moi la sortie de notre film *Les Rendez-Vous du diable*. Je l'ai dit, Bichet et moi en avions commencé le tournage en 35 millimètres dès 1956 avec notre tour du monde des volcans. J'y avais ensuite inséré les images que j'avais filmées antérieurement en 16 et l'on avait monté le tout. Ce fut loin d'être facile : aucun monteur, en ce temps-là, ne savait ce qu'était une éruption et n'avait la moindre idée sur la façon de structurer ce genre de documents ; de surcroît il n'y avait pas de scénario sur lequel s'appuyer...

Il faut savoir qu'un film, qu'il passe au cinéma ou à la télévision, outre les idées qu'il est supposé transmettre et outre la mise en scène, comporte deux piliers fondamentaux, de nature technique en même temps qu'esthétique : la prise de vues d'abord, le montage des images ensuite. J'avais dirigé et exécuté avec Bichet les prises de vues et j'espérais qu'un monteur professionnel de qualité ferait le montage. Las... ! Même celui qui avait été le chef-monteur attitré du grand René Clair y perdit son latin. C'est que les pauvres non seulement ne connaissaient pas du tout les volcans et moins encore leur activité, mais ils ne disposaient d'aucun script, d'aucun document écrit spécifiant de façon précise ce que l'auteur du film souhaitait montrer. En l'occurrence un seul bonhomme pouvait s'y retrouver : moi.

Or je n'aurais pu écrire ni script ni scénario, le film n'étant en fait que le carnet de route en images d'un jeune volcanologue qui, en quête d'expériences, vagabondait de par le monde. Au contraire de tout film sérieux dont le tournage ne débute qu'après rédaction d'un scénario aussi détaillé et précis que possible, le nôtre s'était lancé, le nez au vent, sans préparation aucune. L'UGC avait prêté une oreille complaisante à l'un de ses auteurs scénaristes, Jacques Constant, lorsqu'il leur avait vanté avec talent la splendeur que les éruptions représentaient sur un écran de cinéma (la télévision n'était encore que la fille cadette de ce dernier). Séduite, l'UGC avait décidé de produire un tel film. Mais elle ne connaissait pas plus les volcans que je ne connaissais la production cinématographique...

Après avoir perdu des mois et pas mal d'argent pour n'avoir pas compris plus tôt qu'il n'y avait pas d'autre solution à ce problème, je dus finalement me résoudre à diriger moi-même le montage. Aujourd'hui où les reportages sur les éruptions volcaniques se comptent par centaines à travers le monde, cette difficulté n'existe plus. Encore qu'il soit incomparablement moins facile de monter un long métrage, c'est-à-dire un film d'une heure et demie au moins et traitant de plusieurs volcans, qu'un document de quelque vingt ou cinquante minutes relatif à une seule éruption.

*

Mon vieil ami de Magnée m'avait demandé de me charger d'un cours de volcanologie dans le cadre de sa propre chaire de géologie appliquée, autrement dit géologie des ressources minérales, depuis les gisements métallifères jusqu'aux gisements de pétrole en passant par le charbon et les roches à bâtir. Je passais donc chaque semaine une journée à Bruxelles pour raconter aux quelques étudiants de dernière année en géo les éléments de ce que je savais alors de la volcanologie.

Par leur spontanéité ces leçons avaient peut-être un côté plaisant mais elles péchaient gravement par leur impréparation : je ne les préparais pas davantage en effet que mes conférences occasionnelles au public tout-venant. Cela par paresse congénitale et, aussi, parce que mon manque de mémoire me fait oublier ce que je pourrais éventuellement organiser en discours à partir de la littérature professionnelle spécialisée. Dès lors je me contente de raconter ce que je sais d'expérience personnelle ou que j'ai appris par la lente – pour moi – et longue assimilation de ce qu'ont écrit, en ce domaine, prédécesseurs et collègues.

Résultat : un enseignement à coup sûr incomplet et peu conforme aux normes académiques, car il ne repose que sur ce que j'ai vécu, tant sur le terrain qu'au labo, et sur des lectures déterminées par ce qui m'intéressait moi et non par la mission d'enseignant. Mais comme ces cours étaient facultatifs et comme il n'y avait guère encore de collègues bien compétents en ces matières, je n'entendis pas de critiques. Mes étudiants auraient été en droit de m'en adresser mais, par timidité sans doute, ils me les ont épargnées.

A cette époque aussi le même service me fut demandé par Louis Glangeaud, professeur de géologie à l'université de Paris. C'était avant que ne fût construite, sur l'emplacement de l'ancienne halle aux vins, la faculté des sciences, depuis baptisée Jussieu, et les enseignements scientifiques se donnaient encore dans l'antique Sorbonne. La Sorbonne, pour le fils adoptif d'un poète professeur de littérature romane comparée, représentait le haut lieu culturel par excellence. Y être invité me stupéfiait et, en ces temps lointains où ma naïveté et ma candeur valaient ma crédulité, y enseigner me comblait.

Glangeaud était un personnage peu ordinaire. Fils d'un célèbre professeur de géologie prénommé Philippe, il avait l'intelligence à la hauteur de sa culture professionnelle. Ce qui rendait fort riche l'enseignement qu'il prodiguait. C'était de surcroît un excellent chercheur scientifique, aussi pétri d'originalité intellectuelle que peu respectueux des idées reçues. Il en résultait pas mal d'inimitiés, le microcosme universitaire n'appréciant ni le non-conformisme ni la trop grande liberté de parole. Glangeaud ne manquait ni de l'un ni de l'autre. Comme, de surcroît, il avait de lui-même une opinion plutôt favorable et qu'il ne la dissimulait pas, inutile de décrire l'agacement de ses collègues. De mon côté, je l'avais plutôt en sympathie et, comme l'un des géologues les plus dignes de respect de cette génération, Pierre Pruvost, avait de l'estime pour lui, je me trouvais conforté dans mon sentiment. Je conservai celui-ci envers Glangeaud jusqu'à sa fin, malheureusement assombrie par une schizophrénie, une manie de la persécution qui gâta les douze ou quinze dernières années de sa vie.

Ces deux journées hebdomadaires à donner des cours constituèrent une contrainte qui n'était pas trop pour plaire à l'habitué que j'étais devenu d'une liberté totale. Mais c'était largement contrebalancé par le sentiment d'intéresser à la volcanologie quelques-uns des membres de la confrérie des géologues, lesquels, par réaction négative envers quelque chose qu'ils ignoraient et qui, tout à coup, s'imposait, avaient plutôt tendance à lui tourner le dos, voire à la dédaigner.

Ce réflexe de refus a caractérisé, en cette dernière demi-douzaine d'années (1984-1991), certains sismologues face aux succès obtenus par la méthode VAN de prévision des tremblements de terre (j'aurai à vous en parler longuement, car il s'agit de préserver ou non d'innombrables vies humaines et je m'en occupe très activement). Ce réflexe de refus caractérise aussi une catégorie particulière d'écolos dont la réaction première, voire la seule, se traduit par les pancartes qu'ils brandissent, les graffiti dont ils maculent murs et platanes bordant les routes, par leurs manifs sur des sites ou dans la rue, réaction essentiellement négative : « Non à... ! » Non à ce qui dérange mes habitudes, non à ce qui agace mes croyances, non à ce qui irrite mes petits égoïsmes, même si cela signifie une amélioration pour la société.

Le rejet de la volcanologie par la confrérie géologique n'avait été, dans les débuts, ni immédiat ni répandu. Bien au contraire, de Paris à Lausanne, de Bruxelles à Nancy, de Liège à Neuchâtel ou à Clermont-Ferrand, c'étaient tout autant des professeurs de faculté ou de grande école que des sociétés géologiques qui m'invitaient à leur exposer ce que je savais d'un phénomène que la plupart ignoraient, comme je l'avais ignoré moi-même avant de le rencontrer par le plus complet des hasards. Les réactions négatives n'apparurent que lorsque le petit film d'un quart d'heure que j'avais rapporté de l'éruption du Kituro et que je projetais pour illustrer mes propos attira l'attention d'un public plus vaste. Et elles prirent toute leur ampleur lorsque la presse et la radio se mirent à en parler (la télé, alors, n'existait pratiquement pas).

Ce rejet de la volcanologie par les trois quarts des collègues me stupéfia et m'attrista. Bien des années plus tard seulement je me rendis à la peu plaisante évidence que le succès qu'un scientifique – à quelque discipline qu'il appartienne – rencontre auprès du grand public (et, de ce fait même, auprès des médias) lui vaut l'acrimonie de ses collègues, du moins des plus médiocres d'entre eux : l'envie, dans l'univers de la science, est aussi répandue que dans les autres domaines. Hélas pour ceux – ce fut mon cas jadis – qui imaginent les universitaires dignes de leur légende ! Lorsque, après mes premières et naïves expériences initiales (dans les années 1938 et 1939 puis en 1944 et en 1949-1950), je fis dans ce microcosme un retour non plus comme assistant, mais comme enseignant d'une discipline nouvelle, j'étais toujours d'une naïveté désolante et il me fallut bien du temps pour accepter de comprendre ce que mon cerveau refusait d'admettre. Mon attitude et son évolution furent en cette occurrence les mêmes qu'avaient été les miennes face au parti communiste. *Oculos habent...*

*

Un dimanche, match joué, je quittai notre stade de Rueil-Malmaison non par mon chemin habituel, mais par un autre qui me faisait franchir la Seine. Du pont, je vis avec quelque étonnement le fleuve couvert d'une écume blanche, apparemment épaisse. Je ne pus m'expliquer le phénomène et l'oubliai aussitôt. Mais quinze jours plus tard, en retraversant ce pont, je découvris que le tapis de mousse cachait toujours la Seine : dès lors sa présence n'était pas accidentelle mais, apparemment, permanente et avant de prendre mon autobus je cherchai un habitant du coin auquel demander ce qu'il en savait. Quoique, en ces lointaines années cinquante, nous fussions loin d'être sursaturés comme nous le sommes aujourd'hui de voitures et de postes de télé, lesquels désormais vident les trottoirs, il n'était pas tellement aisé, un dimanche après-midi, de trouver un congénère en train de marcher à pied ou encore, en cette fin d'automne, de travailler son jardin. Ou de contempler le ciel... Je finis tout de même par en dénicher un et j'appris de sa bouche que l'écume qui m'intriguait provenait des rejets d'une usine fabriquant des détergents.

En ces temps-là, le savon était encore le moyen le plus utilisé pour récurer son linge, sa vaisselle, le parquet, le trottoir ou soi-même. Je savais à peine que l'on avait inventé des molécules nouvelles, les détergents, qu'on les fabriquait industriellement et que leur usage commençait à se répandre. Je n'avais pas la moindre idée de leurs qualités ni de leurs défauts, je ne m'y intéressais en aucune façon et tombai des nues en apprenant que, depuis plusieurs années déjà, la Seine, ici, était couverte de leur écume. Ce fut de cette manière que le problème de la pollution des eaux entra dans mon existence.

En matière de déchets, les rares individus et les groupes, plus rares encore, à avoir pris conscience de ce nouveau type de nuisances n'accusaient alors que les industries, qu'il s'agisse de la pollution de l'eau ou de celle de l'atmosphère. On ne parlait guère alors de la pollution des sols, non plus que de pollueurs autres qu'industriels. Simplement parce que c'étaient essentiellement ces derniers qui polluaient gravement et que le forfait était visible, évident et souvent bien localisé. Il faudra des lustres encore avant que l'on ne reconnaisse que peu à peu les citadins, les paysans, les vacanciers, les touristes, les automobilistes, les motards, bref, nous tous sommes devenus les pollueurs majeurs. Et que les centaines de millions que nous sommes multiplient et répandent désormais sur le globe tout entier des pollutions dont l'origine est certes étroitement liée à l'industrie, mais qui sans nous seraient demeurées fort confinées.

Les quelques-uns que nous étions dans les années cinquante à avoir pris conscience de cette menace ne songeaient guère qu'à en protéger la nature. Dans mon esprit du moins, l'homme n'avait pas grand-chose à redouter, mais les rivières, les étangs, les lacs, la mer, les paysages étaient à l'évidence agressés de même que, directement ou non, l'étaient les plantes et les bêtes. Attaquée par le béton et – nés tous les deux après la Seconde Guerre mondiale – par l'industrie de l'emballage et par le tourisme de masse, la nature devait être défendue. Nous avons donc, dès cette époque, commencé à crier gare. Avec un succès nul.

Le sentiment d'impuissance que j'en éprouvais me faisait passer par des périodes de réelle désespérance suivies de crises de fureur et de volonté de vaincre : plus semblait colossale la montagne d'indifférence, voire de dédain, que représentaient les intérêts impliqués – financiers, industriels, commerciaux et politiques –, qui engendraient d'une façon ou d'une autre ces pollutions diverses et plus le boxeur-alpiniste-pilier de mêlée que j'étais voulait en venir à bout... Je t'en fiche!

Le partisan enthousiaste que j'étais de la théorie de Wegener, dite de la dérive des continents – théorie que les neuf dixièmes des géoscientistes récusaient, voire méprisaient –, connut l'immense satisfaction intellectuelle de voir le « mobilisme » triompher du sacro-saint « fixisme » (et, aussitôt, les mandarins les plus fixistes voler au secours du mobilisme victorieux).

Les théories nouvelles ont été inspirées par les découvertes qu'ont faites depuis la fin de la Seconde Guerre mondiale les océanologues et géophysiciens anglo-saxons, attelés à l'étude de l'océan Atlantique avec les moyens financiers et matériels énormes mis à leur disposition par le Pentagone, entre autres. Elles se résument en deux concepts : expansion des fonds océaniques et tectonique des plaques.

Je résiste à la tentation de vous raconter cela, car cette nouvelle digression vers des idées nouvelles et passionnantes nous entraînerait, même résumée, vraiment trop loin ! Mais j'évoque cette révolution scientifique pour deux raisons : non seulement elle me touchait de fort près et me confortait dans l'idée qu'en science la quantité des partisans ou des adversaires d'une idée ne signifie absolument pas que cette idée corresponde à la vérité. Mais aussi parce qu'elle expliquait, de façon enfin satisfaisante pour l'esprit, tant la répartition actuelle des continents et des océans que celle des volcans, que celle des séismes, que celle des chaînes de montagnes, bref, l'essentiel de la « face de la Terre » comme disait, il y a un siècle, le grand géologue Suess.

*

Sans guère de notes écrites hélas ! je m'efforce de me remémorer un passé que presque toujours j'oublie quasiment sur-le-champ. Or, je ne m'en aperçois qu'aujourd'hui, cette année 1960 fut remplie d'événements importants qui me concernaient. Outre le formidable tremblement de terre du Chili, qui me transforma en Cassandre annonçant aux Français qu'un séisme majeur les frapperait tôt ou tard et qu'il était urgent d'en prévenir les effets, le Congo belge, le Congo Léopoldville comme on le dénomma tout d'abord pour le distinguer du Congo français dit Congo Brazzaville, devint un État indépendant.

Cette indépendance – que j'avais souhaitée mais graduelle, progressive, dosée avec intelligence, et non telle qu'elle le fut, comme jetée à la face des Noirs qui la réclamaient – fut proclamée le 30 juin 1960 alors que je me trouvais au Chili, et je ne l'appris qu'à mon retour. Les quelques semaines qui s'étaient écoulées depuis ce changement de statut avaient suffi au Pr Van Straelen pour réussir ce dont il rêvait depuis la création du Centre belge de volcanologie : supprimer ce dernier. Profitant de mon absence, lui et les universitaires à sa dévotion déclarèrent que, le Congo n'étant plus belge, ses volcans ne l'étaient pas non plus; que, la Belgique métropolitaine ne possédant pas de volcans sur son territoire, l'existence d'un organisme national de volcanologie ne se justifiait plus et qu'il convenait par conséquent de le supprimer. Chose qu'il décréta d'autorité tant étaient vastes les pouvoirs de ce mandarin des sciences de la Terre, auquel jamais les universitaires concernés n'avaient osé se frotter.

Je me trouvai devant l'impossibilité de revenir sur ce fait accompli. D'autant que je ne rentrai en Belgique qu'en juillet : vous savez ce que, dans notre société des loisirs, signifient les vacances, et pas seulement les vacances universitaires. Le coup qui m'avait été porté était très dur, surtout à cause de la suppression de crédits qu'il entraînait – crédits qui avaient permis l'organisation des deux importantes missions internationales de 1958 et 1959 au Niragongo, ainsi que l'achat d'instruments tels que pyromètres, ampoules d'échantillonnage de gaz ou sismographes. Cela m'interdisait, faute de moyens, de mettre sur pied une troisième expé scientifique au lac de lave, mission rendue indispensable – volcanologiquement parlant – par la richesse des résultats et du savoir ramenés lors des deux précédentes. Coup dur donc, mais qui n'était somme toute qu'un défi de plus à relever. A peine quelques semaines plus tard, j'eus la chance d'amorcer la chose.

Comme tous les quatre ans, le Congrès international de géologie réunissait, en ce mois d'août 1960, ses milliers de participants. Cette fois-ci l'événement se passait à Helsinki et une idée jaillit soudain dans mon esprit lorsque je butai sur Alfredo Rittmann. Dès avant la Seconde Guerre mondiale, ce Suisse allemand fixé en Italie avait acquis une grande notoriété dans notre microcosme de la pétrographie et de la volcanologie par ses recherches sur le Vésuve – à cette époque l'un des volcans les plus actifs qui soient. Cette activité, poursuivie quasiment sans interruption depuis le Moyen Age, se déroulait face à Naples, capitale du Royaume des Deux-Siciles; deux siècles plus tôt, des savants basés dans cette capitale avaient découvert Pompéi et Herculanum. D'où la célébrité du volcan. Rittmann avait longtemps professé à l'université de Naples, puis il avait été appelé à en faire autant au Caire. Pour finir, il venait de succéder à Cumin à la chaire de volcanologie de l'université de Catane, au pied de l'Etna.

Lorsque je croisai Rittmann dans le tohu-bohu de l'ouverture du congrès de Helsinki, j'ai sans doute réfléchi à vitesse informatique – une fraction de seconde – et lui ai fait une proposition née dans l'instant au creux de ma cervelle : « Alfredo, le CNV vient d'être supprimé. Il me reste quelques milliers de francs belges en banque, des sismos Willmore et du petit matériel. Que penses-tu de cette idée : je lègue cela à ton labo et l'on démarre, sur l'Etna, une étude rationnelle et suivie de l'activité éruptive? »

Rittmann était aussi circonspect que je ne le suis pas, mais cela ne nous a jamais empêchés de bien nous entendre. Surtout parce que nous nous ne voyions, toujours brièvement, qu'une demi-douzaine de fois par an... Il était cependant évident qu'une réponse à pareille question ne pouvait, dans la bouche de Rittmann pas plus que dans son esprit, se formuler immédiatement. En fait, cela prit une semaine, au long de laquelle, plusieurs fois chaque jour, nous discutions de la chose. Nous en parlions à trois, le troisième étant Giorgio Marinelli, jeune professeur de pétrographie à l'université de Pise, ancien élève de Rittmann et son disciple, fidèle entre les fidèles.

L'une des difficultés que j'avais à surmonter, et non la moindre, consistait dans le fait que ces deux passionnés du volcanisme, tant le maître que l'élève, étaient à cent pour cent géologues et, plus spécialement, pétrologues. Ils faisaient d'ailleurs partie des sommités mondiales en la matière. Leur approche des problèmes volcanologiques était donc presque exclusivement axée (le presque n'est ici que précaution oratoire) sur la chimie et la minéralogie des magmas et des laves. Jamais ils ne s'étaient intéressés à l'étude du phénomène éruptif lui-même, moins encore à la mesure de ses différents paramètres et, parmi eux, de celui qui me paraissait primordial : la phase gazeuse. Or ce que je leur proposais, c'était précisément cela : se lancer dans cette étude avec moi. C'était le mariage de la carpe et du lapin...

J'ai oublié les péripéties de nos discussions mais l'alliance finit par être conclue. Je la consolidai aussitôt en invitant à participer financièrement à cette aventure Michael Fournier d'Albe, géophysicien de nationalité britannique qui, à ce congrès, représentait l'Unesco et qui se trouvait être l'un de mes amis. Les dollars de cette organisation internationale ne furent pas tellement abondants, mais ils eurent un effet incitatif précieux sur le CNR, le Conseil national de la recherche d'Italie, lequel finit par financer à tel point notre projet nouveau-né que dès l'année suivante était créé à Catane l'Institut international de volcanologie, l'IIVou, comme on le prononce en italien.

*

Ce congrès d'Helsinki fut le cadre d'un incident grave : l'arrestation en territoire finlandais, par des policiers en civil du KGB soviétique, et l'enlèvement vers Leningrad d'un scientifique russe, probablement dissident. Je n'avais pas assisté à ce drame, mais il nous fut raconté aussitôt par plusieurs témoins. Et ma réaction montre combien il peut être difficile à un croyant, même lorsqu'il a perdu la foi, de reconnaître que cette foi n'est pas justifiée : l'homme des décisions rapides et tranchées que je suis n'a rien dit et, en son for intérieur, est demeuré assis entre deux chaises, celle du militant que cependant je n'étais plus depuis 1944 et celle du démocrate que ce crime scandalisait : je n'eus pas le courage de le dénoncer publiquement. Il y a trente ans de cela et je me le reproche toujours.

L'excuse, assez minable d'ailleurs, que je me donnais était que la délégation soviétique, très nombreuse puisque la frontière de l'Urss est toute proche d'Helsinki, comportait une proportion importante de gens vraiment sympathiques; que ces hommes et ces femmes étaient très visiblement choqués, et choqués à plusieurs titres, par ce qui venait de se passer ; que dès lors il me semblait malvenu de les mettre en position plus délicate encore par les paroles que j'aurais pu, ou dû, prononcer. Mais ces raisons tenaient plus du plaidoyer *pro domo* que de la raison pure... Laquelle, tapie dans un recoin de ma cervelle, me chuchotait que je manquais du courage nécessaire pour reconnaître la non-valeur du credo communiste dont je ne parvenais pas à me libérer, plus de quinze années après avoir découvert combien s'était effondré l'idéal des révolutionnaires d'antan.

L'expérience des trois décennies qui ont suivi m'a appris une chose d'importance : un parti politique, quel qu'il soit, se corrompt dès qu'il parvient au pouvoir – que ce soit par un processus parfaitement démocratique ou par son plus absolu contraire. La corruption est en effet inséparable du pouvoir, encore une fois quel qu'il soit – politique, financier, industriel, universitaire, syndical, que sais-je? –, même lorsque est incorruptible l'homme (ou la femme) qui l'exerce. Car parmi tous ceux qui, avec lui, ont accédé à ce pouvoir, ministres, membres de cabinets ministériels, hauts fonctionnaires, P-DG, conseillers, courtisans bien placés, mandarins de toute espèce, il se trouve inévitablement des personnes susceptibles de se laisser corrompre. Certains s'introduisent même dans le parti (ou dans les partis), dans l'Université, dans le groupe financier, dans le groupe industriel, dans le syndicat, dans l'institut ou dans le laboratoire, uniquement par soif d'argent ou de vanités : pour ceux-là la corruption, quelle qu'en soit l'espèce (car elle est protéiforme), joue le rôle de vache à lait pour leur arrivisme.

Les gens susceptibles d'être corrompus, à peine

arrivés au pouvoir, sont approchés par des gens qui corrompent. Lesquels sont innombrables, puisque sont innombrables et comme produits par génération spontanée ceux qui recherchent les faveurs et les passe-droits, mineurs ou majeurs. Plus le temps passe et plus la corruption imbibe le pouvoir, malgré les incorruptibles qui n'y peuvent mais, sinon à montrer un exemple que très peu ont le courage de suivre. Voyez les « affaires », de la droite comme de la gauche, celles de France, celles des autres démocraties et, plus dissimulées et plus scandaleuses encore que les nôtres, celles des régimes totalitaires... Et, hélas croyez-moi, le monde de la recherche et de l'université, à leur échelle, en dissimule tout autant.

C'est la raison majeure pour laquelle l'alternance au pouvoir est indispensable, pouvoir politique, en premier lieu. Je pense qu'elle devrait se faire tous les quatre ou cinq ans. La France a été gouvernée par la droite, sans interruption de 1958 à 1981. Près d'un quart de siècle. Cela devait entraîner, de façon inévitable, une corruption profonde. Au moment où j'écris ces lignes, la gauche gouverne depuis dix ans. Une gauche qui s'était fait élire sur des promesses de justice sociale, de justice judiciaire, de réduction des inégalités économiques, de réduction du chômage, de disparition des scandales – y compris des assassinats politiques – et de la corruption par trop avancée qui avaient marqué le règne, par trop prolongé, de la droite. En dix ans, cette gauche s'est à son tour corrompue comme s'était corrompue la droite, assassinats en moins. De même, en Urss, après soixante-dix ans de pouvoir absolu, le parti communiste était corrompu jusqu'à la moelle.

Je le répète, ce phénomène est inévitable, inhérent à la notion même de pouvoir. Je ne vois guère qu'un seul moyen de le minimiser : l'alternance. Laquelle doit se faire assez tôt pour que la corruption n'ait pas le temps de trop gangrener la société, pas trop néanmoins pour laisser au pouvoir le temps de réellement gouverner, c'est-à-dire de prendre des décisions et de les mettre en application. Cela est vrai de la politique comme du reste.

L'explosion incontrôlée de l'information qui caractérise notre époque a des effets pervers. Dont celui de braquer les projecteurs sur les aspects négatifs de notre société plutôt que sur ce qui pourrait réconforter. On parle ainsi beaucoup et l'on stigmatise – à très juste titre – les innombrables scandales et les divers types de scandales, mais on ne mentionne pas les gestionnaires scrupuleux. On dénonce – à juste titre encore – l'absentéisme des parlementaires, mais on ne dit rien de tout le travail, obscur mais nécessaire, qu'ils accomplissent tout au long de l'année dans les commissions d'une part, dans leurs circonscriptions de l'autre. On déplore – à juste titre toujours – le peu d'efficacité de ces parlementaires mais on oublie que la faute en revient à la Constitution, laquelle est vraiment loin d'être parfaite. Et l'on oublie aussi que, sans ces parlementaires, on serait en dictature...

« Le pire des systèmes mis à part tous les autres », la démocratie est ainsi torpillée par des médias qui lui doivent leur relative liberté et même leur existence. Ceux qui décident de leurs programmes, ceux qui écrivent, ceux qui parlent – et en particulier ceux qui prétendent, en parlant, regarder le téléspectateur au fond des yeux alors qu'ils sont en train de lire les lignes imprimées en gros caractères défilant juste sous l'objectif de la caméra (ce qui donne cet air particulièrement intelligent à trop de nos présentateurs de journaux télévisés) –, tous ceux-là, sans apparemment s'en rendre compte, s'emploient à scier la branche sur laquelle eux comme nous sont assis, sur laquelle reposent la liberté de presse, la liberté de parole et la liberté tout court : la démocratie. Il suffit, pour s'en convaincre, de voir la croissance du nombre des abstentionnistes d'une part et de l'autre celle des antidémocrates, avoués ou sournois...

Il ne faut pas être dupe – je sais de quoi je parle pour l'avoir été beaucoup trop longtemps, et pas seulement du parti communiste – mais il ne faut pas non plus désespérer parce que tout serait corrompu : il est tout à fait faux de le prétendre. Ne serait-ce que parce que la démocratie existe encore. Le désespoir ne se justifie que lorsque cette dernière est étranglée. Mais il y a démocraties et démocraties. Et les plus réelles, les moins défaillantes, les moins corrompues sont celles où une large majorité de citoyens s'occupe, intelligemment si possible, de la chose publique. Et la chose publique, c'est la politique.

*

Une bonne partie de l'année 1961, je la consacrai à l'équipement de notre nouvel institut international de volcanologie. L'effort le plus long, et le plus exaspérant, qu'il me fallut consentir avait eu pour seul et unique objet de dédouaner les sismographes dont je faisais don à l'IIV, c'est-à-dire à l'Italie, de la part de feu le Centre belge de volcanologie. Cela me prit plus de quatre mois... A chacune de mes nombreuses visites, qu'elles aient eu l'Etna pour objectif ou le

Stromboli, je me rendais au service des douanes du port de Catane, toujours accompagné par l'un ou par l'autre des Siciliens de l'institut. Ils me secondaient davantage pour m'aider à poursuivre l'interminable discussion, qui me rappelait les marchandages autour d'un tapis dans quelque souk d'Arabie Saoudite, que pour me servir d'interprète : italien et français sont langues sœurs et s'exprimer dans l'idiome des autres – ou à tout le moins le comprendre – épargne la lourdeur inévitable des dialogues poursuivis au travers d'un interprète. Par contre, dans des discussions où l'un des partenaires fait délibérément partie de ces sourds qui se refusent à entendre, il est indispensable d'utiliser l'atout que représente le chauvinisme, chauvinisme qui peut se matérialiser par l'usage du dialecte local : discuter en idiome commun arrondit beaucoup d'angles. A défaut de cette complicité peu à peu établie, il n'est guère qu'un seul moyen de franchir la barrière douanière : l'argent.

Une fois de plus, l'argent. Car il est difficile à l'extrême de faire admettre, sinon comprendre, à un fonctionnaire des douanes que des instruments scientifiques offerts gratis à son pays, instruments de surcroît destinés à accroître une sécurité toujours menacée par le colosse Etna, ne devraient pas être taxés, lourdement même, à leur entrée en Italie. Et mon refus de principe de payer quoi que ce soit, droits ou bakchiche, obligea mes amis siciliens à des mois de plaidoiries sans cesse recommencées. Mais, finalement, couronnées de succès.

Travaillé au corps avec diplomatie par Marinelli, le Consiglio Nazionale delle Ricerche ne lésina pas : il permit à notre nouvel institut d'une part de s'installer au centre de Catane dans des locaux suffisamment vastes et convenablement équipés, d'autre part d'engager du personnel, tant scientifique que technique. Ce qui transforma dès le départ l'institut, dit international, en institut italien... D'un côté, ce fut une bonne chose mais, de l'autre, une mauvaise. Bonne parce qu'elle évitait de possibles ingérences de pays ou d'organismes étrangers et permettait, en principe du moins, d'appliquer des programmes à long terme. Mauvaise parce qu'elle conduisit, au bout de moins de vingt ans, à une regrettable faillite, due au chauvinisme, aux médiocrités universitaires habituelles et à certaines faiblesses individuelles.

*

Cette même année 1961 me vit retourner au Chili, un peu pour aller revoir certains changements de la topographie que le formidable séisme de 1960 avait engendrés mais, surtout, pour y faire de la volcanologie. Les volcans chiliens exerçaient en effet sur mon esprit une attraction à laquelle je ne voulais pas résister. Cela avait commencé, je l'ai déjà dit, par le ravissement qui en 1956 nous avait saisis, Bichet et moi, lorsque nous découvrions, depuis le DC3 qui par étapes nous amenait du Panama jusqu'à Santiago, les cônes bardés de glace, somptueux, de la cordillère des Andes. Jean Mermoz, pionnier de l'aviation transatlantique et transandine qui avait l'un des tout premiers survolé ces Andes et les avait contemplées du ciel, les appelait le « boulevard des volcans ».

Lors de ma trop brève visite de 1960 au Puyehue, dont l'éruption avait éclaté au moment du tremblement de terre, la constatation majeure que je pus faire, c'est que les neuf dixièmes de l'aide internationale ne parvenaient pas à destination. Argent, vêtements, médicaments, nourriture, cette aide – adressée par la pseudo-générosité des gouvernements et par la générosité réelle des citoyens – ne sert jamais qu'à enrichir certains riches – mafias diverses, dont quelques-unes très légales, prélevant le plus gros au passage – et à appauvrir les pauvres auxquels ne parvient – quand elle leur parvient – que la poussière négligée par les corrompus en place.

La poussière... Ce que j'avais vu et entendu au Chili dix mois après cette catastrophe m'avait irrésistiblement fait penser aux machines que nous utilisions à la mine d'étain où je travaillais jadis, série de tamis superposés qu'un moteur secoue en cadence. La maille des tamis successifs décroît du haut vers le bas, les morceaux de minerai les plus gros étant retenus par les tamis du dessus alors que les plus petits se retrouvent dans ceux du dessous. Tout au fond ne parvient que la poussière de cassitérite. En 1961 au Chili, je découvris qu'un processus similaire permet à toute une hiérarchie, occulte mais efficace, de retenir les gros morceaux de l'aide internationale – dollars, équipements, vivres, médicaments (de l'aide nationale aussi d'ailleurs, puisque la solidarité heureusement n'a pas disparu encore, et les citoyens des régions épargnées par le désastre envoient tout ce qu'ils peuvent vers leurs concitoyens dans le malheur) – et que les plus démunis, du même coup les plus durement éprouvés, ne reçoivent guère de cette aide que ce que j'appelle la poussière.

Durant les trente années qui ont suivi, les yeux désormais ouverts, j'ai vu qu'il en va partout de même, à des degrés plus ou moins divers. Si l'on veut que l'argent ou les biens que l'on donne parviennent à ceux qui en ont besoin et non à ceux, nantis, qui exploitent la misère des pauvres, il faut les leur porter soi-même et leur remettre de la main à la main. C'est ce que viennent de faire des villages que je connais bien, dont quelques habitants, après avoir rempli un camion de dons provenant de tous, les ont conduits eux-mêmes jusqu'à tel village de Roumanie ou tel autre de Bulgarie. Gouttes d'eau certes dans les océans de villages et de cités misérables du monde, mais gouttes d'eau efficaces, à leur échelle de goutte. Et, surtout, réconfortantes à plus d'un titre. Ne serait-ce que pour ne pas être allées grossir les profits scandaleux.

Nous avions entamé sur le Villarica le programme de volcanologie que j'avais élaboré et qui consistait à enregistrer l'activité micro-sismique pour en comparer les variations à celles, observées à l'œil, de l'activité éruptive. Cela pour rechercher les relations éventuelles qui les unissent entre elles. Le Villarica, comme le Llaima, l'Osorno, le Calbuco entre autres, ne se trouve pas dans la cordillère proprement dite, mais au pied occidental de celle-ci. Du même coup, au lieu d'avoir entre quatre mille et sept mille mètres d'altitude, il n'atteint pas les trois mille. Ce qui rend beaucoup plus aisé l'accès de son cratère. A l'époque, il était en activité, modérée mais soutenue, ce qui constitue l'idéal, ou presque, du volcanologue.

De Belgique, j'avais emmené un géologue désireux de se spécialiser en volcanologie et nous fûmes rejoints, à Santiago, par un Napolitain, attaché au service géologique du Chili, et qui se disait volcanologue. Une fois accomplies les formalités diverses quc les diverses bureaucraties génèrent, nous partîmes vers le Villarica. En voiture d'abord, puis, comme toujours en Amérique du Sud, à cheval. Il nous fallut près d'une semaine pour amener notre matériel jusqu'au sommet du volcan, deux jours pour installer notre petit réseau de trois sismographes et il n'y avait pas trente heures qu'avaient commencé nos enregistrements et nos observations sur ce qui se passait dans le cratère que je reçus un message (je ne me souviens plus si ce fut par talkie-walkie ou par cavalier), me demandant de descendre de toute urgence pour rencontrer Lucio Diaz, le gouverneur de la province de Llanquihue, très inquiet par le réveil soudain du volcan Calbuco dont l'éruption venait d'engendrer un torrent de boue dévastateur.

Le lendemain, lorsque nous sommes arrivés au pied du volcan, l'éruption semblait terminée. C'est le pari habituel du volcanologue : arriver avant la fin de l'événement qui l'a déterminé à aller le connaître... En 1957, pour l'éruption du Capelinhos aux Açores, malgré le retard que j'avais dû prendre pour répondre à l'appel – plus de deux semaines –, j'étais arrivé bien à temps non seulement pour rassurer la population, mais pour découvrir quelque chose de volcanologiquement nouveau, la genèse des hyaloclastites. Mais nombre de ces paris ont été perdus malgré la promptitude de la réponse : beaucoup d'éruptions sont tellement brèves qu'on a beau se hâter, on est à peine arrivé que le volcan est retombé en sommeil. Cette fois-ci il semblait en aller de même, car de La Ensenada, au pied du Calbuco, on ne voyait que quelques vapeurs nonchalantes, plumes blanches balancées par la brise sur fond de ciel bleu au-dessus du sommet : paix et sérénité.

Mais, à une heure de marche de là, alors que nous suivions un chemin accroché à la roide pente d'une vallée descendant de la montagne, nous découvrîmes, au détour d'un lacet et cent mètres plus bas, un fleuve de boue couleur de brique qui roulait sur toute la largeur du lit. Je fus stupéfait par la puissance que laissait deviner la seule vue de ce *lahar*, épaisse bouillie d'argile et de végétaux, qui charriait des arbres entiers et, beaucoup plus impressionnants encore, des roches énormes dont la taille atteignait celle d'une maison...

La capacité que possède une boue suffisamment dense de transporter des rocs d'envergure laisse quelque peu rêveur celui qui a la chance de contempler ce spectacle. Un instant de réflexion lui suffit néanmoins pour le comprendre : une boue épaisse, poudre de roche et d'eau mélangées, a une densité comprise entre 1,6 et 2; celle d'un bloc de pierre, quelle que soit sa taille, est de 2,7 en moyenne. Sans parler de la viscosité de la boue, sa différence de densité avec l'eau claire, 1.0 , fait que le roc ne coule pas jusqu'au fond mais flotte, comme un iceberg flotte dans l'eau (je dis bien « dans », car sa partie immergée, chacun le sait, est beaucoup plus importante que celle qui émerge). Mais cette partie émergée suffit largement à impressionner qui a le loisir de la regarder...

Les lahars de la veille avaient pourtant été beaucoup plus volumineux et plus puissants que celui-ci, dont la facilité à transporter des rochers de trois ou de cinq mille tonnes cependant m'estomaquait : ils avaient déposé une épaisseur – qu'il nous était impossible d'évaluer – de sables, d'argiles, de cailloux et de blocs, qui occupait désormais tout le fond d'une large vallée dans laquelle se jetait celle qu'aujourd'hui nous remontions. Sur la surface, déjà sèche, gisaient des quantités d'épaves de faible densité, branches, troncs brisés, arbres déracinés tout entiers, maisons de bois. Tout cela avait été arraché en amont et flotté jusqu'au moment où, faute de pente suffisante – donc de vitesse qui le soit aussi –, les alluvions en suspension qui constituaient la boue s'étaient déposés, laissant l'eau couler seule vers l'aval.

Avant d'avoir pu au moins jeter un coup d'œil dans le cratère, je ne pouvais répondre aux interrogations du gouverneur : que va-t-il arriver maintenant, y aura-t-il d'autres lahars, y aura-t-il des explosions au cratère, des nuées de cendres comme – éternelle référence – à Pompéi, des nuées ardentes comme à la Montagne Pelée...?

Aujourd'hui, où la volcanologie s'est enrichie d'une instrumentation de plus en plus sophistiquée, où la télémesure, l'imagerie Spot, la télétransmission par balises Argos, la spectrographie, la chromato, la magnétométrie, que sais-je encore, sont venues s'ajouter à la sismographie, à l'inclinométrie et à la thermométrie classiques, je ne connais pas de volcanologue à se hasarder à un diagnostic qui ne provienne d'un ordinateur alimenté par les informations que ces appareils perfectionnés d'auscultation fournissent. Moi-même suis loin de les dédaigner. Mais je ne sais que trop qu'entre les données qu'ils dispensent et la signification de celles-ci en termes de diagnostic, un hiatus existe que la plupart sous-estiment, lorsqu'ils ne l'ignorent pas. Je sais aussi que – quand elle est possible, ce qui trop souvent est loin d'être le cas – l'interprétation des informations octroyées par l'impressionnante instrumentation moderne n'est éventuellement valable que si elle s'appuie sur une observation aussi sérieuse que faire se peut des phénomènes qui se succèdent ou s'accompagnent durant l'activité éruptive. Observation aussi complète que possible certes mais, surtout, épaulée par l'expérience.

A ce dignitaire politique responsable de la sécurité de la population qu'il gouvernait, à ce fonctionnaire anxieux de savoir quelles mesures il convenait d'adopter, mon expérience (acquise entre 1948 et ce jour de 1961) ne me permettait pas de dire autre chose que : « Señor Gobernador, je ne suis capable de répondre à aucune de vos questions avant d'être allé voir ce qui se passe – et ce qui s'est passé – dans le cratère. Et même alors, il n'est nullement certain que je puisse formuler de diagnostic : tout dépendra de ce que j'y trouverai, dans ce cratère... »

Il n'y avait malheureusement pas d'hélicoptère disponible ce jour-là (1961, ce n'était pas 1991...) et comme je savais combien vite peuvent varier les conditions éruptives en période de crise, je décidai de faire séance tenante l'ascension du volcan. Je crois me souvenir (je n'ai aucune note à ce propos) que la dénivellation à franchir était de quelque deux mille à deux mille cinq cents mètres, ce qui représentait, vu l'entraînement que nous avions, cinq, six ou sept heures de marche. Je pensais remonter tout d'abord les lahars secs, longer ensuite le lahar qui fluait encore la veille et arriver de la sorte jusqu'au cratère. Mais le gouverneur et son entourage insistèrent à tel point que je cédai et acceptai que des guides locaux nous conduisent pour nous amener au sommet plus rapidement que par l'itinéraire des vallées que j'avais imaginé. En bonne logique, d'ailleurs, ils avaient raison : une voie directe fait gagner en principe tout le temps que fait perdre un chemin qui ne l'est pas. Et la remontée de vallées qui affluent les unes dans les autres est le contraire de la ligne droite...

Las! Sur les talons de nos guides, trois paysans d'origine allemande (le sud du Chili a reçu une immigration allemande très importante, tant après les guerres de 1914-1918 et de 1940-1945 qu'entre les deux, lors de la montée en puissance de Hitler) nous avons traversé, grâce à un sentier réouvert à la machette, l'épaisse forêt de bambous qui tapisse les basses pentes de la montagne. Nous nous élevions rapidement en suivant la crête étroite séparant deux de ces ravins rectilignes et profonds, caractéristiques de beaucoup des volcans à éruptions de cendres, ravins qui rayonnent comme des arêtes de parasol, ravins creusés par les avalanches sèches qui se déclenchent quand l'épaisseur des pyroclastites dépasse leur seuil de stabilité. Mais nous butâmes contre un à-pic d'une trentaine de mètres de dénivelée. Les trois paysans et moi-même n'eûmes aucun mal à en franchir le quart inférieur jusqu'à une vire où l'on pouvait attendre les autres. Nous n'en aurions pas eu davantage plus haut mais nos deux candidats volcanologues, qui jamais n'avaient fait d'escalade, furent incapables de nous suivre, pas même de se hasarder dans l'amorce de cette petite muraille. Laquelle d'ailleurs était ignorée de nos guides car elle datait du grand séisme de mai 1960 qui avait eu lieu moins d'un an avant : c'était un mur de faille, au rejet décuplé par glissement de terrain.

Nous redescendîmes donc jusqu'au pied de cet obstacle imprévu et une rapide discussion avec nos guides nous convainquit qu'en coupant à l'horizontale vers le sud et en traversant deux ou trois quebradas, ces ravins en forme de V que séparent des crêtes identiques à celle que nous venions de remonter, nous rejoindrions une piste conduisant au cratère. Nous dévalâmes la pente roide de la première quebrada et gravîmes la pente opposée, nous efforçant de perdre le moins d'altitude possible dans l'aventure. Nous traversâmes de la même façon la deuxième quebrada. Puis une troisième. Après la quatrième, il n'y avait toujours pas la piste espérée et, malgré nos efforts pour demeurer de niveau, nous avions perdu tellement d'altitude que nous étions redescendus jusque dans la forêt de bambous...

Plus nous avancions, plus nous perdions de l'altitude et plus la forêt se faisait dense. Les « dos o tres quebradas » promises par nos guides avaient dépassé la douzaine. L'après-midi tirait à sa fin, la fatigue devenait pesante, nous progressions avec peine dans l'inimaginable fouillis qu'est une forêt de bambous : entrecroisement inextricable de tiges tendues vers le haut, serrées comme quelque gigantesque semis d'herbes dont chaque brin est gros comme la jambe d'un homme, ayant jailli de partout sans laisser la moindre place où poser le pied, enchevêtrement de troncs vivants et de troncs morts basculés, les uns gisant à terre, les autres inclinés dans tous les sens et sous tous les angles. Progresser dans cette forêt relève du cauchemar. On ne marche pas, on se faufile, on rampe sous des troncs couchés, on avance à quatre pattes sur des troncs inclinés, on est, successivement, épais reptile à plat ventre sur le sol et chimpanzé maladroit à dix mètres au-dessus...

Une fois ou deux, j'avais songé à faire demi-tour car, à l'évidence, nos guides ne s'étaient jamais aventurés par ici et se retrouvaient tout aussi paumés que nous. Mais je n'ai pas l'habitude d'abandonner ce qui a été entrepris et j'espérais qu'on finirait bien par sortir de ces herbes pour Cyclopes où nous nous sentions pareils à des fourmis dans une herbe normale. La nuit tomba et nous obligea à faire halte. Nous coupâmes quelques bambous à la machette, en couchâmes quelques-uns pour nous garantir des chicots pointus laissés par ce bûcheronnage et essayâmes de nous accommoder de ce minuscule espace pour y passer la nuit, les Chiliens à croupetons, les Européens mal assis sur les rondins de bambou dur.

Ce fut une fort longue nuit, troublée par le fracas d'un torrent puissant qui bondissait sur les rocs à vingt ou trente mètres en contrebas et dont l'eau nous fut précieuse. Les trois guides conversaient entre eux, l'Italien, le Belge et moi n'échangions que peu de paroles, eux surtout parce qu'ils étaient très fatigués, moi parce que je m'en voulais de m'être laissé piéger. En outre, mes deux collègues m'agaçaient : ils avaient peur... Peur du volcan, dont on entendait parfois le grondement bas et sourd. Peur de ne pas tenir le coup le lendemain, où aucune solution ne se présentait : non seulement nous ignorions tout du terrain à franchir si nous voulions poursuivre notre tentative de traversée – et la pente roide qui nous séparait du torrent ne laissait guère présager d'amélioration, au contraire –, mais surtout nous n'avions plus rien à manger. Si cela ne me fait guère ni chaud ni froid de passer deux jours, voire trois sans rien avaler, il n'en allait pas de même pour mes collègues. Tout cela nous obligeait à faire demi-tour et à reprendre en sens inverse tout l'itinéraire si péniblement parcouru...

Lorsque nous arrivâmes, après dix ou douze heures de marche, nous fûmes accueillis avec autant de chaleur que de stupéfaction : tout le monde nous croyait morts... Le gouverneur avait même diffusé un communiqué de presse en ce sens. La chance fit que le lendemain ni ma femme ni ma mère n'aperçurent le gros titre, en première page de surcroît, d'un quotidien parisien annonçant ma disparition dans le cratère du Calbuco. Et le démenti que j'avais aussitôt télégraphié (ni fax, ni télex, ni téléphone convenable n'existaient alors) arriva avant que France ni mes parents aient pris connaissance de la nouvelle, aussi fausse que mauvaise.

Le jour d'après, un hélico, en moins d'une demi-heure, nous déposait sur le glacier qui occupe le cratère du Calbuco. Ce fut pour moi une surprise que de découvrir ce glacier. Non que la chose fût anormale à cette altitude – deux mille six cents mètres environ – et à cette latitude – 41 degrés sud –, mais j'imaginais qu'après une éruption, même brève, de laves à 1 000 degrés accompagnées des phénomènes explosifs dont le gouverneur nous avait dit la relative violence, la glace aurait été à la fois fracassée et fondue. Eh bien, non ! Large de quelques centaines de mètres, le cratère était toujours entièrement occupé par le glacier et la glace n'avait disparu qu'en un seul point situé contre sa lèvre où une épaisse coulée de lave fraîche était sortie en soulevant l'épaisseur de glace, puis en la faisant éclater.

La succession des phénomènes semblait claire : le magma était parvenu à émerger des profondeurs par une fracture aboutissant dans le fond du cratère, mais avait ensuite rencontré le bouchon glaciaire ; continuant à pousser vers le haut (puisque la glace et la paroi du cratère lui interdisaient de fluer latéralement), le magma avait entrepris de soulever non plus des roches, mais ces centaines de milliers de tonnes de glace. L'évidence de ce phénomène apparaissait sous la forme d'une étonnante corolle de glace entourant le pistil brun foncé de la lave désormais éteinte, corolle dont chaque pétale, épais de plusieurs mètres, était séparé de son voisin par une large fracture.

A l'évidence encore, les explosions qui avaient terrifié la population n'avaient été que celles de la vapeur engendrée par la fonte de la base du glacier sous la chaleur du magma, vapeur surchauffée à plusieurs centaines de degrés dans cette énorme cocotte-minute naturelle dans laquelle la vapeur se trouvait confinée, et dès lors comprimée, sous des mètres, des dizaines de mètres peut-être, de glace étanche. Cela jusqu'au moment où la pression de vapeur dépassa le seuil de résistance mécanique du glacier et fit explosion, fracassant le couvercle de glace et facilitant ainsi la sortie du magma. Les débris de glace et les morceaux de lave qui jonchaient la surface en attestaient.

Par contre, il n'y avait trace ni de cendres, ni de lapilli, ni de bombes qui, s'il s'était agi non d'une éruption de vapeur d'eau mais d'une « explosion » (qu'il vaut mieux, je l'ai dit, appeler détonation) de gaz magmatiques, auraient dû s'accumuler en cet endroit sur des pieds, voire des mètres d'épaisseur. C'était rassurant : la quantité de matière gazeuse que contenait ce magma – et qui lui avait conféré sa force ascensionnelle en réduisant sa densité grâce aux bulles innombrables qui s'y étaient développées – avait été trop faible pour engendrer des détonations violentes – de celles dont la puissance peut croître jusqu'au paroxysme à mesure que se fracasse le sommet de la colonne magmatique qui pèse sur le magma. Cette quantité trop faible de gaz signifiait que, vraisemblablement, il n'y avait à craindre ni avalanches brûlantes comme à Pompéi ni nuées ardentes comme à la montagne Pelée. Lorsque, quelques heures plus tard, j'expliquai cela au gouverneur, il se dit pleinement rassuré.

Ce ne fut pas, seize ans plus tard, le cas du préfet de la Guadeloupe lors de l'éruption de la Soufrière. Soucieux de satisfaire les désirs de sa hiérarchie, il prétendit ne pas avoir compris mes explications et se rangea aux allégations de Claude J. Allègre que le pouvoir de l'époque, abusé ou complaisant, avait accueillies sans discernement (cela, dans ma bouche, constituant une litote).

S'il n'y eut pas, au Calbuco, d' « explosions » magmatiques, il y eut en revanche extrusion d'une coulée, épaisse de dix à vingt mètres, large du double, longue – si l'on peut dire – d'à peine quelques centaines de mètres. Puissante, courte, extrêmement visqueuse – nous avons mesuré la vitesse de son front : deux à trois centimètres en une heure sur une pente où, sur d'autres volcans, j'avais vu des basaltes foncer jusqu'à plus de quatre-vingts kilomètres à l'heure –, cette coulée était faite d'andésite, ce que l'œil nu, mais mieux encore la loupe, permettaient de savoir par identification des cristaux de plus d'un demi-millimètre de large.

Il est normal, direz-vous, et vous aurez raison, que dans les Andes il se soit agi d'andésite. Mais parfois les volcans y vomissent aussi des basaltes, parfois des dacites, parfois même des rhyolites. Mais les andésites restent ici les plus fréquentes et, beaucoup plus riches en silice que les basaltes dont je faisais mon ordinaire, elles sont du fait même beaucoup plus visqueuses. Cette viscosité était telle en l'occurrence qu'il fallait prendre des repères précis pour s'assurer que la coulée progressait toujours. L'un des signes de progression était les bruits qui, de temps à autre, brisaient le merveilleux silence de ce haut lieu inondé de soleil : tantôt le fracas d'un gros roc qui, juché sur le dos convexe du colossal dragon que forme ce type de coulée et parvenu lentement jusqu'au point de déséquilibre, basculait soudain; tantôt, discrets, les petits craquements d'un bloc enfoui qu'écrasait l'imperceptible progression de la puissante coulée.

Une idée reçue, et que j'avais assimilée comme tout un chacun, est que les éruptions volcaniques sont d'autant plus violentes, plus « explosives », que le magma impliqué est visqueux. Aussi ma stupéfaction fut-elle grande, au Calbuco, quand je constatai l'absence de toute violence, sinon celle, initiale, de la vapeur d'eau surchauffée et comprimée à l'excès, en même temps qu'une coulée visqueuse à l'extrême était très lentement poussée hors de la terre.

Trop d'affirmations quelque peu simplistes ont été présentées, et le sont toujours, comme des vérités indiscutables en matière d'activité éruptive par de doctes professeurs ne possédant pas assez d'expérience de terrain, voire pas du tout. C'était le cas de chacun jadis, avant que l'avion ne permette de se rendre rapidement sur les lieux d'une éruption : jusqu'aux années trente, une vie entière de volcanologue authentique n'offrait qu'une douzaine, voire à peine une demi-douzaine d'éruptions à se mettre sous la dent ou, plutôt, sous le regard. Aujourd'hui, c'est autre chose : trop de soi-disant volcanologues pontifient sans autre expérience que celle de spectateur. Et encore, sans même cette « expérience »-là parfois... Or, pour comprendre ce phénomène, outre le regard (y compris celui de l'objectif photo ou cinématographique) il faut la mesure du mesurable et l'analyse de l'analysable.

Pas d'« explosions » à redouter, donc. Quant au risque de lahars, désormais il me semblait nul. Ceux qui avaient dévasté la vallée jusqu'à plusieurs kilomètres dans le plat pays avaient évidemment été engendrés par les centaines de milliers, par les millions peut-être de mètres cubes d'eau que le contact du magma, sortant de terre sous le glacier et s'élevant au travers de ce dernier, avait générés. Cette énorme quantité d'eau avait débordé du cratère et s'était ruée vers le bas, arrachant sur son terrifiant passage d'abord des rocs de toute taille, plus bas la couverture de terre meuble, plus loin encore la forêt et, tout en bas, les constructions. Pour que de nouveaux torrents de boue puissent à nouveau se produire, il aurait fallu qu'une autre masse de magma sorte de terre ailleurs sous le glacier et cela me semblait peu probable.

En effet, la coulée initiale progressait toujours comme le montraient les mesures faites à son front, épais de quinze ou de vingt mètres, qui rampait sur le lit de roc lisse et pentu d'un large torrent asséché : il avançait, de façon imperceptible certes mais suffisante pour signifier qu'à l'amont, à la source, du magma neuf l'alimentait toujours à partir des profondeurs. J'interprétais cela comme une garantie qu'une autre coulée ne sortirait pas en un autre endroit, car j'estimais qu'un magma aussi pauvre en gaz ne pourrait forcer une nouvelle voie d'ascension vers la surface mais se contenterait, jusqu'à l'épuisement de ses possibilités éruptives, de suivre le chemin initial. Cela excluait la possibilité que le magma fasse fondre assez de glace pour engendrer d'autres lahars redoutables : même en se faufilant entre la coulée actuelle et le glacier, les quantités d'eau seraient incomparablement moins importantes que celles qu'avaient produites la venue sous-glaciaire. Question, d'une part, de surface de contact entre la roche en fusion et la glace, d'autre part, de transfert de chaleur.

La conclusion, dans mon esprit parfaitement rationnelle, qu'il ne se produirait sans doute rien de redoutable durant la suite de l'éruption en cours passa du stade de l'hypothèse à la réalité des faits puisque aucun événement digne d'être rapporté ne survint et que le Calbuco retomba dans son sommeil habituel quelques semaines plus tard. Il y a trente ans de cela et il dort encore.

Ce fut là une satisfaction intellectuelle dont j'appréciai la valeur, mais la constatation qu'un magma aussi visqueux que l'était cette andésite pouvait donner des éruptions bien moins violentes que n'importe quel volcan à laves fluides me renforça plus que toute discussion théorique dans une conviction qui peu à peu s'était formée dans mon esprit : la nature pétrographique et chimique des magmas ne jouait, dans le dynamisme éruptif, qu'un rôle passif et, somme toute, secondaire. Ce qui comptait, de façon essentielle, c'étaient les gaz, cette phase gazeuse progressivement élaborée à partir des produits volatils originellement dissous dans la roche en fusion : quelle que soit la nature du magma, acide ou basique, c'est sa teneur en gaz qui, de ses éruptions, fera d'aimables événements comme celui du Calbuco 1961 ou des cataclysmes formidables.

*

Vingt-quatre ans après, toujours en Amérique latine mais en Colombie cette fois, appelé en consultation par le président de la République, Romulo Betancourt, après la catastrophe provoquée par des lahars descendus du Nevado el Ruiz et qui avaient englouti dans leurs boues plus de vingt-cinq mille personnes, j'émis encore une fois un diagnostic plutôt rassurant fondé sur ce que j'avais pu, d'hélicoptère, observer du cratère, de la calotte glaciaire qui l'entoure et des vallées empruntées par les torrents de boue. J'avais, ici aussi, expliqué ces lahars par l'extrusion d'une coulée de lave – sans doute épaisse et lente parce que, sans doute encore, andésitique – *sous* le glacier qui occupait une bonne partie du cratère : mon expérience du Calbuco ainsi que l'analyse rationnelle des *faits* me conduisait à rejeter l'hypothèse, qu'avaient adoptée tous les géologues qui se succédaient sur les lieux, selon laquelle les eaux de fonte seraient provenues d'une éruption explosive dont les pyroclastites (fragments de lave en fusion lancés dans les airs), retombées encore brûlantes *sur* le glacier, auraient fait fondre ce dernier dans une proportion suffisante pour expliquer les millions de mètres cubes d'eau des ruées de boues dévastatrices.

Cette hypothèse me semble erronée, non seulement à cause de mon expérience du Calbuco mais, surtout, par un raisonnement de physique élémentaire. La quantité de chaleur indispensable à la fonte des millions de mètres cubes de glace (et c'était le cas de celles qui avaient alimenté les énormes torrents de boue qui avaient dévasté entre autres les cités d'Armero et de Chinchinà) ne pouvait pas avoir été dispensée par des retombées pyroclastiques, et cela pour deux raisons majeures au moins.

La première est que la température des projectiles est relativement basse au moment où ils retombent sur le glacier : durant leur trajectoire aérienne, la surface de ces petits fragments de lave incandescente se solidifie et « s'éteint » pour ne plus avoir, au moment où ils s'abattent, que deux ou trois cents degrés, voire cent, voire moins encore, au lieu du millier qu'ils avaient au départ. La seconde réside dans la très basse conductibilité thermique des roches : chacun sait qu'une cave est fraîche au plus chaud de l'été et tiède au plus froid de l'hiver. C'est le résultat de cette isolation thermique qu'assurent les roches – et la terre en est une, toute meuble qu'elle est.

La conséquence en est que la première averse de lapilli – même si chacun de ceux-ci est encore brûlant

– ne peut guère transférer à la glace qu'une partie insignifiante de la chaleur qu'il contient, autrement dit de quoi en faire fondre à peine un ou deux millimètres d'épaisseur. Et cette première couche de lapilli va définitivement isoler la glace sur laquelle elle repose de la chaleur des éventuelles averses suivantes : seule une partie infime de leur énergie thermique réussira à passer au travers de la première strate à avoir été épandue sur le glacier et n'en pourra faire fondre que quelques autres millimètres, quelques centimètres d'épaisseur à peine. Le volume d'eau de fonte ne sera dès lors que de l'ordre de moins de cent mètres cubes à l'hectare, dix mille au kilomètre carré. Or les torrents de boue qui ont englouti Armero et les bas quartiers de Chinchinà, au terme d'une ruée destructrice de plusieurs dizaines de kilomètres entre la calotte glaciaire du Ruiz et les plaines, ces torrents représentaient des millions de mètres cubes : des milliers, des centaines de milliers de fois plus que n'auraient pu en produire les fameuses « explosions » et leurs averses de lapilli. Qui furent insignifiantes.

Une venue de magma, épaisse de plusieurs mètres sous la calotte glaciaire, par le contact intime et prolongé avec la glace qu'elle soulève peu à peu jusqu'à la faire s'ouvrir comme une grenade mûre, signifie par contre des transferts de chaleur incomparablement plus importants, d'une part à cause de cette intimité et de cette durée de contact, d'autre part à cause des mécanismes impliqués. Car, d'importance majeure pour les pyroclastites, le rôle isolant de la coquille est ici réduit à son minimum. En effet, formée dès l'amorce du contact avec la glace, la peau plastique qui précède la coquille est continuellement étirée et déchirée; la coquille, si elle a le temps de se former, est brisée par le mouvement de l'épais fluide à mille degrés qu'elle enveloppe. Ce qui multiplie, par cent, par mille, par cent mille et plus, la durée du contact glace-lave incandescente. Et, du même fait et d'autant, le transfert de chaleur et le volume qui en résulte de glace transformée en eau.

Comme cela a toujours été mon habitude (habitude pas tellement recommandable, jeunes gens qui allez peut-être entrer dans la recherche scientifique), je n'ai pas rédigé d'article, pas même de note à l'Académie des sciences, à propos du Calbuco en 1961 ni du Nevado el Ruiz, et je me suis contenté d'exposer mes points de vue de vive voix à quelques confrères. Le résultat en est que la thèse officiellement admise continue d'attribuer aux « explosions » et aux averses de cendres chaudes la genèse des lahars désastreux de 1985. Alors que, physiquement, c'est impossible.

Fatigué, après le Villarica et le Calbuco, de traîner des apprentis trop vieux, intellectuellement sinon physiquement, pour jamais espérer devenir volcanologues au sens que je donne à ce terme, je larguai mes deux pauvres confrères et je partis seul vers le Chili septentrional faire une reconnaissance des grands cônes volcaniques qui trônent sur l'altiplano, le haut plateau andin. Ils m'attiraient à double titre. Le premier était leur splendeur, que nous avions découverte en 1956 lors de notre « tour de monde des volcans », le second, c'était ma nouvelle passion : les ignimbrites.

J'avais été introduit auprès d'elles deux années auparavant à l'occasion de ma première visite en Nouvelle-Zélande : la centrale géothermique de Wairakei, au centre de l'île nord, se trouve au milieu d'immenses étendues ignimbritiques. C'était d'ailleurs en Nouvelle-Zélande que, mondial, le phénomène des ignimbrites avait été reconnu, identifié et baptisé de ce nom – pas plus heureux d'ailleurs pour la prononciation que pour le sens – issu d'*ignis*, en latin « feu » et d'*imber*, « pluie ». Car on a fini par reconnaître que ces vastes étendues de roc clair ne provenaient pas de gigantesques averses de lapilli encore en fusion comme l'avait imaginé P. Marshall, l'excellent géologue qui le premier, en 1935, les avait comprises, mais bien de très peu ordinaires coulées de gaz et de fragments de ponce, épandues en nappes de plusieurs milliers de mètres de large et fluant à des vitesses vertigineuses jusqu'à des dizaines et des dizaines de kilomètres de distance, plus de cent parfois.

En l'occurrence il ne pouvait s'agir de « pluies de feu » pour deux raisons : dans l'enthousiasme qui l'habitait à coup sûr alors qu'il découvrait que ces roches avaient été engendrées par l'autosoudage de myriades de lapilli encore fondus au moment de leur dépôt, Marshall n'avait pas pensé, d'une part, que ces lapilli, s'ils avaient été projetés très haut dans l'atmosphère, auraient été immanquablement trop refroidis par l'air – n'eût-ce été qu'en surface – au long de leur longue trajectoire, pour s'aplatir et se souder les uns aux autres; d'autre part, que des projectiles volcaniques (je ne parle pas ici des cendres de moins d'un millimètre que le vent transporte) ne peuvent être lancés aux distances de 50 à 100 kilomètres qu'atteignent les nappes d'ignimbrites.

On a fini par se rendre compte que celles-ci résultent d'énormes débordements d'une mixture, assez infernale, de lambeaux incandescents suspendus dans des gaz torrides. Ce brouet est fluide puisque sont fluides les gaz qui en constituent le continuum physique. Étant gazeuse, la coulée d'ignimbrites est incomparablement plus fluide que n'importe quel liquide. Ce qui explique non seulement les distances parcourues et les surfaces recouvertes mais les vitesses très élevées – vingt, trente mètres par seconde, voire le double ou le triple – de ces déferlements cyclopéens.

L'ennui est que l'on n'en a jamais observé. Du moins aucun témoignage n'existe d'éruptions ignimbritiques, ne serait-ce que parce qu'elles sont, dans l'instant géologique de l'humanité moderne, rarissimes : la seule connue à s'être produite au cours de toute l'époque historique est celle de Katmai, dans la péninsule de l'Alaska, le 6 juin 1912. Les témoins qui la virent, s'il y en eut dans cette partie alors à peine peuplée de ce coin perdu – mais somptueux – de l'Amérique, ne témoignèrent pas car ces témoins auraient été des Indiens pêcheurs et chasseurs. Et les premiers scientifiques qui cinq années plus tard atteignirent la région pour étudier cette éruption formidable n'en rencontrèrent pas.

Si l'époque actuelle ne délivre que vraiment fort peu de paroxysmes de cette espèce, nos ancêtres du néolithique et du paléolithique, contemporains ouest-américains, nippons, italiens, néo-zélandais ou balinais entre autres, de l'homme de Néandertal, de Cro-Magnon, de Lascaux, ont vu des nappes d'ignimbrites colossales ou ont été engloutis par elles. Il y a une demi-douzaine de millénaires à peine, ce qui est géologiquement minime, il en est encore survenues de formidables, en Oregon entre autres, de même qu'il s'en était produites d'immenses durant les millénaires prédédents – période où vécurent nos ancêtres directs appartenant à l'espèce Homo sapiens – du Japon au

Tibesti en passant par l'Italie et par des centaines d'autres régions actuellement paisibles (sous l'angle des éruptions ignimbritiques s'entend). Cela signifie qu'un jour à venir, quelque part dans le monde, une nouvelle émission colossale s'épandra, à des centaines de kilomètres à l'heure et jusqu'à des dizaines de kilomètres de distance. Si cela ne se produit pas dans une région déserte, le bilan sera effroyable : Saint-Pierre de la Martinique multiplié par cent ou par cent mille... La seule parade, de mon point de vue, c'est d'arriver à prévoir ce type d'éruption. On n'est pas à la veille de savoir comment...

L'immense et magnifique haut plateau andin s'étend sur plus de mille cinq cents kilomètres jusqu'en Bolivie et au Pérou, depuis les environs du 30e parallèle, au Chili. Il est constitué d'une étendue d'ignimbrites presque aussi immense. Surplombées tout du long par plus de deux douzaines de cônes volcaniques de cinq à sept mille mètres d'altitude, ces ignimbrites sont les plus somptueuses du monde et ravissent l'œil de l'amoureux des paysages grandioses. J'en avais un souvenir tel que j'aurais traversé les Amériques à pied pour me replonger dans cet univers de roches fauves, de montagnes glacées, de ciel pur et de soleil !

Chemin de fer, puis Land-Rover aidant, je n'eus pas à faire pareil pèlerinage. En passant je rendis d'abord visite à l'une des plus grandes mines de cuivre à ciel ouvert qui soient, Chuquicamata, immense cratère artificiel de terrasses en gradins ; je fis ensuite du tout-terrain au travers des champs d'ignimbrites dont la teinte est celle du pelage des lions comme des lamas ; je bivouaquai deux ou trois nuits dans ce désert d'altitude et j'arrivai à San Pedro de Atacama, un hameau-oasis niché à plus de quatre mille mètres au-dessus du niveau de la mer. Je n'y allais pas par hasard, mais parce qu'on m'avait conseillé, à Santiago, de rencontrer le père Le Paige. Il méritait le voyage, m'avait-on dit.

San Pedro comptait une douzaine de cases de torchis. Le révérend père en occupait deux : l'une était son habitation, aussi primitive que les cases voisines des Indiens, l'autre lui servait de musée. Musée ne comportant qu'une salle, de trois pas de large sur quatre de long, dont les murs étaient entièrement tapissés de pièces provenant des fouilles que ce missionnaire-archéologue-ethnologue poursuivait depuis deux ans, ayant été envoyé là-haut pour porter la bonne parole aux Indiens de l'altiplano. Le Paige était belge, je l'étais également en ces temps-là, et il venait du Congo, d'où je venais moi aussi : nous sommes tombés dans les bras l'un de l'autre!

A l'époque où je prospectais et extrayais la cassitérite au Katanga, le père Le Paige inculquait le catholicisme aux Congolais de la brousse et était censé extirper leur paganisme. Pour atteindre ce dernier objectif, ses supérieurs hiérarchiques lui avaient fermement conseillé (c'est lui qui me l'a raconté) de détruire, par le feu, autant d'idoles païennes que possible. Loin de les brûler, le père les collectionnait : leur beauté plastique, leur témoignage sur une civilisation millénaire et leurs significations ethnologiques étaient, dans son esprit, d'une importance telle qu'il fallait les préserver à tout prix, y compris au détriment de sa propre carrière.

La hiérarchie épiscopale, par sa hauteur de vue, par son intelligence constructive, par sa largeur d'esprit, par la noblesse de ses sentiments comme par celle de ses motivations, me semble digne des hiérarchies scientifiques et universitaires : le père Le Paige fut crossé sévèrement, rappelé en métropole, dépouillé des « idoles » qu'il avait rassemblées et qui sans doute furent détruites, et finalement envoyé dans les déserts salés de l'altiplano d'Atacama où, pensaient les cerveaux qui le condamnaient à cet exil dans un quasi no man's land, presque aux limites de la survie en altitude, ses « tendances à l'idolâtrie » se dessécheraient dans l'air sec et sous le soleil impitoyable.

Cette fois encore ces cerveaux ecclésiastiques se sont trompés comme se sont si souvent trompés certains cerveaux universitaires : non seulement il y avait là-haut un fabuleux gisement d'idoles païennes inhumées, mais les qualités exceptionnelles de Le Paige lui permirent d'en apprendre l'existence et de les ramener au jour peu à peu. Je ne me rappelle plus depuis combien de mois il procédait à ses fouilles archéologiques, mais le trésor rangé dans la paillote-musée était déjà stupéfiant : statuettes d'or massif – l'or massif me fascine par sa pure beauté minérale, comme le font la neige ou la glace, certaines roches, le ciel bleu... –, objets d'or pur, poterie à mes yeux peu compétents fort primitive encore, crânes humains par douzaines dont une bonne proportion avaient subi une trépanation, réussie comme le prouvait le contour arrondi de la perforation signalant une croissance post-opératoire de l'os crânien.Et, étonnantes, des momies.

Des momies très différentes de celles de l'Égypte ancienne, car elles n'étaient pas allongées en gisants mais accroupies en position fœtale; elles n'étaient pas entourées de bandelettes mais enveloppées dans les tissus dont devaient se vêtir ces gens. Le père Le Paige en avait exhumé plusieurs (j'ai oublié combien, car à mes yeux cela n'avait guère d'importance) et, devant mon étonnement et mon ravissement à la vue de ce qu'il me montrait et à l'écoute de ce qu'il me racontait, il me promit une surprise pour le lendemain matin et m'offrit l'hospitalité dans sa case-musée. L'amoureux d'or massif connut de la sorte un moment de bonheur peu ordinaire, d'autant qu'il clôturait une longue journée au milieu de paysages parmi les plus grandioses qui soient, par leur immensité, par la finesse de leurs lignes, par la délicatesse de leurs teintes, par la pureté de leurs ciels...

Soigneusement alignés sur des étagères allant du sol de terre battue à l'amorce du toit, les crânes me tinrent compagnie. Compagnie ni funèbre ni désolante, mais plutôt surprenante et quelque peu bizarre. Je m'endormis vite, du solide sommeil qui m'est habituel, je passai une nuit sans cauchemar et, dès l'aube, je retrouvai mon hôte. A quelques centaines de pas du village, les hommes qui procédaient aux fouilles avaient mis au jour, la veille en fin d'après-midi, l'épaule d'une momie et c'était au dégagement de cette dernière que Le Paige m'avait invité.

Sans employer d'outils ou presque, ils écartaient de leurs doigts la terre fauve, sèche. Petit à petit la silhouette apparaissait, d'une femme accroupie, encore jeune lorsque le trépas l'avait saisie, femme dont la chevelure longue et noire descendait jusqu'à terre. Cette chevelure m'impressionna au plus haut point par son apparente fraîcheur et par son aspect juvénile : qu'elle appartînt à une morte, de surcroît morte depuis des siècles, peut-être des millénaires, avait quelque chose d'incongru au possible... Cette impression n'était pas démentie par la peau du visage et même celle des mains et des bras, peau qui semblait de cuir, mais la couleur du cuir est celle de la peau des Indiens... France, ma femme, portait très longs ses cheveux, qu'elle a fort beaux. Lorsque, à mon retour du Chili, je lui montrai les diapos que j'en rapportais et qu'elle vit cette belle jeune fille momifiée, elle les coupa courts. Et je les regrette toujours!

En ces temps-là, j'étais très attiré par la préhistoire et par la « proto-préhistoire », je veux dire celle de nos ancêtres pré-hominiens. J'avais eu la chance, en 1948 et en 1953, de rencontrer à quelques reprises l'un des plus célèbres savants en ce domaine, Louis Leakey, qui résidait à Nairobi, en ce Kenya qui m'avait tout de suite fasciné par la beauté de ses paysages, fascination qu'avait dans le même temps rendue plus profonde la signification tectonique de l'Afrique orientale et qu'avaient renforcée encore les découvertes faites par Leakey dans les gorges d'Olduvaï : les hominiens seraient apparus dans le Grand Rift...

Quelques années plus tard, en 1956, lorsque j'arrivai pour la première fois dans l'île de Java, dont je rêvais depuis mes premiers pas en volcanologie, l'une de mes toutes premières visites fut pour la vallée de Trinil, où le Hollandais Eugène Dubois avait découvert en 1891 les premiers restes de pithécanthrope. En 1926, Teilhard de Chardin mit au jour, à Chou-K'ou-Tien en Chine, le premier fossile de sinanthrope. J'avais alors une grande admiration pour Teilhard, au point d'écrire un article sur lui dans *Le Monde* daté du 18 avril 1956, où je disais, notamment : « Ce que le père Teilhard apporte ici à l'humanité arrivée au point critique où elle se trouve, outre une vision rationnellement optimiste de l'avenir, c'est la démonstration essentielle qu'au sortir de la phase individualiste qui s'achève, désormais stérile – pis : nocive –, une évolution aussi prodigieuse attend l'humanité que celle qui, du galet taillé a conduit aux

“ cerveaux ” électroniques, du pithécanthrope à Einstein. Plus encore : après le premier “ pas fondamental ” de l’apparition de la vie, après le deuxième “ pas fondamental ” de l’apparition de la conscience réfléchie, un troisième “ pas fondamental ” est concevable, un nouveau “ stade ” peut être atteint par l’évolution, qui permettrait à l’humanité collective de pénétrer dans un stade ultra-humain dont les possibilités ne sont pas pour nous imaginables. » Lueur d’optimisme réconfortant dans la dégénérescence actuelle.

Il est évident, il est d’ailleurs normal, je dirais même il est naturel que l’homme s’intéresse en premier lieu à lui-même, donc à ses origines : *Homo sum et nihil homine...* Et ces origines ont quelque chose de fascinant, qui nous rattachent aux primates par pré-hominiens interposés. Nos aïeux moins éloignés de nous dans le temps, les hommes du paléolithique, du néolithique, de l’âge de bronze, par leur identité somme toute parfaite avec nous – nous sommes des Homo sapiens sapiens – curieusement m’intéressent moins que ces ancêtres tellement archaïques qu’ils appartiennent à une espèce animale différente de la nôtre. A San Pedro de Atacama, ce qui m’avait ému autant que l’avait fait le crâne de pithécanthrope vieux de centaines et de centaines de millénaires que j’avais tenu dans mes paumes à Trinil, ce n’était pas l’ancienneté de la momie mais, par l’effet d’une momification bien plus efficace que celle des tombes égyptiennes, une quasi-survivance.

J’espérais revenir sur cet altiplano grandiose d’Atacama à l’occasion du séjour que je comptais faire à nouveau au Chili en 1962 pour y reprendre l’étude de l’activité éruptive amorcée en 1961. Le coup d’État militaire du général Pinochet et mon allergie aux fascismes devaient m'interdire de Chili, de ses volcans et de ses trésors pré-incaïques.

*

A peine ai-je fini, à propos du Calbuco, de vous raconter que, contrairement aux idées reçues, un magma très visqueux peut fort bien donner des éruptions étonnamment paisibles, que viennent de se produire, coup sur coup, deux paroxysmes que les premiers rapports disent avoir été d'une violence rare, quoique parfaitement classique : au volcan japonais Unzen tout d'abord, au philippin Pinatubo ensuite, tous deux à magmas on ne peut plus visqueux. Et, de même qu'il m'était impossible de ne pas donner, il y a quelques mois, mon opinion sur la crise politico-militaire du Golfe, de même il me semble impensable de ne pas faire à nouveau un saut de trente années pour parler ici de ces événements volcanologiquement majeurs.

Je connaissais l'Unzen de vue. C'est-à-dire que j'y avais fait un bref détour en 1962 (ou en 1964) à l'occasion de l'une des visites qu'à cette époque je rendais au très actif Sakurajima. L'Unzen m'avait été signalé par Hitashi Kuno, en ces temps-là l'un des meilleurs volcanologues japonais et auquel je dois l'essentiel de ce que je sais du volcanisme nippon. Kuno m'avait dit que l'Unzen était d'autant plus redoutable que la plupart des gens supposaient ce volcan éteint (il y a une trentaine d'années de cela et, sauf les volcanologues et les sismologues, personne alors, hauts responsables inclus, ne connaissait grand-chose aux phénomènes telluriques). J'y avais donc jeté un coup d'œil mais guère plus, son activité étant nulle...

En novembre 1990, j'appris qu'il venait de se réveiller. Me souvenant de ce que Hitashi Kuno m'avait fait savoir il y a bien longtemps, je me dis que ses successeurs allaient avoir des choses bien intéressantes à observer et à mesurer. D'ailleurs, si trop d'obligations ne m'en avaient empêché, j'y serais parti aussitôt pour enrichir mon expérience en ce domaine. Pendant près d'une demi-année cependant, rien de bien exceptionnel ne se passa ou, du moins, aucun écho ne m'en parvint. Jusqu'au jour où le volcan se déchaîna. Il le fit en mai et juin 1991, libérant des nuées ardentes et projetant, haut dans l'atmosphère, de formidables quantités de gaz, de blocs, de lapilli et de cendres. L'un de ces paroxysmes surprit et anéantit une quarantaine de personnes, dont le jeune volcanologue américain Harry Glicken et les époux Kraft, des Français depuis environ vingt ans photographes de l'activité éruptive, et une bonne trentaine de journalistes. La question depuis m'a été posée un grand nombre de fois : « Était-ce prévisible, ont-ils commis une imprudence? »

La réponse est : non, dans l'état actuel de nos connaissances, il n'est guère possible de prévoir la libération soudaine d'une nuée ardente. Quant à l'imprudence... On commet une imprudence certaine en exerçant un métier qui vous oblige à prendre des risques : ainsi la profession de volcanologue scientifique – cas de Harry Glicken – ou celle de photographe de l'activité éruptive – cas des Kraft. Il y a beaucoup de métiers à risques – pêcheur en mer, mineur, pompier, pilote de formule 1 ou pilote d'hélicoptère, guide de haute montagne ou alpiniste professionnel, cascadeur, soldat, scaphandrier, torero, couvreur, voyageur de commerce circulant en automobile sur les routes françaises... Celui de professionnel des éruptions en est un également. Certains exercent de tels métiers parce qu'ils n'ont guère eu le loisir d'en choisir un autre, certains – la plupart d'ailleurs – par choix délibéré : pour la curieuse raison que le danger leur plaît, du moins jusqu'à un niveau acceptable.

La prise de certains risques, très improprement qualifiés de calculés (j'aimerais que l'on m'explique ce que l'on en calcule...), est indissociable de la pratique de ces métiers. Les trois professionnels à avoir trouvé la mort au pied de l'Unzen pensaient très certainement que le calme qui s'était établi allait leur permettre d'aller, les deux premiers, faire des images spectaculaires, le troisième des observations de la prochaine « coulée pyroclastique » telle qu'on l'appelle désormais – et selon moi improprement, car il s'agit de nuées ardentes. Les « calculs » auxquels ils s'étaient livrés à propos de cette coulée les ont trompés.

Ces pseudo-calculs en ont trompé bien d'autres, volcanologues, marins, montagnards, conducteurs de poids lourds, automobilistes du dimanche. Vous effectuez dix mille fois un dépassement quelque peu risqué sur une route à deux ou à trois voies et, la dix mille et unième, vous percutez un vis-à-vis. Le moniteur de ski hors piste ou le guide de haute montagne, qui connaissent mieux que quiconque la neige, ses charmes très incomparables mais aussi ses redoutables dangers, emmèneront des skieurs se balader en profonde des centaines, des milliers de fois et cela en toute sécurité. Et puis, un jour, pour des raisons qu'ils n'avaient pas prévues parce qu'elles n'étaient pas prévisibles, l'avalanche les surprendra. Avalanche glacée dans les Alpes, les Pyrénées ou les Himalayas, avalanche incandescente sur l'Unzen. C'est le métier. Un métier où il faut prendre des paris. Et les paris ne sont pas gagnés à tout coup...

En mars 1991, alors que le volcan nippon se déchaînait, un autre se réveillait aux Philippines, qui était supposé éteint. En fait, il dormait profondément depuis plus d'une demi-douzaine de siècles. Il était tellement peu considéré, même par les volcanologues, que jamais je n'en avais entendu parler, y compris lorsque je me rendais dans ce très volcanique archipel. On ne peut certes reprocher à qui que ce soit, sauf aux scientifiques spécialisés ès volcans, de considérer comme mort un cratère qui ne s'est plus manifesté depuis des siècles. Ne sont pas pardonnables, par contre, les volcanologues qui raisonnent de cette façon. Il y a un quart de siècle déjà, j'avais publié dans *Impact,* le bulletin de l'Unesco, un article destiné à mettre en garde contre les volcans prétendus éteints les responsables politiques des diverses nations qui en recèlent, de la France aux États-Unis, de l'Italie au Japon, de la Grèce à l'Indonésie, en passant par quantité d'autres pays.

Le Pinatubo, dont je viens de lire pour la première fois le nom, était à tel point déconsidéré que l'armée américaine avait établi dans ses environs deux de ses bases à l'étranger – Clark et Subic – parmi les plus puissantes et les plus sophistiquées. Or non seulement ce volcan « éteint » s'est réveillé mais, comme il fallait s'y attendre, il l'a fait avec une violence directement liée aux volumes et aux tensions de vapeur de ses gaz, d'autant plus grands qu'avait été long le sommeil réparateur : ici, sept siècles de repos durant lesquels se sont reconstituées les forces éruptives, c'est-à-dire la phase gazeuse à l'origine dissoute dans le magma.

Du coup, les journalistes tout comme les « citoyens

lambda » me submergent de nouvelles questions ou, plutôt, d'une nouvelle question cent fois répétée : « Ces deux éruptions jumelées, quelle est *la* cause qui les a déclenchées? » avec, sous-entendue, l'idée que c'est une seule et même cause qui est responsable des deux cataclysmes. J'ai entendu dans les médias un journaliste qui se prétend scientifique répondre que ces éruptions, ainsi que le cyclone tropical qui a frappé les Philippines au même moment, étaient dues à une activité éruptive exceptionnelle du Soleil. Et, dans un important quotidien du matin, un scientifique qui se prétend expert a déclaré que ces deux éruptions concomitantes résultaient d'un mouvement de plaques tectoniques. Sur une chaîne de télévision encore, un autre scientifique, qui se croit bon vulgarisateur, comparaît le magma qui sort par la bouche d'un volcan au dentifrice que vous expulsez du tube en comprimant celui-ci...

Ces âneries me laissent rêveur. Un magma ne fait jamais éruption que dans les zones d'extension de la croûte terrestre, jamais dans une zone de compression. D'où l'absurdité de comparer le volcanisme au tube dentifrice... Le volcanisme comme la sismicité résultent de l'expansion des fonds océaniques, on le sait depuis la fin des années cinquante lorsque la découverte de cette expansion a donné naissance à l'hypothèse de la tectonique des plaques, version moderne de la « dérive des continents » formulée par Alfred Wegener quarante années auparavant. Mais de là à attribuer une éruption – modeste ou paroxysmale, c'est tout comme – directement à un mouvement de plaque (avec ou sans *s* final) c'est montrer son ignorance des processus et des mécanismes éruptifs : toute éruption relève, essentiellement, de l'exsolution des gaz dissous dans le magma. Quant au « voisinage » de l'Unzen et du Pinatubo, elle vaut bien la théorie de la concomitance de leurs éruptions respectives : deux mille deux cents kilomètres les séparent et cinq mois s'écoulèrent entre les premières manifestations de l'Unzen (novembre 1990) de celles du Pinatubo (avril 1991)...

Les journaux, tant parlés qu'imprimés, ont rapporté des déclarations de fort doctes volcanologues, les uns affirmant, après les paroxysmes meurtriers de ces volcans, que le pire était passé, les autres qu'il était à venir. En vérité, dans l'état actuel des connaissances volcanologiques, il est impossible de prévoir quoi que ce soit sur la durée ou sur la violence d'une éruption de ce type. Le charlatanisme volcanologique, qui a pris ses lettres de non-noblesse lors de l'éruption de la Soufrière de la Guadeloupe en 1976, n'a hélas que trop proliféré depuis.

Les dernières nouvelles nous apprennent, ce 18 juin 1991, que le Pinatubo s'est calmé (mais, je le répète, il est impossible de savoir si, d'ici peu, il retrouvera ou non sa vigueur éruptive) et que l'Unzen, après quelques jours de relatif repos, fait de nouveau acte de violence. Les images télévisées nous montrent qu'autour du Pinatubo de vastes étendues sont recouvertes de cendres volcaniques, blanches comme de la neige, et que sur la mer flotte une épaisse couche de ponces.

Que sont les ponces? Ce sont des fragments de lave très « acide », autrement dit très riches en silice, ou encore très riches en feldspaths (lesquels sont des alumino-silicates de potassium, sodium et calcium), laves visqueuses au plus haut point, s'opposant de ce fait à l'échappement de leurs gaz et, dans le même temps, extrêmement riches en gaz, lesquels s'y trouvent piégés en myriades de petites bulles qu'une cloison mince à l'extrême sépare des bulles voisines. La nature chimique de ces laves leur donne en général – sauf pour les obsidiennes – une teinte fort claire et la proportion énorme des bulles les rend légères jusqu'à leur permettre de flotter sur l'eau. En même temps qu'elle leur confère, lois optiques l'imposant, une étonnante blancheur. Des ponces ne sont vomies que lorsque le magma est sursaturé en gaz. Cela vient d'être le cas du Pinatubo et explique les formidables nuées de cendres propulsées à vingt-cinq mille mètres d'altitude et plus.

Je vous explique cela en ce 18 juin 1991. En 1961, j'en aurais été bien incapable car, malgré les quatorze années d'expérience que j'avais déjà des éruptions, j'étais encore trop ignare pour comprendre ce qui, aujourd'hui, me paraît évident : je découvrais à peine que la quantité de gaz et leur tension de vapeur jouaient dans le phénomène éruptif le rôle essentiel, alors que la nature des laves n'avait, dans ces mécanismes, qu'une importance secondaire.

Août 1991 : nous rentrons après trois semaines passées au Pinatubo d'abord, à l'Unzen ensuite. Je vous en parlerai plus tard.

Troisième Partie

En cette année 1961, je passai sur l'Etna la moitié du mois de juin et six semaines en septembre et octobre. Ce temps, je l'employai d'abord à installer, de part et d'autre du vieil observatoire, les instruments – sismographes, barographe, etc. – hérités du défunt Centre belge de volcanologie, ensuite à essayer d'étudier l'activité, alors ininterrompue, de la Bocca nord-est.

Assez paradoxalement, les jeunes « volcanologues » qu'Alfred Rittmann avait acceptés au sein de notre Institut international nouveau-né ne manifestèrent guère l'envie de m'accompagner dans ces investigations. Dans ce désintérêt jouait bien sûr leur état de purs géologues, pour lesquels l'étude des gaz volcaniques et la mesure des débits d'énergie semblaient alors sans intérêt aucun, mais cette passivité intellectuelle m'étonnait tout de même beaucoup. A partir du moment où je compris qu'il était dû en bonne partie à la toute simple paresse, elle me choqua : en ces temps-là, depuis le terminus de la route, au lieudit Casa Cantoniera, vers mille neuf cents mètres d'altitude, il fallait tout faire à pied : la marche d'approche, mille mètres de dénivelée, amenait à l'Osservatorio Etneo (lequel n'avait guère servi d'observatoire, mais simplement de refuge de montagne) puis, plus haut, la montée moins douce conduisait aux bouches éruptives. Cela paraissait trop fatigant à ces diplômés frais émoulus...

Ma douzaine d'années de fréquentation, très assidue, de ce volcan fort actif me montrait à quelle vitesse peuvent évoluer les paysages volcaniques. En premier lieu le cratère central de l'Etna sur le fond plat duquel on aurait pu jouer au football tout à côté du vaste puits, la Vorágine, gouffre actif depuis des millénaires : quelques années plus tard ce vaste plancher allait être creusé de deux autres puits éruptifs, larges et profonds... Il en va de même de la Bocca nord-est qui, depuis son apparition en 1911 au pied du cône terminal et trois cents mètres sous son sommet, n'avait été qu'un autre puits, plus continuellement actif encore que la Vorágine et que, année après année, j'avais vu telle jusqu'en 1971 ; alors, en quelques douzaines de mois, elle s'est entourée d'un talus circulaire haut de plus de cent mètres, dont l'altitude finit par dépasser celle du cône central...

Même les vastes plaines à peine pentues qui s'étendaient sur le flanc méridional jusqu'à quatre cents mètres plus bas en dénivellation, la Montagnola, se sont transformées à en être méconnaissables. De lisses qu'elles étaient quand je les ai connues, douces à l'œil sous leur épais manteau fait des fines poussières volcaniques qui tombent sans discontinuer du panache exhalé par les bouches en activité ininterrompue, elles ont été, à partir de 1971, transformées en chaos quasi infranchissables par les innombrables coulées qui s'y sont épandues plusieurs mois durant. Mais, à leur tour, les plus anciennes de ces nouvelles coulées commencent à être ensevelies déjà sous les cendres qui continuent à pleuvoir et l'enfer du marcheur n'est plus que purgatoire et demain de nouveau sera paradis. A moins que quelque coulée ne survienne entre-temps...

Non loin de notre refuge-observatoire, une circonférence de trente ou quarante mètres de diamètre, matérialisée par une crête d'environ un mètre de haut, dessin pur sur l'étendue presque horizontale de cendres fines, circonscrivait naguère un cercle parfaitement plat, entouré de quelques hectares presque aussi plats : c'était ce qui restait du cratère terrifiant qu'un voyageur français avait visité en 1819, peu après qu'il se fut brusquement ouvert, et qui couronnait alors le sommet d'un cône roide, difficile à gravir, cratère qui tombait à pic dans d'insondables intérieurs. En un siècle et demi, ce gouffre avait été comblé par les averses de cendres lancées par la Vorágine et le cône que ce cratère latéral avait édifié lors de son éruption avait été peu à peu enseveli. Dès la première fois où je l'aperçus, je l'avais baptisé le « cratère lunaire », tant il en avait l'aspect. Aujourd'hui tout a disparu sous les coulées et les cendres récentes et nulle trace ne demeure, en surface, de l'éruption de 1819...

En juillet 1961, nous nous retrouvâmes, Gaston Rebuffat, Pierre Tairraz, Christian Mollier et moi, pour achever la partie du film *Entre terre et ciel* interrompue quatorze mois auparavant par mon départ précipité pour le Chili et son colossal séisme. Ces perfectionnistes de l'image qu'étaient Pierrot et Gaston nous obligeaient, pour chacune des prises de vues, à passer beaucoup de temps. Mais le temps ne comptait pas alors pour nous et cela nous fit des journées entières de pur et simple bonheur. Bonheur de réaliser quelque chose – ce qui, avec la pensée et la parole, est bien la caractéristique essentielle de l'homme –, et de le réaliser dans l'insurpassable splendeur de la haute montagne que le soleil inonde.

Le « clou » de notre traversée ouest-est du Mont-Blanc, ce ne fut pas l'ascension par sa face nord – facile – de la belle aiguille de Bionnassay, mais l'igloo que nous avons construit tout au sommet de l'Europe, à 4 810 mètres d'altitude, et la nuit que nous y avons passée. A l'époque, il y avait cent fois moins d'alpinistes et dix mille fois moins de touristes qu'aujourd'hui : dès le milieu de l'après-midi nous étions seuls là-haut – merveille ! Le temps était beau, la lumière belle, belle sur les milliers de kilomètres carrés de neige, de glace, de roc, de montagnes, de pics et de collines lointaines qui nous entouraient de tous côtés, et nous avons contemplé le soleil se coucher. Un soleil de Van Gogh.

Nous avons alors aménagé nos quatre nids, parallèles, sous la coupole que nous venions de construire, nous avons fait cuire notre repas sur le réchaud à gaz (ce qui nous obligea, comme d'habitude, à nous mettre torse nu, tant monte vite la température dans un igloo), nous avons soufflé la bougie et nous avons plongé dans le sommeil incomparable que ce genre d'habitation dispense à qui a bien rempli sa journée.

Le lendemain, par un temps toujours resplendissant, nous sommes redescendus par le Mont-Blanc du Tacul et le mont Maudit. Aujourd'hui ces montagnes sont, elles aussi, transformées en grand-routes pour caravanes d'alpinistes montés en téléphérique jusqu'aux trois mille huit cents mètres de l'aiguille du Midi, mais il y a trente ans, l'itinéraire, quoique facile, était peu fréquenté encore. Aussi notre surprise fut-elle grande d'apercevoir, loin dessous, une cinquantaine de points noirs, apparemment en cordées de dix, qui s'acheminaient vers le sommet que nous venions de quitter. Une demi-heure plus tard nous tombions dans les bras de Walter Bonatti, dans mon esprit le meilleur alpiniste de sa génération et sans doute le plus rigoureux. Il conduisait au Mont-Blanc une compagnie d'Alpini, les chasseurs alpins de l'armée italienne, qui fredonnaient « un mazzoli-i-in di fiori, chi vien della monta-a-agna... » Cette chanson classique de chez nos amis, je l'ai eue en tête des semaines durant !

*

La moitié de cet automne-là nous la passâmes sur l'Etna à expérimenter diverses méthodes pour tenter de connaître la composition originelle de ses gaz éruptifs. M'accompagnaient des experts, tantôt Marcel Chaigneau, tantôt Yvan Elskens, spécialistes de la chimie du gaz. Nous avions déjà essayé différents types d'ampoules pour les échantillonner en vue des analyses au laboratoire, mais nous n'étions pas tellement satisfaits. D'une part, en effet, nous n'analysions, en fin de compte, que des gaz refroidis dont, par conséquent, les constituants, théoriquement en équilibre chimique aux hautes températures auxquelles ils étaient exhalés, ne l'étaient plus aux quelque 20 degrés Celsius du labo : ils ne pouvaient qu'avoir plus ou moins réagi les uns avec les autres, voire avec l'oxygène de l'air que certains types d'ampoules laissaient entrer, ou encore avec l'eau condensée à partir de la vapeur, et avoir ainsi conduit à des composés différents de ceux que l'éruption émettait. D'autre part, toujours à cause du refroidissement des échantillons, certaines molécules telles que l'eau, bien sûr, mais aussi le soufre, des chlorures, des sulfates et autres sels minéraux, étaient passés de l'état gazeux à l'état liquide ou solide. Du même coup, la phase gazeuse que nous analysions n'était plus guère représentative de ce qu'elle avait été lors de son émission. Du même coup encore, nos résultats ne présentaient pas tellement plus d'intérêt que ceux de nos prédécesseurs.

Les unes après les autres, nous mettions à l'épreuve des méthodes d'échantillonnage et d'analyse, tant celles qui existaient que celles que mes collaborateurs inventaient. Mais déjà j'étais convaincu qu'il fallait procéder aux analyses sur place et, si possible, dans l'instant même du prélèvement, et non plusieurs jours ni même quelques heures après.

Ces analyses sur le terrain, nous les mîmes en route cette année-là avec un appareil d'Orsat, instrument classique et fiable mais jamais encore utilisé sur les volcans. Pour diverses raisons, nous devions d'ailleurs l'abandonner peu d'années plus tard. Cette fois-là, nous avons aussi tenté d'utiliser la spectrométrie de flammes, à l'imitation de ce que mon camarade l'astrophysicien Armand Delsemme avait réussi au Niragongo. Mais nous, nous ne réussîmes rien, démontrant une fois de plus qu'il faut être suffisamment spécialisé dans une discipline scientifique, voire dans une technologie donnée, pour prétendre s'en servir de façon valable.

Le mois de décembre de cette année 1961 fut pour moi un régal – l'agenda de mes rendez-vous me le rappelle – car, outre les matches de rugby hebdomadaires dans notre modeste championnat de division inférieure de l'Ile-de-France, j'en jouai deux avec les JHOB – deux parties de qualité que de surcroît nous avons gagnées, la première à Bayonne contre une sélection d'anciens de la côte basque, la seconde à Bègles contre une sélection de la côte d'Argent. JHOB, c'étaient les initiales des Jacques Hertet Old Boys, et Jacques Hertet avait été le nom de plume de Robert de Thomasson (RT), un journaliste tué dans un accident de la route et à la mémoire duquel son ami Philippe Chatrier avait constitué une équipe d'anciens internationaux. Il les avait choisis non seulement pour leurs évidentes qualités de joueurs de rugby, mais aussi en raison de leur façon d'être. Une sorte de « Barbarians » d'anciens.

Les Barbarians sont une équipe d'internationaux en activité – c'est-à-dire des jeunes, non des vétérans – appartenant aux quatre nations des îles Britanniques. De temps à autre ils invitent à les rejoindre quelque joueur d'autres pays. Si les Barbarians, sportivement parlant, considèrent ces pays comme moins aristocratiques que le leur, ils peuvent néanmoins en admettre quelques représentants, à condition que ces derniers possèdent des qualités rugbystiques et un fair play propres à renforcer cette élite de l'élite que sont les Barbarians dans l'opinion insulaire. Pour Philippe Chatrier, les JHOB devaient présenter les mêmes caractéristiques, mais étaient constitués d'internationaux français ayant « raccroché les crampons », c'est-à-dire ayant, l'âge venant, renoncé à la haute compétition. Comme chez les Barbarians, il arrivait qu'à l'occasion de telle ou telle partie, Chatrier invitât à jouer à nos côtés un Anglais ou deux, un Irlandais, un Gallois, un Écossais ou deux, voire un Américain.

Parmi ces joueurs, il y en avait quelques-uns à n'être pas *ruggers* (qu'en « français » on appelle d'un mot anglais que les Anglais ignorent : « rugbymen »...), mais qui avaient été champions en quelque autre discipline, athlétisme surtout – tels Marcel Hansenne, Georges Damitio (ancien recordman de France du saut en hauteur), Ignace Heinrich (pendant dix ans champion et recordman du décathlon), ainsi que quelques journalistes spécialisés en rugby... Un jour où, au vestiaire, j'essayais pendant que nous nous équipions d'excuser mes insuffisances – flagrantes – dans le maniement du ballon ovale, Robert Soro – surnommé par les Gallois le « lion de Swansea » depuis un Galles-France tonitruant dominé par ce monument de force physique, d'intelligence du jeu, de ruse matoise, d'adresse et de volonté – Soro me dit, avec l'accent rocailleux de ses Hautes-Pyrénées natales : « Toi, Haroun(e), t'es international (e) des volcangs. Donc, tu as ta place chez les Jacques Hertet. » Ainsi fut clos le procès que je me faisais à moi-même depuis que Philippe Chatrier m'avait invité à faire partie de cette équipe hors du commun et à laquelle je n'apportais guère plus, poussant en mêlée, que ma force d'animal. Les avants, au rugby, on les appelle d'ailleurs les « bestiaux ». Et j'étais plus bestiau que les autres !

Le pilier de mêlée (*front-prop* comme on dit en anglais) que j'étais mettait un point d'honneur à ne pas reculer d'un pouce, même face à quelque monstre pesant cent kilos de muscles, même si, l'année d'avant, ce monstre jouait encore pour l'Angleterre, pour le pays de Galles ou pour l'Irlande. J'avais un jour demandé des conseils à un ancien pilier de l'équipe de France et du « grand Lourdes », ce Football Club lourdais qui avait dominé le championnat national durant la décennie cinquante. Ce gars ne pesait pas tellement plus que moi, c'est-à-dire guère plus de quatre-vingt-cinq kilos, mais, malgré cette insuffisance de masse, il avait été un très formidable pilier. Il s'appelle Diochet Manterola et ce qu'il m'a dit un jour m'a permis de n'être pas ridicule dans les plus rudes des affrontements. Ses conseils avaient porté, d'une part, sur la technique, c'est-à-dire sur la façon de se tenir et de doser son effort en fonction et du pilier d'en face et du moment de l'introduction du ballon sous la mêlée; d'autre part, sur la psychologie : « Tu décides de ne pas reculer, m'avait dit Diochet, et tu ne recules pas. » L'expérience m'a permis de constater combien ce pouvait être vrai. Et pas seulement au rugby!

Parfois, il me fallait produire un tel effort pour soutenir la poussée que j'en avais un voile dans les yeux au moment où, balle sortie de la mêlée, je pouvais enfin me redresser. Cette seconde d'aveuglement partiel me semblait interminable. D'une part parce qu'il y a sans doute quelque chose de physiologiquement et psychologiquement inquiétant à se trouver soudain privé de la vue, d'autre part parce que ne voyant pas où il fallait courir – c'est-à-dire vers le ballon –, j'éprouvais un complexe de culpabilité. Car, outre le fait de pousser lorsqu'il le fallait, je ne pouvais guère apporter à l'équipe que cette présence d'un bonhomme là où elle pouvait être utile. J'étais en effet venu beaucoup trop tard au rugby, tant pour en maîtriser les innombrables finesses que pour montrer le minimum d'adresse sans laquelle on ne peut espérer devenir un joueur acceptable.

Mais la chance exceptionnelle qui fut la mienne en ce qui concerne le rugby, celle de jouer des années durant avec et contre les meilleurs, m'a permis de voir « de l'intérieur » et, mi-acteur mi-spectateur, de presque participer à des mouvements exceptionnels. Voir cela du dedans du jeu et non de l'extérieur était un régal que seuls des joueurs de rugby peuvent apprécier vraiment !

Bien sûr, ce que je raconte là ne passionnera pas tout le monde. Mais le sport, la pratique du sport surtout, a tenu dans ma vie une place telle que n'en pas parler dans cet essai – non transformé – serait trahir la vérité.

*

Le mois de mai 1962, je le passai au Japon, à l'occasion d'un symposium international de volcanologie. Les congrès, colloques, séminaires et autres appellations données à ces rassemblements ont engendré, en se multipliant, une importante industrie nouvelle, le néo-tourisme universitaire : industrie fondée sur l'acheminement, l'hébergement, l'alimentation, les loisirs des participants et, tout de même aussi, sur la logistique des réunions – salles, traductions simultanée, projection de diapos ou de transparents, vidéo, etc. Contrairement à ce que j'ai trop longtemps cru, ces rassemblements présentent moins d'intérêt par les communications que l'on y peut entendre – sauf, parfois, lorsqu'un conférencier de grande valeur expose des résultats inédits ou une thèse originale à propos d'un sujet digne d'attention – que par les rencontres avec quelques collègues remarquables venus de tous les coins du monde : les discussions à deux ou à quelques-uns, lorsque ces interlocuteurs sont dignes de confiance scientifique, sont incomparablement plus fécondes que les désormais universelles « tables rondes », « séances plénières » ou, pour parler branché, « workshops ».

Évidemment, je retrouvai là, et avec beaucoup de plaisir, les collègues nippons qui étaient devenus mes amis et, parmi eux, Daisuke Shimozuru, Hitashi Kuno et le vénérable Minakami, notre très respecté ancêtre à tous. Je fis d'autre part connaissance de jeunes dont certains allaient devenir de grands savants dans leur domaine respectif. Il y avait également une jolie représentation de la volcanologie américaine, avec de célèbres bonshommes comme Howel Williams, Gordon Mac Donald ou Bob Smith, et des moins de trente ans – la relève, qui elle aussi allait faire du bon travail. J'y retrouvai Guiorgui Gorshkov, dont j'avais fait la connaissance à Helsinki et qui était devenu le patron de la volcanologie soviétique, laquelle, ainsi que l'américaine et la japonaise, reprenait vie après la longue léthargie que la Seconde Guerre mondiale avait provoquée.

Avant de rejoindre le congrès à Tokyo j'étais allé dans le sud de l'île méridionale, Kyushu, rendre visite au Sakurajima où, une demi-douzaine d'années auparavant, nous avions observé une activité impressionnante depuis le bord du cratère. Au pied du volcan, l'université de Fukuoka avait installé un observatoire ultra-moderne, équipé de sismographes, bien sûr, mais aussi d'extensomètres en superinvar – longs de vingt mètres et placés dans un tunnel pour être à l'abri des variations de température – d'un inclinomètre à eau, tuyau enterré de cent mètres, deux pendules horizontaux... J'y passai quelques heures à discuter avec le directeur et il finit par reconnaître que je n'avais pas tellement tort lorsque je disais qu'il manquait à ce bel équipement géophysique, installé à quelques kilomètres à peine du cratère mais mille mètres plus bas, premièrement de quoi observer les phénomènes éruptifs, hors de vue de l'observatoire, deuxièmement de quoi mesurer les débits de matière – laves et gaz – et les débits d'énergie, thermique et mécanique.

Pour rentrer à Tokyo je fis le crochet de Nagasaki, toute proche, et fus stupéfait de trouver en pleine reconstruction une cité que l'opinion du monde entier considérait comme maudite à jamais et à jamais inhabitable, le plutonium pulvérisé par la bombe atomique étant mortel à doses infimes et devant le demeurer pour une quasi-éternité humaine : vingt-quatre mille ans de « demi-vie », si je ne me trompe. (Si je ne me trompe... A raconter ainsi ce que je voyais ou vivais il y a trente ans de cela, je me pose des questions sur l'exactitude de certaines de mes affirmations : Nagasaki, était-ce en 1962 que je l'ai visitée ou à l'occasion de l'un de mes autres voyages au Japon?) Ce dont je me souviens, c'est de mon étonnement, de ma stupéfaction même, à voir les gens, tous apparemment normaux, tous apparemment en bonne santé, tous apparemment indifférents au plutonium et autres retombées radioactives.

Au congrès, apprenant que je rentrais du Sakurajima dont l'activité avait conduit les responsables de cette rencontre internationale à en supprimer la visite, de jeunes collègues américains me demandèrent de les conduire au cratère de l'Asama, le volcan tout proche de Karuizawa où ce jour-là nous étions réunis, qui grondait par moments et montrait quelque activité. Avec mes quarante-huit ans d'âge, dont quatorze d'expérience volcanologique, j'étais un peu, à leurs yeux qui en avaient vingt de moins, le « vieux de la montagne ». Cela m'étonnait d'autant plus que j'avais l'impression que les caciques, au contraire, me prenaient pour un gamin inconséquent.

Interdits de Sakurajima et d'Asama pour des raisons de prudence, les jeunes volcanologues américains, peu expérimentés en matière d'éruption en dehors de celles du Kilauea, n'osaient s'aventurer seuls sur l'Asama et trouvèrent mon arrivée providentielle. Je répondis bien sûr positivement à leur demande et nous décidâmes de partir dès potron-minet pour le cratère. Mais, moins d'une demi-heure plus tard, les organisateurs du congrès vinrent me trouver pour me demander – le volcan étant pour le moment supposé dangereux – de ne pas y emmener ces ouailles imprévues. J'eus beau leur opposer les quasi-certitudes d'absence de risques, auxquelles me faisait croire l'expérience que j'avais, je n'arrivai pas à les convaincre. Nous en avons discuté jusqu'à minuit, en toute courtoisie extrême-orientale, et je finis par capituler. Dans mon agenda, au bas du feuillet à la date du 9 mai, j'ai noté trois mots : « I do yield », je cède...

En tant que responsables, les responsables japonais avaient raison d'exiger un maximum de prudence, c'est-à-dire, sinon d'interdire cette balade d'une dizaine de personnes, du moins de la déconseiller fortement : le démontre ce qui vient de se produire ce 3 juin 1991 au pied de l'Unzen, en ce même Japon, où une quarantaine de personnes ont été anéanties par une nuée ardente. L'Asama de 1962 avait cependant une activité toute différente et les risques y étaient vraiment moins que minimes. Du moins les estimais-je tels.

*

Du Japon, via l'île de Hawaii et ses deux volcans actifs, Kilauea et Mauna Loa, nous gagnâmes Anchorage et la très volcanique et très belle péninsule de l'Alaska. Le 6 juin 1962, cinquante ans jour pour jour après ce qui, dans mon esprit du moins, fut la plus exceptionnelle des éruptions de ce siècle, nous plantions nos tentes près de la vallée des Dix Mille Fumées. The Valley of Ten Thousand Smokes est le nom que lui donnèrent Fenner et ses coéquipiers géologues lorsqu'ils la découvrirent du haut du col qu'ils venaient de gravir, depuis le détroit qui sépare la péninsule de la grande île de Kodiak. Cinq années après qu'elle eut pris fin, ils étaient venus étudier « post mortem » cette éruption dont on n'avait connu, vu de la mer, que le formidable panache sombre et, enregistrés à mille kilomètres de là, les séismes accompagnateurs.

Innombrables, fumerolles, jets de vapeur sous pression, *soffioni* fusaient encore de l'étendue couleur fauve doré qui s'en allait jusqu'à l'horizon lointain, étendue constituée par les coulées consolidées et refroidies de ponces incandescentes qui avaient déferlé les 6, 7 et 8 juin 1912 à partir (nous devions nous en assurer en 1962) de fractures soudainement ouvertes sous la poussée du magma souterrain. Plus de sept millions de mètres cubes, quinze millions de tonnes, de fragments de lave visqueuse, entraînés par des millions de mètes cubes de gaz torrides, avaient flué dans cette vallée. Ils l'avaient colmatée sur plusieurs dizaines de mètres d'épaisseur et jusqu'à trente kilomètres des fissures qui avaient engendré l'éruption, fissures étirées d'est en ouest au pied du volcan Katmai (prononcez comme « ail »).

L'éruption qui a engendré la vallée des Dix Mille Fumées est cependant de dimensions modestes comparées à celles d'un passé géologique récent : trente kilomètres de long sur cinq à huit de large, soit quelque deux cents kilomètres carrés, vingt milliers d'hectares. J'en ai vu de nombreuses, vieilles de quelques millénaires seulement, qui couvrent cinq ou six fois plus de terrain. Lorsque s'en produiront de nouvelles, si cela se passe non dans une région quasi déserte comme l'était celle du Katmai, mais dans un pays très peuplé, et si la nappe engloutit une ou plusieurs cités comptant au total un million ou quelques millions d'habitants, alors...

Voilà pourquoi, faute de pouvoir étudier ce type d'éruption *in vivo,* nous essayons d'en connaître les caractéristiques et d'en comprendre les mécanismes par l'analyse des nappes les plus récentes, celles du pléistocène et celle, actuelle, unique, de la vallée des Dix Mille Fumées. Cette visite de 1962 était la première que je lui rendis. Le petit mémoire que nous en avons publié, Pierre Bordet, Giorgio Marinelli, Mario Mittenberger et moi, a eu au moins un résultat positif : celui de réveiller l'amour-propre des volcanologues américains et de les inciter à reprendre une étude que leurs prédécesseurs avaient amorcée près d'un demi-siècle auparavant.

Lorsque, une année seulement plus tard, je suis revenu en ces lieux volcanologiquement fabuleux, on ouvrait à partir de King Salmon, surnommé *anglers'paradise,* « paradis des pêcheurs au lancer », une route pour y conduire. Il est certain qu'il est plus simple de se rendre dans la vallée en voiture tout-terrain que de s'y faire déposer par l'un des petits avions amphibies qui pullulent en ce pays aux lacs innombrables et de devoir marcher, ensuite, longtemps, jusqu'aux endroits qui vous intéressent. Mais si la route offre cet avantage, elle a l'inconvénient, grave à mes yeux, d'ouvrir un pays somptueux au tourisme de masse, cette pollution majeure, protéiforme et trop souvent irréversible. Ce n'est pas tant le nombre des touristes qui nuit, mais leur vulgarité, leur ignorance, leur laideur, leurs déchets, leurs vacarmes.

Lorsque nous parcourions le Japon lors du congrès de volcanologie, des collègues américains nous avaient mis en garde contre le danger que représentent les ours en cet Alaska où nous allions nous rendre. Celui de Kodiak, bien sûr, géant redoutable parce qu'assez agressif, mais même l'ours brun ordinaire, surtout lorsque, attiré par l'odeur de nourriture, il déchire votre tente à la recherche de *quem devoret*. Seule consolation, il n'y a pas d'ours blancs – les plus terribles dit-on – sur la péninsule d'Alaska... Par contre, les représentants des autres espèces sont innombrables. Or France, au contraire de son époux, n'éprouve pas de plaisir anticipé – et quelque peu pervers – à l'annonce d'un danger à venir, quel qu'il soit. Moi, l'idée seule de l'ours me ravit. A cause de sa bonne gueule, de ses grosses pattes, de son allure pataude, de sa fourrure.

Je me demande si l'épaisseur de la fourrure d'un animal ne remue pas notre inconscient de descendants de l'homme des cavernes – notre aïeul à la quatre centième génération à peine, qui vécut durant la grande glaciation du Würm. Ne réveille-t-elle pas un sentiment de confort face aux froids rigoureux qui régnaient en ces âges en vérité peu éloignés ? Et, dans le subconscient de certains, dont je suis, cette impression de sécurité donnée par la fourrure n'est-elle pas étendue à l'animal qui la porte ? Aussi, lorsqu'on me dit l'ours dangereux, c'est à peine si – à tort bien sûr – je le crois. D'autant qu'une longue expérience des animaux – domestiques évidemment puisque, à l'Agro, je les ai professionnellement et longuement fréquentés, mais sauvages aussi, pour avoir vécu parmi eux dans les savanes de l'Afrique orientale – m'a convaincu que, pour ne pas être attaqué, il suffit de ne pas avoir peur (la peur, dit-on, fait sécréter des odeurs spécifiques que l'animal interprète) et de regarder ce dernier droit dans les yeux. Mais ces raisonnements ne convainquaient pas du tout France et ce qu'on nous racontait sur les ours ne l'enchantait nullement. Alors que j'achève d'écrire ce bouquin, elle vient de marquer un point : le gros chien de berger de mon ami Jean Teillac vient de me planter quatre fameux crocs dans l'avant-bras, alors que je lui parlais, que je le regardais dans les yeux et que j'avançais la main pour lui tapoter la tête...

Des volcanologues américains habitués de l'Alaska nous avaient donné un moyen, infaillible disaient-ils, pour ne pas connaître avec les ours de surprises désagréables : il ne fallait jamais les surprendre et il convenait, pour cela, de toujours s'annoncer, d'une façon ou d'une autre, soit en causant, soit, lorsque l'on est seul, en chantant, en déclamant des vers ou en exposant à haute voix ses théories volcanologiques. Aussi, de la première journée où nous avions établi notre campement sur la berge du minuscule lac peuplé de castors où le petit hydravion nous avait transportés deux par deux – car il ne pouvait prendre que deux passagers –, France fredonnait-elle tout au long du jour. Ce qui représentait une performance car, en juin et en cette région, le jour dure vingt-quatre heures. C'est d'ailleurs l'un des charmes de ce pays.

Assez vite, les camarades (sauf Pierre Bordet et Bob Dewey, le ranger des Parcs nationaux qui nous accompagnait) prirent un malin plaisir à faire de temps à autre sursauter mon épouse par un soudain : « France, un ours ! » Cela marchait chaque fois. Mais le jour où ce fut vrai et où Bordet lui cria « France, un ours! », cette fois-là France n'y crut pas. L'ours d'ailleurs se sauva avant France elle-même!

*

Malgré l'intérêt parfois passionné que je portais à la chose publique, autrement dit à la politique, malgré les événements d'importance première qui se déroulaient à cette époque dans le monde, y compris dans mes deux patries d'adoption, la France et la Belgique, malgré mes prises de position, toujours tranchées, jamais dissimulées ni prudentes, je ne consacrais plus à ces problèmes – qui n'en restaient pas moins essentiels à mes yeux – que le temps nécessaire pour me tenir au courant. Et je ne me tenais au courant qu'en fonction de l'importance que j'accordais à la politique du monde.

Ces années foisonnaient d'événements : ce qui se passait dans l'ex-Congo belge – arrestation et assassinat de Patrice Lumumba, prise du pouvoir par Moïse Tschombé, émergence de Mobutu –, tout ce qui accompagnait la guerre d'indépendance de l'Algérie – putsch des généraux, ouverture de la conférence d'Évian, attentat contre le général de Gaulle, terrorisme antigaulliste de l'OAS, signature du cessez-le-feu à Évian, deuxième attentat, au Petit-Clamart, contre de Gaulle. Et aussi l'édification du mur de Berlin, la tentative de débarquement dans la baie des Cochons, l'affrontement américano-soviétique par Cuba interposée, l'abandon de la soutane par les prêtres, l'arrestation et le jugement d'Eichmann et d'autres criminels nazis... 1961 vit aussi le premier homme dans l'espace extra-terrestre, Youri

Gagarine, Soviétique, et 1962 le deuxième, John Glenn, Américain.

Je ne me sentais pas le droit de « faire de la politique », c'est-à-dire d'essayer d'influer, par la parole ou par l'écrit, sur le cours de certains événements ou de certaines décisions de nature politique car, habitant désormais la France et y travaillant, j'étais toujours de nationalité belge, donc étranger. Cette « obligation de réserve » me pesait parfois, mais elle me libérait en revanche des soucis divers qui accompagnent tout engagement public sérieux.

En Belgique non plus, je ne fis plus de politique. Vieilles amitiés et travail universitaire obligeant, je m'y rendais quasiment chaque semaine. Mais, quoique je n'approuvasse guère la façon dont ce pays conduisait la décolonisation, cette décolonisation dont j'avais été cependant un partisan tellement actif, je gardais mes critiques en mon for intérieur. Cela, en partie, par manque de temps, mais aussi du fait de la lassitude qui avait fini par envahir en ce combat celui qui, comme je le suis, n'est pas politicien mais politique, et dont le seul objectif est un peu plus de justice, celui qui n'a pas pour but la satisfaction d'ambitions personnelles mais le bien de cette fichue espèce humaine à laquelle il appartient, écœurante et tout à la fois enthousiasmante.

Il en va exactement de même dans la plupart des autres sphères d'activité : recherche scientifique, enseignement, diplomatie, médecine, économie, et aussi dans les arts, le commerce, la banque, l'administration, que sais-je encore. Vanité et soif d'argent, je ne me lasserai pas de vous le redire, jeunes gens, entravent partout le développement d'une civilisation véritable. C'est vieux comme la société : papyrus d'Égypte, manuscrits chinois, tragédies d'Eschyle, entre autres sources très antiques, nous le disent et il est bon de ne jamais l'oublier. Il n'y a donc guère d'espoir de voir, d'ici le prochain âge glaciaire, l'humanité perdre ses côtés négatifs. Ce n'est pas non plus une raison de désespérer : l'humanité a survécu à plus d'une demi-douzaine de millénaires de vice au pouvoir, mais quelques éclaircies, au long de ces siècles d'injustice, ont permis des progrès stupéfiants. Ce sont eux qui devraient vous inciter à vous battre, pour vous-même, certes – et c'est d'ailleurs cela et, depuis la Seconde Guerre mondiale, exclusivement cela que l'on vous inculque dans les écoles –, mais aussi pour un accroissement continu de justice, de toutes les formes de justice. C'est, je vous l'assure, drôlement tonique !

Ne pas faire de politique me laissait le temps de m'occuper davantage de mes propres affaires, alors presque exclusivement liées à la volcanologie. Née tout soudain en mars 1948, lorsque m'avait été révélé le phénomène éruptif, ma passion ne s'était nullement apaisée. Au contraire même, puisque plus j'apprenais en ce domaine, plus se multipliaient les questions auxquelles il fallait essayer de trouver réponse. Je n'avais donc plus guère le loisir de penser à autre chose.

Heureusement il y avait aussi la vie privée et la pratique des sports, sinon j'aurais pu devenir maniaque. N'étant plus en effet financée, depuis 1950, que par moi, « ma » volcanologie m'obligeait à gagner l'argent nécessaire, tant pour l'instrumentation que pour ce qu'on appelle les « missions », c'est-à-dire les frais de voyage, d'hôtel, de nourriture, de transport... Pour quelqu'un qui bénéficie des deniers publics, ce ne sont guère là que broutilles. Pour celui qui doit les assumer lui-même...

La chance me faisait parfois rencontrer des gens intéressants, voire des personnages hors du commun. Paris était à cet égard *la* ville par excellence. Ce fut en ces années-là que je fis ainsi la connaissance de trois écrivains que j'appréciais beaucoup et pour des raisons bien diverses : Jeff Kessel, Vercors et Antoine Blondin. Le premier par un ami commun, le second par mon père (auquel il ressemblait assez), le troisième par le rugby. Je n'ai jamais parlé ni littérature ni du métier d'écrire avec aucun d'entre eux. Pas plus que je n'ai parlé peinture ou métier de peintre avec les peintres que j'ai connus. Et je le regrette, aujourd'hui où la plupart de ces personnages qui étaient devenus des amis sont morts, comme est morte ma mère, qui fut un peintre parmi les plus solides, comme est mort son époux, mon père adoptif, qui fut un poète exceptionnel et avec lesquels je n'ai jamais parlé, vraiment parlé, ni poésie ni peinture. Une sorte d'écran, tout à la fois infranchissable et transparent, s'interposait entre ces artistes, au sens noble du terme, et moi. Et mes regrets n'ont surgi que lorsqu'il fut trop tard.

Alors que j'ai tant mis à profit les chances qui se sont offertes tout au long de ma vie, en ces occasions uniques je suis toujours demeuré tristement dénué des réactions positives qui, d'une part, m'auraient exceptionnellement enrichi, d'autre part, auraient donné à ces êtres chers à mon cœur un plaisir très certain. Car, s'il est agaçant de parler de son métier avec des gens qui ne sont pas de la partie, surtout lorsqu'il s'agit d'un métier de création – que celle-ci soit artistique ou scientifique –, autant il est intéressant de le faire avec quelqu'un qui, même s'il ne leur arrive pas à la cheville, sait de quoi il parle : parler entre professionnels... Mes regrets, inutiles comme le sont les regrets, ne s'atténuent pas avec le temps.

*

Un coup d'œil sur mes vieux carnets de rendez-vous m'a rappelé ce que j'ai fait au long des années soixante et je m'aperçois que, malgré les apparences, j'ai mené une existence somme toute assez routinière. Avec des alternances de virées sur le terrain, que ce fût sur l'Etna et le Stromboli ou sur des volcans éloignés de dix ou vingt mille kilomètres, elle a en effet consisté en une vie essentiellement citadine dans laquelle s'entremêlaient les cours que j'avais été invité à donner aux universités de Paris, de Bruxelles et d'Orsay, la préparation scientifique, technique, administrative, pratique et financière des expéditions, le montage des films que j'en rapportais, l'écriture d'articles et de livres, le rugby (je jouais en moyenne cinq à sept parties par mois et m'entraînais une ou deux fois par semaine), des conférences, gratuites dans les écoles – des primaires jusqu'aux « grandes » – mais payantes pour le public tout-venant afin de financer les expés... Et il y avait les amis.

J'en avais beaucoup en ces temps-là. J'en ai d'ailleurs toujours quelques-uns. Heureusement ! Par contre, je ne comptais que sur les doigts des mains les ennemis dignes d'attention. Alors qu'aujourd'hui... ! Aujourd'hui, à force de dire ce que je pense, de dénoncer le mensonge, de mépriser les arrivistes et ceux que l'éthique n'étouffe pas, les gens qui me haïssent sont proprement innombrables. Cela, aujourd'hui sinon jadis, me fait assez paradoxalement plaisir. N'empêche, malgré ce plaisir quelque peu pervers, je préfère rencontrer mes amis que mes ennemis.

Ma vie citadine était souvent illuminée par le temps passé avec l'un ou l'autre de ces amis, écrivain, homme politique, champion, scientifique, manuel, peu importait. N'importe que la qualité des gens. Parfois aussi ma vie était égayée par quelque événement mineur, mais qui me faisait tellement plaisir qu'il devenait, dans mon esprit, énorme. Ainsi une belle victoire en rugby – il y en eut ! –, ainsi le fait, rarissime en ce qui me concerne, de marquer un essai, ainsi telle ou telle « troisième mi-temps » peu ordinaire, et notamment en Irlande, ainsi ma consécration au grade de commandeur du Tastevin dans le cadre superbe du clos Vougeot, ainsi l'obtention inattendue de l'Oscar du courage remis par Jean Rostand, ainsi la médaille d'or de la reine d'Angleterre pour l'exploration, le prix Jean-Perrin de la Société française de physique... Ou encore, en 1968, l'invitation par le directeur général du CNRS, alors Hubert Curien, à faire partie de cette auguste institution dont la réputation suscitait mon admiration et dont les aspects négatifs m'étaient encore inconnus. Il y eut aussi mon passage du statut de citoyen belge de deuxième catégorie (ni électeur ni éligible pour n'avoir payé, dans les années trente, que la « petite naturalisation » et non la « grande ») à celui de citoyen français ordinaire. Il y eut aussi le plaisir, peu commun pour un ancien pugiliste, de boxer avec, pour spectateur au premier rang, Georges Carpentier : ce plaisir-ci, de même que celui de jouer au rugby dans une équipe d'anciens internationaux, m'avait été offert par Philippe Chatrier.

Cette existence pleine d'activités diverses était certes plaisante mais, contrairement à ce que j'espérais en 1950 lorsque je m'étais lancé dans l'étude du phénomène éruptif, son indépendance même m'avait pratiquement interdit de mettre sur pied une volcanologie dotée des moyens nécessaires à ses ambitions. Les jalousies que cette indépendance même éveillait chez certains collègues du CNRS ou de l'université ont fait que les médiocres, que je ne puis pas ne pas dénoncer et qui, hélas, abondent, dans ces institutions augustes comme partout, m'ont depuis longtemps fait mettre à l'index. Elles furent aggravées par mon manque de diplomatie, par mes façons d'être, par les critiques que j'ai la mauvaise habitude d'exprimer sans nuances. Et le mépris que ces pratiques m'inspirent, et que je manifeste, n'a rien arrangé.

Les obstacles que comités et commissions m'opposèrent dès le début, j'avais longtemps cru les surmonter par la simple rigueur de nos recherches et par l'estime, voire l'amitié, que me manifestaient des sommités scientifiques, tant géologues que géophysiciens. Mais j'avais sous-estimé le poids des comités et l'importance des « couloirs », ceux du CNRS comme ceux de l'Université. Trop longtemps j'ignorai qu'ils comportent près de 50 pour cent de personnes très moyennes – c'est-à-dire relativement médiocres – et que, d'autre part, lorsqu'un chef possédant l'autorité nécessaire les préside, ils lui obéissent avec la passivité qui caractérise l'absence de caractère. Ce qui signifie que ces comités reflètent les qualités, mais aussi les défauts, voire les vices de leur président – qu'il soit élu ou nommé, peu importe.

Ces illusions étaient d'autant plus ancrées en moi que j'avais été élevé dans le culte de l'Université. Il m'aura fallu des années d'existence au sein de cette dernière – et de sa fille aînée, la recherche scientifique fonctionnarisée – pour que ces illusions s'évanouissent progressivement. Mais la naïveté dont je fis preuve trop d'années durant, le manque de diplomatie et de ce qu'il faut de souplesse pour ne pas heurter les susceptibilités ont fait que, maladroitement, je me suis privé de presque tous les moyens – budget, locaux, collaborateurs rémunérés – qui auraient permis de développer notre recherche à une échelle convenant aux objectifs scientifiquement ambitieux que je m'étais fixés. Je ne suis pas parvenu à les atteindre en raison d'un de mes défauts majeurs, celui de dire crûment ce que je crois être vrai et de le dire sans ménagement lorsqu'il s'agit de ce que je considère comme des manquements à la déontologie.

Dès les années cinquante, je m'étais ainsi fait des ennemis dont ma naïveté n'imaginait nullement l'influence : il s'agissait tantôt d'individus – ainsi, pour commencer, le grand chef des Parcs nationaux du Congo belge –, tantôt de corporations entières, tels les soi-disant résistants ou les pseudo-explorateurs, plus tard les prétendus volcanologues, ou les auteurs qui n'écrivent pas une ligne des livres qu'ils signent, les arrivistes de toute nature, qu'ils appartiennent au monde de la science, à celui des arts, des lettres, de la politique ou de l'écologie. Bref, dans tous les domaines où mes activités m'entraînent. A mes yeux du moins, mon souci de rigueur est justifié, mais ne l'est sans doute pas autant la façon dont je stigmatise ceux que cette rigueur n'étouffe guère.

J'en ai conclu qu'à coup sûr je formule de façon trop abrupte des jugements qui ne le sont pas moins. Que cela blesse, voire ulcère, ceux qui en sont victimes est plus que compréhensible. Mais je commets ce type d'agression de façon délibérée, en connaissance de cause, mon but étant que la société dans laquelle nous vivons devienne moins injuste. Or, justice étant synonyme de vérité, ceux qui trahissent cette dernière outragent la justice et sont dès lors méprisables. Que ce soit par manque de courage ou par cupidité, par vanité, voire par simple jalousie, ils le font pour en tirer profit; comme pareil profit, de mauvais aloi, se réalise automatiquement au détriment d'autrui, mensonge signifie malhonnêteté et malhonnêteté signifie dol; ou vol.

Cela dit, je dois reconnaître que la façon dont j'accuse ces gens pourrait être non seulement moins brutale mais, surtout, suffisamment explicite et nuancée pour ne pas laisser croire que j'englobe dans ma diatribe la corporation entière à laquelle ils appartiennent : celle des universitaires ou celle des explorateurs, des sapeurs-pompiers, des « Verts », des associations d'anciens de grandes écoles... Il est évident que, dans mon esprit, je ne dénonce que les galeux – toujours rares d'ailleurs, mais toujours nuisibles. Galeux que, trop généralement, leurs confrères honnêtes ne sanctionnent pas. « Laver son linge sale en famille » signifie ne pas le laver du tout, voire nier qu'il soit sale, tolérer qu'il le soit, autrement dit être complice. Cela, trop souvent, caractérise certaines corporations, et conduit parfois à des comportements maffieux.

*

Ce fut dans ces années soixante que se constitua progressivement ma petite équipe de « volcanologie active ».

Le plus courageux d'entre nous, ce fut celui qui,

outre le courage universitaire peu courant dont il fallait faire preuve alors pour coopérer avec moi, eut celui de surmonter la peur viscérale que l'activité éruptive déclenchait en lui. C'était Yvan Elskens, familièrement appelé Coco, professeur de chimie analytique à l'université de Bruxelles. Il était, parmi nous, le seul à éprouver une sensation de panique non seulement lorsque nous pénétrions dans une zone a priori dangereuse, mais dès que, à Bruxelles, il préparait son instrumentation et son sac pour aller crapahuter sur l'Etna ou sur le Stromboli... Ce courage-là est beaucoup plus réel, beaucoup plus difficile à montrer que celui, un peu bébête, dont nous faisions preuve plus par inconséquence, voire par étourderie, que par courage véritable. Coco Elskens non seulement a permis de lancer de nouveaux types d'investigation des gaz éruptifs (qu'il ne faut pas confondre avec gaz volcaniques en général : ceux que j'appelle éruptifs sont ceux qui sortent des bouches en cours d'éruption), mais il a aussi formé des élèves en ce domaine, élèves qui sont devenus des maîtres.

Ce long et difficile apprentissage s'est fait essentiellement sur les volcans siciliens : leur activité, en ces temps-là quasiment ininterrompue, nous permettait de nous colleter avec les problèmes premiers que posaient ces gaz, celui de leur nature chimique avant refroidissement, oxydations, hydratations et interactions, celui de leurs débits et celui de leurs variations avec le temps. Et non avec les questions – à mes yeux sans importance – posées par les gaz fumerolliens, oxydés, hydratés et à peine plus que tièdes !

Je ne sais combien de fois nous avons gravi l'Etna et le Stromboli, à pied (car il n'y avait pas de route encore), chargés comme des mules. Je me souviens d'une ascension où nous avions quitté de nuit la Casa

Cantoniera pour monter dormir dans le vieil Osservatorio (celui qui fut plus tard englouti, sous nos yeux, par des coulées de la puissante éruption de 1971). Au-dessus de deux mille mètres d'altitude, l'air est déjà d'une transparence telle que les étoiles qu'à l'œil nu l'on distingue sont bien plus nombreuses qu'en bas. Tout en montant du pas régulier et lent de ceux qui portent une charge, je me sentais gagné par un vieil et innocent plaisir, celui de retrouver les constellations familières. Et j'aperçus une étoile inconnue de moi, qui ne devait pas être une étoile, d'ailleurs, car elle ne scintillait pas, et en laquelle je ne parvenais pas à identifier l'une des planètes qu'à l'époque je connaissais aussi bien qu'un berger. La conclusion s'imposait : une comète ! Au moment où je hélais Pierrot Bichet, il me lançait : « Une comète ! » Au travers des jumelles nous en eûmes la confirmation : sa queue de comète...

Cet apprentissage et ces investigations sur la chimie des gaz éruptifs, nous les poursuivions aussi à l'occasion d'éruptions qui se produisaient ailleurs sur la planète. Du moins lorsqu'il nous était possible de nous y rendre, car se présentaient deux difficultés préalables, la première d'ordre financier, l'autre concernant l'accessibilité. Non celle du volcan, laquelle n'était pas prise en considération avant le départ, mais l'accessibilité de la région : vous ne mettez que quelques heures pour arriver aux volcans de Hawaii ou du Japon, mais il faut parfois plusieurs jours avant de parvenir à certains autres, perdus en Afrique, dans les Andes, en Mélanésie, dans l'Antarctique.

Une inconnue importante fait souvent hésiter le volcanologue que l'annonce du réveil d'un cratère stimule : la durée de l'éruption. S'il lui faut plus de temps pour se libérer de ses obligations, se préparer et se rendre sur les lieux que le volcan n'en prend pour s'apaiser, le risque est évident de ne voir, de l'activité, que les restes. Or ce qui importe, c'est d'observer l'activité elle-même et d'en mesurer les paramètres... Une équipe soucieuse de ne pas gaspiller doit donc peser le pour et le contre avant d'investir les dépenses inhérentes à toute expédition. Ceci vaut pour les chercheurs utilisant des fonds publics, mais plus encore pour ceux qui sont obligés de tout financer eux-mêmes, comme nous étions contraints de le faire en ces temps-là.

Durant les six années allant de 1963 à 1968, en dehors d'une vingtaine de missions qu'on pourrait qualifier de « routine » sur les volcans siciliens, j'en ai conduit une douzaine de par le vaste monde. En 1963, retour à la vallée des Dix Mille Fumées, mais aussi découverte – pour moi qui les ignorais encore – de ce que peuvent être certains effets d'un séisme de magnitude supérieure à 8 degrés Richter, et découverte aussi du plus beau glacier du monde, celui de Malaspina. En mars 1964, à la demande du Costa Rica, étude de l'éruption de l'Irazu puis, en novembre et décembre, préétude des problèmes liés au volcanisme de Java et de Bali. En 1965, visite des volcans assoupis du Tibesti, dans le Sahara sud-oriental, ensuite nouvelle visite de l'Islande et de l'éruption du Surtsey, suivie par un colloque, à Bend en Oregon, sur le volcanisme lunaire et celui de la Terre, enfin congrès de géophysique (et donc de volcanologie) en Australie. En 1966, brève visite au Niragongo. En 1967 à nouveau le Nira, puis le Sakurajima et l'Aso et, pour finir l'année, l'Éthiopie où, vingt ans après en avoir conçu le désir, j'allais préparer la réalisation de mon rêve : l'exploration géologique du triangle de l'Afar.

Cette exploration, que j'avais enfin réussi à mettre sur pied après trois échecs successifs, non seulement m'apporta une réponse à la question qui me lancinait depuis 1948 – que signifie cet élargissement en forme d'entonnoir du Grand Rift de l'Afrique orientale? –, mais nous apprit que cette dépression, géographiquement intégrée au continent africain, n'en fait cependant nullement partie d'un point de vue géologique : l'Afar, c'est l'un des trois éléments – les deux autres étant le golfe d'Aden et la mer Rouge – d'un jeune océan en pleine expansion; et le miracle ici, miracle pour des professionnels de l'écorce terrestre avides de comprendre, c'est que ces fonds océaniques se trouvent, pour le moment géologique que nous vivons, à l'air libre.

Les découvertes que mes compagnons et moi avons ainsi pu faire durant cette première exploration de l'Afar, laquelle s'est poursuivie de 1968 à 1974 par missions hivernales successives – c'est la région la plus chaude du monde – de quelques semaines chacune, furent d'une importance telle qu'elles ont représenté dans ma vie une espèce de mutation, quelque peu semblable à celle de 1948, lorsque le géologue normal que j'étais s'était délibérément transformé en apprenti volcanologue. L'Afar, heureusement pour moi, ne m'a nullement détourné de l'étude du phénomène éruptif – bien au contraire puisque nous y avons découvert, dans le cratère de l'Erta Alé, le deuxième lac de lave permanent connu à l'époque –, mais il a considérablement marqué mon esprit par sa signification géotectonique. Cette découverte et cette mutation intellectuelle, je vous les raconterai en détail et tout à loisir dans le prochain volume de ces souvenirs.

*

L'Alaska, pour ma deuxième visite d'août à septembre 1963, m'a dispensé quelques joies insurpassables. Ce fut d'abord, avec seulement Bob Dewey, le ranger, et sa jeune femme, une nouvelle remontée, à pied, de la vallée des Dix Mille Fumées et la visite du cratère à peine somnolent du Trident. Puis, avec Ed Seiler dans le même petit hydravion que l'année précédente, un survol de tous les volcans de la péninsule et des Aléoutiennes, en commençant et en finissant par la caldera du Katmai, effondrée à la suite de l'éruption d'ignimbrite de 1912. Je pris ensuite l'avion de ligne pour aller d'Anchorage à Juneau, la minuscule capitale de cet État et, à mi-chemin, alors que nous survolions la côte, je découvris derrière mon hublot le plus splendide de tous les glaciers du monde!

Il m'apparaissait immense puisque, de nos quelque six mille mètres d'altitude, il remplissait tout notre champ de vue. Et il était extraordinaire par sa forme : un cercle... Ce cercle couvrait toute la distance – près de cent kilomètres – séparant le pied de la puissante chaîne du mont Fairweather du rivage de l'océan et il était souligné par une succession de moraines concentriques, dessinées en gris-noir sur la glace : un glacier rond de vingt lieues de diamètre... Il est tellement gigantesque que seul un avion volant suffisamment haut ou bien le sommet du mont Saint-Elias en autorisent une vue d'ensemble.

Le coup de foudre esthétique que j'éprouvai pour le glacier de Malaspina n'a pas décru avec le temps, d'autant que la visite que nous lui avons faite une vingtaine d'années plus tard en petit avion, à haute altitude d'abord puis en rase-mottes, ne fit qu'ajouter à mes émerveillements : les circonférences morainiques, qui, vues d'une demi-douzaine de kilomètres d'altitude, ne semblaient que des lignes sont, chacune, larges de plus de cent mètres. Regardées de près, elles sont criblées d'innombrables cratères circulaires : les uns étaient remplis d'eau miroitant au soleil jusqu'à nous éblouir par instants pendant que nous tournions en rase-mottes sans cesse recommencés tant nous ravissait l'univers que nous découvrions, les autres étaient vides, ce qui révélait leur forme en entonnoir car c'était d'*avens* qu'il s'agissait là, pareils à ceux d'un karst et, comme ces derniers, engendrés par l'effondrement de la carapace pierreuse recouvrant, là une roche soluble, le karst calcaire, ici une roche susceptible de fondre, la glace du Malaspina : ces dolines, ces trous ronds, résultent de l'effondrement de la moraine dans les cavités que la fonte ponctuelle ménage dans le glacier et qu'à Chamonix on appelle des « moulins », notamment dans la mer de Glace.

Le dernier des enchantements qu'allait me réserver ce deuxième séjour en Alaska, ce fut Lituya Bay. Cinq ans auparavant, un tremblement de terre colossal, de magnitude 8,1, s'était produit le long de cette côte, orientée presque dans le sens du méridien et l'une des régions les plus sismiques du monde. Ce que j'avais lu à propos de ce séisme dans une revue scientifique de haut niveau m'avait laissé incrédule : une lame d'eau, provoquée par un glissement de terrain déclenché par le séisme, aurait atteint mille huit cents pieds de hauteur, plus de cinq cents mètres... Je ne pouvais mettre en doute la rigueur de l'auteur de cet article, géologue de bonne réputation du US Geological Survey, mais je ne parvenais pas à accepter l'idée d'une vague de cette taille.

A Juneau j'affrétai un petit biplace, m'assis à côté du pilote et nous décollâmes pour Lituya Bay. Cette baie, le pilote la connaissait d'autant mieux qu'il avait été – aussitôt localisé l'épicentre – l'un de ceux à se rendre sur place pour secourir d'éventuels rescapés. Ceux-ci ne pouvaient être nombreux, pas plus d'ailleurs que les victimes, car cette côte est presque inhabitée. Heureusement, car les grands tremblements de terre y sont peut-être plus fréquents que partout ailleurs.

Slalomant à basse altitude entre les arêtes de la chaîne côtière, survolant des failles, des glaciers, et la superbe forêt d'épicéas accrochée aux basses pentes de ces hautes montagnes, nous mîmes environ une heure pour atteindre Lituya Bay. Le pilote me confirma la hauteur incroyable de la vague et il me raconta que sur les six personnes – les équipages des trois petits bateaux de pêche à l'ancre pour la « nuit » dans la baie au moment du séisme (le soleil ne se couche guère en cette saison) – deux avaient été englouties, deux avaient réussi à surnager et avaient été sauvées et deux avaient manœuvré intelligemment pour éviter le naufrage. Deux victimes donc sur les six Blancs à avoir été sur le parcours de la vague, mais aucune chez les Indiens nomades car à ce moment-là, il n'y en avait pas dans la région que cette lame gigantesque avait balayée.

« Here we are », me dit le pilote, au moment où, rasant la cime des épicéas, nous allions dépasser une dernière crête qui nous cachait encore Lituya Bay. Nous étions à trois mille pieds d'altitude et la vue d'ensemble que j'eus soudain de cette baie me la fit reconnaître d'emblée : la « baie des Français ». Elle m'était familière depuis des années, j'en avais la carte, à nulle autre pareille, gravée dans la mémoire.

Lapérouse l'avait découverte en 1786, un an après avoir appareillé de Brest pour rechercher le passage du nord-ouest, que Cook n'avait pu trouver et que Lapérouse ne trouvera pas davantage. Cette baie est l'une des très rares à échancrer la côte, exceptionnellement rectiligne, de cette partie de l'Amérique. *L'Astrolabe* et *La Boussole* y mouillèrent plusieurs jours durant et ses topographes en firent un relevé très précis. Elle a la forme d'un T majuscule, son entrée – le pied du T – est presque fermée par une langue de terre basse; derrière cette langue se trouve un îlot et le fond, la barre de ce T d'eau marine, s'appuie contre la base d'une impressionnante montagne bardée de glaciers, le mont Crillon : il n'existe aucune autre baie semblable au monde.

L'exploration de ce site par les naturalistes de l'expédition n'était pas achevée encore qu'une catastrophe se produisit, inexpliquée : deux chaloupes, pleines de marins et de savants, chavirèrent et tous ceux qui s'y trouvaient périrent noyés, première des catastrophes qui allaient se succéder jusqu'au naufrage final, en 1788 à Vanikoro. Avant de quitter ce fjord tragique, Lapérouse avait fait ériger sur l'îlot un cénotaphe à la mémoire de ses compagnons disparus et avait baptisé le fjord « baie des Français ».

Dès l'enfance, amoureux de cartes et d'explorations, l'image de la baie des Français m'était devenue familière, et cette familiarité fut ravivée et approfondie par mes relectures du voyage de Lapérouse lorsqu'en 1958 Pierre Anthonioz m'avait demandé de le relayer, à Vanikoro, dans son enquête sur le naufrage fatal.

Dans la fraction de seconde où j'identifiai ainsi Lituya Bay et baie des Français, je m'insurgeai contre l'absence de fair play qui avait conduit les

Américains à débaptiser cet endroit historique, prétendument pour lui rendre, ô tartufferie!, son nom indien... Ainsi, sans m'y attendre le moins du monde, je me trouvai replongé dans l'univers de Lapérouse.

Quant à la lame de mille huit cents pieds, elle avait bien eu lieu : sa trace, évidente, le démontrait. Non seulement elle avait balayé la dense forêt de résineux jusqu'à près de six cents mètres d'altitude, mais elle avait même décapé le roc de toute la terre dans laquelle les arbres étaient enracinés. J'ai raconté cela dans *Quand la terre tremble.*

*

En 1963, le volcan Irazù, au Costa Rica, était entré en éruption et des dizaines de milliers d'hectares, plantations de café, champs de maïs, champs de pommes de terre, bananeraies, cultures potagères avaient été ensevelis sous les cendres... L'ambassadeur du Costa Rica à Paris m'avait rendu visite pour me demander d'aller sur place afin de dire au Président de cette petite république si, selon moi, l'éruption allait durer longtemps encore et si elle risquait de culminer en un paroxysme particulièrement redoutable. Comme je savais qu'en cette situation particulière j'étais dans l'incapacité de répondre à ces questions guère mieux que par « je l'ignore », je déclinai cette invitation, pour flatteuse qu'elle fût. L'ambassadeur refusa mon refus et entreprit de m'assiéger diplomatiquement. Cela dura plusieurs heures : deux mules affrontées, mais courtoises. Il ne parvint cependant pas à cacher sa colère lorsqu'il me quitta sans m'avoir convaincu.

Une année plus tard, toujours au nom du Président

costaricien, ce fut l'Unesco qui revint à la charge. Car l'éruption se poursuivait, ruinant l'économie chaque jour davantage. De loin, je m'étais tenu au courant des événements éruptifs et je me savais toujours dans l'impossibilité de dire quoi que ce soit de sérieux sur son déroulement futur. Une fois cela clairement spécifié, j'acceptai finalement l'invitation. Les observations et les mesures que nous pourrions récolter au cratère de l'Irazù nous apporteraient en effet une expérience supplémentaire. Et, comme l'expérience clinique constitue la base *sine qua non* de tout diagnostic volcanologique – exactement comme il en va de tout diagnostic médical –, je rassemblai une équipe d'une demi-douzaine de gars.

J'avais fait appel tout d'abord à mes deux amis chimistes des gaz, Franco Tonani, alors professeur à l'université de Florence, et Yvan Elskens. Franco ne pouvait se dégager, mais Coco me rejoignit sans délai. D'autre part, je demandai au Pr Yves Rocard, directeur, à Normale sup, du laboratoire de détection géophysique, de mettre une fois de plus à ma disposition des sismographes légers et des sismologues futés. Ce qu'une fois de plus il accepta de faire. Et nous nous envolâmes pour l'Amérique.

Volutes denses de cendres, tantôt gris clair, tantôt noires, grondements profonds, détonations violentes, l'éruption était d'autant plus spectaculaire que l'on pouvait accéder en automobile jusque dans le cratère, jusqu'à la lèvre même du puits éruptif... Plusieurs touristes, tout au long de l'année, y avaient d'ailleurs trouvé la mort. Car ils s'habituaient un peu vite à ce feu d'artifice tellurique qui ne lançait la plupart du temps que quelques grosses escarbilles dans ses milliers de tonnes de fine poussière de lave et, accoutumés, ils s'en approchaient de plus en plus pour l'admirer, la beauté d'un spectacle augmentant toujours avec sa proximité. Cela sans savoir la variabilité qui caractérise les phénomènes éruptifs, sans savoir que, soudain et de façon imprévisible pour quiconque – volcanologues inclus –, la taille des projectiles peut passer de celle d'une noix ou d'une pomme à celle d'un tracteur agricole ou d'un bâtiment de trois étages. Sans savoir qu'une quelconque modification de forme dans la gorge du volcan peut tout à coup lancer sur l'endroit où vous vous tenez, et où depuis des heures rien ne s'abattait, les bombes qui jusque-là retombaient de l'autre côté...

Hôtes du gouvernement, nous fîmes installer par l'entreprise nationale d'électricité un abri solide : une tranchée de deux mètres de profondeur fut creusée au bulldozer dans les couches de cendres formant la lèvre du cratère, et ensuite fut couverte d'un toit de très épais madriers serrés les uns contre les autres. A l'une de ses extrémités, cet abri était doté d'une entrée s'ouvrant sur la pente externe du volcan, à l'autre, d'une vue privilégiée, rapprochée, sur le fond du cratère et sur ses éruptions.

Les sismologues s'occupèrent aussitôt d'installer leur réseau de capteurs de façon non seulement à dénombrer les secousses et les vibrations (qu'en franglais technique on appelle *tremors*) qui accompagnent l'activité éruptive, mais, surtout, grâce au nombre des sismographes épars sur le site, à calculer la profondeur à laquelle les chocs se produisaient : les variations de profondeur des foyers sismiques permettent parfois de prévoir l'évolution des événements éruptifs.

Pendant ce temps, Coco (et moi lui servant d'assistant), nous essayions d'analyser les gaz éruptifs. Nous n'y parvînmes absolument pas, pour la raison toute simple que nous n'avions pas réussi à atteindre quelque endroit où en prélever un échantillon représentatif : la topographie du puits ne s'y prêtait pas davantage que le type d'activité. Comme la plus rare des analyses, la plus exceptionnelle des mesures ne justifient pas la disparition prématurée de volcanologues pleins d'avenir...

Nous avons passé deux ou trois semaines à observer l'éruption, à essayer d'en découvrir – pour autant qu'ils existassent – les rythmes éventuels, à chercher quelque symptôme annonciateur soit d'une exacerbation, soit d'un ralentissement de l'activité, et nous n'avons rigoureusement rien trouvé. Pas plus, d'ailleurs, que nous n'avons pu tirer des sismogrammes quoi que ce soit qui puisse être interprété ni dans le sens d'une meilleure compréhension du phénomène éruptif ni dans celui d'une quelconque prédiction.

Car il ne faut pas trop vous imaginer (je m'adresse ici à ceux d'entre vous qui pourraient songer à prendre la volcanologie comme métier) qu'il suffit de faire des mesures, d'en tirer des courbes, des graphiques, des modèles informatiques, pour obtenir des résultats authentiquement scientifiques. Ceux-ci certes découlent de ceux-là, mais au terme d'une indispensable interprétation de ce que les chiffres signifient. Je connais pas mal de soi-disant volcanologues qui ont passé la partie la plus active de leur vie professionnelle à collecter des mesures – températures, vitesses, pourcentages de ceci ou de cela – et qui, faute d'une certaine forme d'intelligence, indispensable en science, n'ont pas été capables de tirer de ce travail de fourmi la moindre conclusion digne d'intérêt. J'en connais quelques autres, beaucoup moins nombreux hélas, dont l'acuité intellectuelle a permis des pas d'importance dans l'élucidation des mécanismes éruptifs. Ils l'ont fait, parfois, au vu d'un seul rapport de chiffres, d'une seule analyse chimique (ou presque), d'une seule relation – mais qu'il fallait être à même de détecter – entre cause et effet. Les véritables joies que donne parfois ce métier merveilleux qu'est la recherche scientifique, ce sont dans ces moments éblouissants qu'elles se situent.

Au bout d'une quinzaine fort plaisante, comme toujours sur un volcan en activité, mes certitudes antérieures (que je ne serais pas à même de répondre aux questions des autorités costariciennes) se trouvèrent, hélas, entièrement confirmées : j'étais incapable de dire si cette pluie de cendres qui tombait sur le pays depuis plus d'une année déjà allait se poursuivre ou s'interrompre, incapable de dire si surviendrait ou non quelque paroxysme redoutable... Ce n'était pour moi nullement une consolation que de me réfugier dans quelque minable « je vous l'avais bien dit » (sous-entendu « que toute prévision dans la conjoncture éruptive de l'Irazù est, dans l'état actuel de notre savoir, impossible »), mais, heureusement pour mon propre confort moral, j'avais tout de même découvert une menace grave mais dont personne ne se préoccupait, celle de lahars.

Ces terrifiants torrents de boues volcaniques dont je vous ai déjà entretenus, notamment à propos du Calbuco, ont des origines diverses. Ici, ce n'était pas la fonte brutale de la glace qui allait les engendrer – parce que la glace, au Costa Rica, ne se trouve que dans les congélateurs et les frigos – mais les déluges saisonniers qui accompagnent le retour de la saison des pluies : s'abattant sur des épaisseurs de cendres de plusieurs mètres, accumulées durant la saison sèche sur les pentes de l'Irazù, ces pluies allaient à coup sûr les déstabiliser et les entraîner, par millions de tonnes, vers le lit des rivières.

Les séjours que j'avais eu déjà l'occasion de faire en Indonésie m'avaient appris les ravages que les lahars peuvent faire, ravages trop souvent accompagnés d'hécatombes. Aussi, à voir ces épaisseurs de cendres, plus de huit mètres par endroits, je me convainquis de la réalité de la menace et, devant l'inconscience des habitants, je décidai d'informer le président de la République : pour une fois où, depuis quinze jours, une certitude s'imposait à mon esprit, je n'allais pas la bouder !

Le Président, homme de petite taille, aimable et sympathique, comprit fort vite et se rallia à mes suggestions : pour minimiser les pertes il fallait établir un réseau de surveillance au haut de chaque vallée, mais surtout de celles qui dominent la ville de Cartago, organiser un système d'alerte fiable, informer la population et lui faire faire, surtout de nuit, des exercices d'évacuation rationnelle vers des points suffisamment élevés pour être hors d'atteinte des lahars ; enfin, en certains endroits, il fallait édifier des digues, ailleurs creuser des chenaux pour détourner les coulées boueuses afin de protéger certaines installations d'importance, ainsi les centraux téléphoniques.

Ravis par cet entretien positif, la conscience satisfaite d'avoir pu donner des conseils éclairés, les deux que nous étions à avoir fait cette visite officielle, Coco Elskens et moi, avant de reprendre la route de notre abri-observatoire, s'offrirent un dîner dans un restaurant indonésien de San José, la petite capitale du Costa Rica. La gourmandise jouait certes un rôle non négligeable dans cet accroc à la vie quelque peu spartiate que nous menions sur le terrain, mais il y avait en plus, et nous n'en éprouvions ni honte ni remords, la satisfaction d'aller ainsi fêter... la disparition d'un ennemi déclaré. Un télégramme de Bruxelles venait de nous annoncer la mort du Pr Victor Van Straelen, mandarin aux très multiples fonctions présidentielles : avec sa mort, le Niragongo nous redevenait accessible...

Lorsque les pluies s'abattirent sur l'Irazù, que les lahars se déclenchèrent, que les quartiers bas de Cartago furent recouverts de boues torrentielles, il n'y eut qu'une seule victime à déplorer. Au lieu de centaines ou même de milliers : souvenez-vous des vingt-quatre mille personnes englouties à Armero et à Chinchinà, en novembre 1985, par les coulées boueuses descendues du Nevado del Ruiz. Si l'on avait procédé en Colombie de la même façon qu'on l'avait fait en 1964 à l'Irazù...

*

Nous passâmes dans les îles de Java et de Bali les deux derniers mois de cette année 1964 – Giorgio Marinelli, Guiorgui Gorshkov, Tewfik Zen et moi-même – à faire, pour le gouvernement indonésien et aux frais de l'Unesco, l'inventaire (si j'ose dire) des risques volcaniques, des gisements d'énergie géothermique, des façons de prévenir les premiers, des façons de prospecter les seconds.

J'avais été sollicité par le président Soekarno pour conduire cette mission et j'avais choisi mes compagnons en fonction de leurs savoirs respectifs et de la sympathie qui nous liait afin qu'au terme des trois mois qui nous étaient impartis les grandes lignes d'un programme ambitieux puissent être sérieusement tracées. Gorshkov était le patron de la volcanologie soviétique, laquelle était parmi les meilleures de l'époque. Marinelli, outre son savoir encyclopédique en géologie générale et en pétrologie, compte parmi les spécialistes géothermiciens les plus cotés dans le monde. Et Zen, qui, huit années plus tôt m'avait servi de guide et d'interprète lors de mon premier séjour en Indonésie, et qui avait depuis complété ses études de géologie aux États-Unis, était la personne la plus qualifiée pour rendre notre prospection aussi efficace que possible.

De ce fait, elle le fut. Pourtant la politique avait mis fin à notre mission au bout de deux mois au lieu des trois à quatre initialement prévus. J'ai oublié pour quelle raison, le président Soekarno avait claqué la porte des Nations unies, mais cela avait eu pour effet, secondaire et mineur certes à l'échelle mondiale, de provoquer une agitation du type mouvement brownien – on appelle ainsi celui, désordonné, qui caractérise, dans tout liquide, les atomes, les molécules et les particules de moins d'un millième de millimètre – dans le microcosme des nombreux fonctionnaires internationaux (et de leurs familles) présents en Indonésie et surtout à Bandung. Alors déjà grande ville universitaire, administrative et industrielle de Java, l'île dominatrice de cet archipel de trois mille îles, Bandung logeait nombre de ces personnes, en majeure partie européennes et américaines. Nous-mêmes, tout juste rentrés de notre longue virée à travers Bali et les trois quarts orientaux de Java, et nous apprêtant à repartir pour poursuivre nos enquêtes tellurico-socio-économiques jusqu'à Sumatra, nous faisions d'ailleurs partie, provisoirement certes mais indéniablement, de cette administration planétaire. Le mouvement brownien qui agita la plupart de nos congénères dès qu'eut été connu le coup de gueule d'Ahmed Soekarno nous remplit de stupéfaction.

Je dois reconnaître qu'aucun d'entre nous n'avait en Indonésie femme ou enfants, que nous étions, par profession, supposés posséder un minimum de sang-froid et que, de surcroît, grâce à un ami géologue et alpiniste, Claude Dufourmantelle, nous bénéficiions de relations cordiales avec une forte colonie française, celle des ingénieurs et des techniciens de Coyne et Bellier qui construisaient un puissant barrage hydro-électrique à Djatiluhur, quelques dizaines de kilomètres à l'ouest de Bandung. La petite cité qu'ils avaient installée là était à 99 pour cent française et nous y étions toujours excellemment accueillis par ces Français, très détendus puisqu'ils ne dépendaient en rien des Nations unies, qu'ils n'éprouvaient dès lors aucune des soudaines angoisses qui avaient saisi les fonctionnaires internationaux et, experts d'un travail concret, qu'ils étaient peu sujets à l'inquiétude et à la dépression qui s'emparent, lorsque les circonstances s'y prêtent, des personnes vivant dans des bureaux, des mess et des clubs.

Cela nous permit d'apporter à nos fonctionnaires internationaux un soulagement certain : répondant sans l'ombre d'une hésitation à notre appel, les gens de Djatiluhur organisèrent un service de voitures, de camionnettes et de camions d'une efficacité digne de leur savoir-faire d'ingénieurs et nous aidèrent à transporter vers l'aéroport de Djakarta la soudaine multitude des candidats au départ.

Quant à nous, mandatés par l'Unesco, donc par les Nations unies, il nous fallait aussi quitter l'Indonésie alors que tout heureux, intellectuellement, scientifiquement et esthétiquement de ce que nous venions de voir, d'apprendre et de comprendre de ces Indes orientales, nous rêvions aux émerveillements qui nous attendaient plus à l'ouest... Nous finîmes donc par nous envoler pour la France, mais aussi détendus qu'il est possible de l'être.

En ces années où les ignimbrites étaient fort à la mode dans notre petit univers de géo-volcanologues, nous avions eu la bonne fortune d'en découvrir en des régions où jamais on ne les avait signalées, l'extrémité est de Java d'abord et la quasi-totalité de Bali ensuite. Toutes les statues balinaises, innombrables, sont d'ailleurs sculptées dans ce tuf tendre qu'est l'ignimbrite, laquelle se taille aussi bien que le calcaire ou le marbre.

L'une des satisfactions majeures que peut éprouver un chercheur, qu'il soit scientifique ou qu'il appartienne à une autre catégorie sociale, c'est de trouver. Je dirais même que c'est là sa satisfaction suprême. Qu'il se glorifie de sa trouvaille ou que, réellement ou prétendument modeste, il n'en parle guère, le chercheur éprouve toujours ce genre de joie, inégalable. Et s'il sait que des collègues n'ont pas eu la chance de voir ce que lui-même a vu, son contentement, en règle générale, est plus intense encore. Car nous sommes tous, hélas – sauf des saints rarissimes –, d'une part affligés de complexes d'infériorité plus ou moins marqués, plus ou moins justifiés, et plus ou moins nombreux, d'autre part éduqués dans l'esprit de compétition. Or, « marquer des points », en quelque domaine que ce soit – mais, avant tout, dans sa vie professionnelle –, satisfait ces deux tendances, pour peu respectables qu'elles puissent être.

*

Le Niragongo continuait à m'obséder et, si l'empêchement majeur à la reprise de nos investigations sur le lac de lave avait disparu avec Victor Van Straelen, l'obstacle second demeurait : le financement d'une mission scientifique sérieuse. La suppression, par le Pr Van Straelen, du Centre national de volcanologie nous privait à présent des moyens nécessaires... Incapable de convaincre les responsables de la recherche de l'intérêt exceptionnel des observations et des mesures qu'il y avait à récolter en cet endroit unique, l'idée me vint qu'un film montrant ce volcan, un long métrage en 35 millimètres, projeté dans les cinémas, comme *Les Rendez-Vous du diable* mais consacré au seul Niragongo, pourrait peut-être, une fois amortis les investissements qu'il représentait, finir par payer pareille expédition.

Ainsi fut mis en route un montage des films ramenés de mes visites antérieures au Nira. Ce travail fut long, car très souvent interrompu par mes autres activités professionnelles : recherche, enseignement, conférences, écriture, missions hors de France. Mais, au bout de deux années environ, un « monstre » (montage initial) fut enfin terminé. Je songeai alors à la sonorisation du film à venir. L'accompagnement musical est, à mon goût du moins, d'importance capitale : je préfère pas de musique qu'une musique inadaptée (inadaptée aux images ou à mes propres oreilles...).

La sonorisation se fait par la réalisation de trois bandes qui, lorsqu'elles donnent enfin satisfaction, sont réunies en une seule grâce à une opération appelée mixage : la première bande est celle des bruits, en l'occurrence essentiellement ceux du volcan, mais aussi coups de marteau du géologue cassant un échantillon à partir d'un affleurement rocheux, grincement d'une poulie, fracas des pierres tombant le long d'une paroi. La deuxième bande est consacrée aux paroles, tant celles que l'on a enregistrées (synchrones avec l'image) d'un gars qui dit quelque chose ou de deux gars qui discutent, que les commentaires « en voix off ». La troisième bande, enfin, est celle de la musique.

L'accompagnement musical est donc d'importance primordiale. Il existe diverses façons de le réaliser, dont les deux extrêmes sont une musique entièrement écrite pour le film et une musique déjà existante. Le choix se fait en fonction de critères qui diffèrent du réalisateur au producteur, autant que peuvent différer leurs goûts et leurs rapports avec l'argent. Car, évidemment, toute œuvre musicale se paie et il arrive (c'est plutôt rare) qu'une musique de qualité coûte moins qu'une musique qui en manque. Comme j'étais le réalisateur mais en même temps le coproducteur de ce *Niragongo ou le volcan interdit,* j'avais pouvoir de décision. Malheureusement, je manquais de moyens financiers. « Peu importe, me dis-je, la musique doit être à la hauteur du sujet, et le sujet... »

Foin donc des réticences, discrètes d'ailleurs, de mes aimables coproducteurs, on va demander à Chostakovitch ou à Khatchatourian si l'un ou l'autre accepte d'écrire et d'exécuter une partition pour le Niragongo. Aussitôt décidé, aussitôt mis en route. Chostakovitch n'était pas atteignable à ce moment-là. Quant à Khatchatourian, il répondit à la lettre que ma mère lui avait écrite en russe qu'il ne pourrait prendre de décision qu'après avoir vu le film. Il nous invitait donc à venir chez lui et à le lui projeter.

Ce fut le premier des deux voyages que je fis avec ma mère dans sa Russie natale, qu'elle adorait et dont le manque la torturait depuis plus d'un demi-siècle déjà, comme ce fut le cas jusqu'à la fin de sa longue vie. Khatchatourian nous reçut avec toute la généreuse hospitalité arménienne. Compositeur célèbre dans le monde entier, il jouissait des divers privilèges de la nomenklatura, dont celui de vivre, avec sa femme, dans un appartement de plusieurs vastes pièces, luxe alors exceptionnel à Moscou.

C'était un personnage truculent qui me fit penser à Rabelais ou, plutôt, à Gargantua. Il parlait d'abondance mais avec ma mère, qui n'a jamais eu de pavé sur la langue, il avait à qui parler ! Le peu – un quart quand le langage était simple, un petit dixième dans le cas contraire – de ce que je pouvais saisir (car, honte, j'ai oublié ma langue maternelle) me faisait regretter de perdre l'essentiel. D'autant que je savais que ma mère ne m'en raconterait pas grand-chose car elle n'était guère portée à dire que ce qu'elle considérait d'importance suffisante, ainsi les jugements qu'elle portait ou l'opinion que lui avait laissée son interlocuteur. Il en alla de même cette fois-là encore.

Khatchatourian, lui, était en mouvement presque ininterrompu, se levant pour offrir des zakouskis ou pour verser du thé, se rasseyant pour expliquer, gestes à l'appui, que sa conception de la musique était telle et non pas telle (hélas, je n'ai jamais éclairci cette question...), se levant soudain à nouveau pour gagner en deux grands pas son piano, tantôt pour y plaquer, debout, deux accords, tantôt pour en jouer, assis, durant plusieurs minutes. Deux heures ont passé de la sorte, peut-être trois, avant que nous n'abordions ce qui constituait l'objet même du voyage, le « visionnage » du film. Ce film était encore à l'état du prémontage, donc beaucoup plus long qu'il ne devait le devenir, et entièrement muet. Ce fut la projection la plus horriblement interminable de mon existence...

Nous étions assis tous les quatre, face à l'écran que l'on avait tendu dans le fond de la pièce. Je commentais laconiquement les images qui le demandaient, et ma mère traduisait. La brièveté de mes interventions avait deux raisons : je devais d'abord laisser à la traduction le temps de se faire avant qu'autre chose passe sur l'écran. Mais par ailleurs il m'est presque impossible de dire un commentaire à l'intention d'une seule ou de quelques personnes seulement : j'y arrive, par contre – et alors sans effort aucun –, devant un public nombreux. La sécheresse de mes explications rendait le film moins attrayant qu'il n'aurait dû l'être et ses longueurs, trop fréquentes, s'en trouvaient accusées.

Cela contribuait aux sentiments d'échec que je ressentais, mais ô combien les aggravait le comportement de Khatchatourian ! En vérité, son attitude était alternativement la pire et la meilleure, l'une me permettant par bonheur de survivre à l'autre. La pire c'était lorsque, accablé d'ennui, il feignait l'endormissement, voire s'endormait réellement. Je ne sais si vous pouvez imaginer l'état d'esprit du candidat : il s'agit de convaincre quelqu'un, qui s'endort sous ses yeux, que ce qu'on lui demande de regarder est un phénomène tout à fait exceptionnel et même le plus fascinant spectacle que la nature puisse offrir sur notre planète. Je t'en fiche ! C'était horrible pour moi mais je ne me jetai pas par la fenêtre, d'abord parce qu'elle était fermée, ensuite parce que Aram me revigorait et me rendait à mes espérances en manifestant soudain un enthousiasme aussi démonstratif que son ennui l'avait été deux secondes plus tôt.

Cette douche écossaise dura une éternité que je ne suis pas près d'oublier. Alors, épreuve terminée, il me serra dans ses bras et se montra dithyrambique. Ma chance était que *Les Rendez-Vous du diable* avaient fait un malheur en Union soviétique, que Khatchatourian l'avait aimé au point d'être allé le revoir à deux reprises et que le prémontage, qui aujourd'hui l'avait fait souffrir autant que moi, s'achevait heureusement par une séquence où, déchaîné, le lac de lave était somptueux.

Mais la chance, cette fois, je ne pus la saisir. Khatchatourian était tout feu tout flamme (si en l'occurrence j'ose parler en ces termes) et sa chaleur communicative – zakouskis, sucreries arméniennes et vodka aidant – nous faisait échafauder, sous sa géniale direction, les lignes de la musique qu'il allait écrire et dont, bondissant au piano, il improvisait les thèmes que lui inspirait le souvenir des séquences qui ne l'avaient pas ennuyé. Cela a duré plusieurs heures encore et nous planions dans une béatitude joyeuse et cordiale.

Las! Lorsque, nuit très avancée déjà, nous nous sommes levés pour prendre congé et que je posai une question d'ordre pratique (*« Aram, prastitié, skolka vriémié...* – j'avais retrouvé une partie de ma langue maternelle – Aram, excusez-moi, combien faudra-t-il de temps pour la composer, cette partition? ») et qu'il me répondit « entre six mois et un an », je ne fus pas surpris, car il n'avait pas que cela à faire, occupé qu'il était par ses concerts et ses élèves. Mais lorsqu'il ajouta qu'il travaillerait à cette composition sans guère s'interrompre et qu'il aurait besoin de ma présence – et du film – durant toute cette période, je tombai des nues. A ma proposition de venir à Moscou deux jours par mois en moyenne, ce qui représentait le maximum de temps que je pouvais libérer, il jeta les bras au ciel. De même à l'idée qu'il pourrait parfois faire un saut jusqu'à Paris. Non, il fallait qu'à tout moment nous puissions nous retrouver pour que, à chacun des jaillissements de son inspiration créatrice, il puisse me le soumettre, en discuter et le mettre à l'épreuve de l'image à laquelle il destinait cette idée musicale.

Aram Khatchatourian était une antithèse du juste milieu, du compromis, de la tiédeur et de la pondération. Ses sentiments, ses sensations, il les ressentait sans les modérer et s'y abandonnait sans retenue. Ce fut ainsi que ne vit jamais le jour le chef-d'œuvre né du volcan Khatchatourian et du volcan Niragongo.

*

Je m'étais lié d'amitié avec Sigurdur Thorarinsson, en ces temps-là seul volcanologue islandais. Il me faisait toujours signe lorsqu'un événement éruptif intéressant survenait dans son pays ou lorsqu'il pensait qu'ensemble nous aurions plus de chances de comprendre ce qu'un tel événement voulait dire. Cela m'a permis, sinon d'étudier réellement, du moins de regarder quelques bien jolies éruptions de cette île hors du commun. Hors du commun non seulement par son volcanisme et sa signification tectonique, mais aussi par son histoire, son parlement vieux de presque un millénaire, ses sagas...

Je n'avais pu m'y rendre, en 1963, aussitôt que Thorarinsson m'avait annoncé l'éclatement d'une éruption sous-marine au large de la côte sud, éruption qui allait engendrer l'île de Surtsey. Heureusement pour moi, l'éruption de Surtsey dura suffisamment pour que non seulement je puisse profiter de sa splendeur, mais aussi pour constater qu'elle ressemblait en tout point à celle de Capelinhos à Faïal des Açores, que j'avais étudiée en 1957. Comme cette dernière, elle était alimentée par un magma basaltique très fluide, elle était délivrée par des bouches sous-marines situées à faible profondeur (si celle-ci avait dépassé quelques centaines de mètres, bien peu de sa matière et encore moins de son énergie aurait atteint la surface) et cela engendrait les formidables bouquets de jets sombres à forme de cyprès tellement caractéristiques, ainsi que ces hyaloclastites qui avaient provoqué tant de discussions parmi les volcanologues.

Trois de ces derniers m'accompagnaient cette fois, collègues mais néanmoins amis (cela arrive, dans notre profession comme dans les autres). Ils étaient à la fois italiens et de niveau scientifique international. Nous avons passé une semaine à visiter, outre l'éruption de Surtsey, divers lieux volcanologiquement, tectoniquement ou géothermiquement intéressants. Mes amis étaient des experts mondiaux en matière d'énergie géothermique et ils m'apprirent beaucoup lors de chacun des voyages où j'ai eu la chance de les avoir pour compagnons. Mais je découvris, avec stupéfaction, que des gens de grande qualité intellectuelle pouvaient être les esclaves d'une drogue. En l'occurrence, l'alcool.

Je savais depuis longtemps, car ils n'en faisaient nullement secret, au contraire, que whisky, gin, aquavit et vodka leur plaisaient fort. Mais jusqu'à ce petit séjour commun en Islande, je n'imaginais pas combien ils en étaient dépendants. Connaissant les lois du pays, lesquelles interdisent la vente libre des alcools, ils avaient apporté assez de whisky pour se désaltérer pendant la quinzaine de jours que nous avions prévu de passer là-bas. Mes trois Italiens étaient un célibataire endurci et un couple, et comme celui-ci était cordialement hospitalier et que les Islandais que nous rencontrions étaicnt tout aussi cordiaux, la réserve de *pure malt* se trouva éclusée à mi-parcours. Avec, en ce pays, l'impossibilité d'en faire la moindre emplette.

Je fus stupéfait par le drame que cela provoqua : non seulement ces personnes, parmi les plus intelligentes et les plus cultivées que j'aie connues, refusèrent de poursuivre le périple que nous avions entrepris, mais elles décidèrent de quitter l'Islande par le tout premier avion. L'air qu'ils avaient, à la fois tragique et malheureux, montrait qu'il ne s'agissait pas du tout d'une comédie, ce que j'aurais pu croire connaissant l'humour dont ils étaient capables...

De ces trois amis, le célibataire a eu la force de caractère, quelques annés plus tard, de cesser radicalement de boire comme de fumer (il avalait chaque jour la fumée de cinquante cigarettes), mais les deux autres, vers la même époque et à peu de mois de distance, en sont morts. Comme a succombé, par excès d'alcool, Michèle, la très charmante femme de Kessel, malgré tous les efforts de Jeff pour la désintoxiquer – Jeff, cette force de la nature capable en vrai cosaque d'avaler sans cesser de sourire des quantités peu communes de vodka (entre autres), et qui avait totalement cessé de boire pour aider Michèle à en faire autant. Ils sont morts comme vient aussi de mourir, alors que j'écris ces lignes, un autre ami de très grande qualité, Antoine Blondin...

En 1964, j'ai participé à un colloque qui fut fort sympathique, malgré l'affrontement farouche des deux théories opposées qui avaient justifié sa mise sur pied : les cratères lunaires étaient-ils d'origine volcanique ou provenaient-ils d'impacts météoritiques? Les deux hypothèses avaient leurs partisans, aussi convaincus les uns que les autres d'avoir raison, ce qui est courant dans le monde scientifique, au moins autant que dans celui des arts ou de la politique. Je ne vous surprendrai pas en disant que j'appartenais à la première catégorie et que, malgré l'irrésistible influence de la Nasa et des Américains, qui ont fait adopter par la majorité mondiale l'hypothèse des impacts, je persiste à croire que la plupart des cratères de grande dimension (plus de cent ou deux cents kilomètres de diamètre) sont d'origine magmatique.

Car comment expliquer par des impacts la forme polygonale, hexagonale même le plus souvent, de très nombreux cirques lunaires et la juxtaposition, *avec un côté commun*, de plusieurs de ces « cratères »? La forme hexagonale, dite en nid d'abeille, n'est réalisée que lorsque des forces d'un même ordre de grandeur et situées en des points voisins – quelques millimètres pour les abeilles, des centaines de kilomètres pour une planète – agissent simultanément et que les structures circulaires qu'elles engendrent se rencontrent, s'affrontent et, égales d'intensité, transforment en ligne droite commune le segment de circonférence que chacune développait. Cela correspond parfaitement à des cellules de convection brassant simultanément le magma de la Lune lorsqu'elle était encore en fusion. Mais cette structure ne peut s'expliquer par des impacts météoritiques, car les chances sont nulles que des astéroïdes de masses pareilles se soient abattus juste au même instant, condition *sine qua non* pour engendrer des cratères hexagonaux.

A cet argument, les gens de la Nasa pas plus que

leurs suiveurs inconditionnels n'ont jamais donné de réponse. C'est la tactique trop souvent utilisée par des scientifiques dont la bonne foi n'est pas à la hauteur de l'intelligence et qui se trouvent à court d'arguments. Nous retrouverons ce trait peu honorable à propos de la catastrophe volcanique du lac Nyos, au Cameroun, qui fit mille huit cents victimes en 1986. A propos, aussi, de l'effet de serre et de l'ozone.

Le colloque sur les cirques lunaires s'était tenu à Bend, en Oregon, dans la partie volcanique de l'ouest des États-Unis. Nous y avons débattu une semaine durant, personne ne parvenant à convaincre qui que ce soit et personne ne changeant d'avis, mais dans une bonne humeur plaisante au possible. Il faut dire que l'une des figures de ce symposium était Howel Williams, non seulement l'un des meilleurs volcanologues d'alors, mais celui qui, de tous, possédait le plus d'humour.

Williams était le père de l'hypothèse qui explique, par effondrement postérieur à une éruption ayant délivré une énorme quantité de gaz et de laves, la genèse des calderas, ces « cratères » de cinq, dix, voire vingt-cinq kilomètres de diamètre, que la plupart affirmaient jadis provenir de fantastiques explosions. Williams avait démontré que sa thèse répondait à la réalité des observations géologiques pour toute une série de calderas qu'il avait étudiées et en particulier pour celle de Crater Lake nichée, aux confins de l'Oregon et de la Californie, dans la chaîne volcanique des Cascades. Il nous la fit d'ailleurs visiter et ce fut passionnant, tant par l'intérêt géologique que par la beauté des paysages. Du point de vue professionnel, les évidences que Howel Williams avait découvertes et qu'il nous montrait l'une après l'autre faisaient de Crater Lake l'exemple type de son hypothèse.

Son argumentation comportait, bien sûr, plusieurs points : en premier lieu il y avait là de puissantes nappes d'ignimbrites, émises à l'évidence en très peu de temps et dont le volume total se comptait par douzaines de kilomètres cubes, autrement dit par douzaines de milliards de mètres cubes. Ces nappes avaient été de monstrueuses nuées ardentes rayonnant à partir du cône volcanique qui existait avant cette éruption prodigieuse et que Howel Williams avait baptisé mont Mazama, du nom d'un grand chef indien. L'émission terminée, le sommet du mont Mazama s'était soudain effondré dans l'énorme vide souterrain laissé par la roche en fusion éjectée en si peu de temps que le magma sous-jacent n'était pas arrivé à s'élever assez pour colmater cette caverne : à la place du mont Mazama, une caldera s'était effondrée, large d'une demi-douzaine de kilomètres. Le fond de cette énorme puits circulaire, fait de blocs, de fragments de rocs et de poussière de roche mélangés, était essentiellement poreux. Mais quelques années ou quelques siècles plus tard, il avait été petit à petit colmaté par de l'argile et, ainsi rendu imperméable, avait retenu les eaux de pluie : Crater Lake était né.

Williams et Mac Birney nous ont montré une autre caldera, celle de Newberry, où j'ai vu quelque chose qui m'a intellectuellement stupéfié. Il faut savoir que les magmas les plus acides donnent des roches appelées rhyolites, pour les trois quarts constituées de silice. Lorsque cette dernière est cristallisée, c'est du quartz, lorsqu'elle ne l'est pas, c'est du verre. Quand, par refroidissement, la lave se solidifie, soit elle se fige sous forme de verre, soit elle cristallise, peu ou prou. Le verre rhyolitique s'appelle obsidienne : il est luisant comme l'est le verre, et de couleur sombre, vert foncé, voire noir. Mais lorsque les gaz dissous dans cette matière sortent de la solution avant qu'elle ne se fige et engendrent ainsi d'innombrables bulles, l'obsidienne se transforme en ponce. Laquelle est blanche à cause de phénomènes optiques dus aux innombrables bulles microscopiques, bulles qui rendent si légères les ponces.

Or les ignimbrites, que l'on appelle aussi tuffs soudés (sous entendu, bien sûr, à chaud), sont des roches nées sous l'accumulation de myriades de fragments de ponce vomis par le cratère et déposés, fondus encore, à une température suffisamment élevée pour permettre leur autosoudage. Ces tuffs soudés sont de teinte claire, comme le sont les ponces aplaties sous le poids de celles qui s'abattirent sur elles alors qu'elles étaient encore pâteuses. (A propos des gaz dissous dans les magmas en général, dans une obsidienne en particulier, je vous suggère une petite manipe, toute simple mais spectaculaire. Mettez un éclat d'obsidienne dans un creuset et celui-ci sur le feu : tout à coup l'obsidienne va gonfler et, dans l'instant, se transformer en ponce, c'est-à-dire passer de l'état vitreux solide à celui d'une mousse de pierre et, dans le même instant, du noir au blanc.)

Dans Newberry Caldera, en Oregon, Howel Williams nous a montré une obsidienne, luisante, noir veiné de rouge brique, qui en réalité est un tuff soudé, mais soudé à température telle – sans doute à plus de 700 à 800 degrés Celsius – et sous une avalanche si épaisse de débris incandescents que les fragments de ponce non seulement se sont aussitôt agglutinés, mais ont été écrasés jusqu'à disparition de la quasi-totalité des bulles innombrables qui les caractérisent : le verre d'obsidienne s'était trouvé ainsi régénéré... Je n'avais jamais vu cela auparavant, je ne l'ai revu nulle part ailleurs. Pas encore du moins.

*

La vie à Paris, la politique intérieure, les événements du monde, tout cela était plein d'intérêt à mes yeux mais n'influençait guère, en quoi que ce fût, le cours de mon existence. Je savais cependant de façon pertinente que l'apolitisme est le premier fourrier de ces totalitarismes que je haïssais et je ne me désintéressais donc nullement de la politique. M'y poussait le tourbillon d'événements, de toute nature, de tout ordre, de toute taille qui se bousculaient, depuis la disparition de personnes d'importance jusqu'aux guerres, en passant par les « affaires » : enlèvement de Ben Barka, pendaison de quatre ministres à Léopoldville, guerre en Algérie, guerre au Vietnam, guerre en Israël, guerre en Angola, mort d'Édith Piaf, assassinat de John Kennedy, mort de Jean XXIII (le pape que respectaient des incroyants comme moi), mort de Winston Churchill (à mes yeux l'un des plus grands hommes politiques de ce siècle)...

Et mort de Robert Oppenheimer, qui avait tellement participé à la réalisation de la bombe atomique qu'il souffrit d'un complexe de culpabilité aux dimensions mêmes du gigantisme de cette arme. Je crois qu'il avait tort : notre jugement sur le nucléaire a été faussé, comme il l'est toujours face à un événement qui provoque, au même moment et au même endroit, un nombre élevé de victimes : quarante enfants tués dans un seul accident d'autocar soulèvent une émotion incomparablement plus grande que les milliers d'enfants qui perdent la vie chaque année sur la route, mais tout au long des trois cent soixante-cinq jours et sur la surface entière de la France. De même les deux cent mille victimes de Hiroshima et de Nagasaki ont ému et émeuvent toujours bien plus que les trente ou quarante millions qui les avaient précédées un peu partout de par le monde, tués par explosifs « classiques » durant la Seconde Guerre mondiale dont les deux bombes A marquèrent le point final.

Personne ne parle plus des centaines de milliers de morts de Dresde – entre autres – victimes d'un bombardement d'artillerie, arme « classique » s'il en fut, qui dura quatorze jours et quatorze nuits. Mais toutes les âmes sensibles s'émeuvent à la seule évocation de l'arme nucléaire. Laquelle ne tue pas plus, voire tue moins, que ces bombardements dits « classiques », mais qui le fait en un seul instant. C'est cette brièveté qui impressionne, alors que les mêmes âmes prétendument sensibles acceptent l'interminable torture des guerres « classiques ».

Que l'on ne vienne pas répéter, encore et toujours, que les survivants irradiés engendrent des enfants mentalement ou physiquement déformés : c'est là l'une de ces contre-vérités qui sont le vademecum des esprits catastrophistes de toute nature et de tous les temps, de ces contre-vérités ancestrales adaptées à l'an 2000 imminent et destinées à répandre, comme ce fut le cas il y a mille ans, la panique parmi les populations crédules. A Nagasaki pas plus qu'à Hiroshima, le taux de naissances anormales n'est différent de ce qu'il est ailleurs au Japon.

Si je n'essayais plus d'intervenir, d'une façon ou d'une autre, dans la politique dite politicienne, je m'enflammais cependant sur certains sujets jusqu'à descendre parfois, sinon dans la rue, du moins sur certains sites que la politique, industrielle ou économique, rendait brûlants. L'extension, à mes yeux excessive, du programme électronucléaire m'avait ainsi mobilisé et, désormais citoyen français, je m'étais mis à la combattre en prenant la parole dans des meetings organisés ici ou là, mais toujours sur la rive d'un fleuve : cette liaison fleuve-usine nucléaire, conjoncture apparemment innocente, justifiait en fait mon opposition. Il faut en effet beaucoup d'eau pour évacuer toute la chaleur perdue, inévitablement perdue en vertu du principe de Carnot, au cours du processus de transformation en énergie mécanique (ou électrique, c'est du pareil au même) d'une quelconque énergie thermique : c'est bien pourquoi toutes les centrales thermiques, qu'elles fonctionnent au charbon, au fuel, au gaz ou à l'uranium, sont construites sur les bords d'un fleuve, voire au bord de la mer.

De toutes les personnes qui, lors de ces réunions, prenaient la parole afin de convaincre leurs auditeurs de s'opposer à l'implantation d'une nouvelle centrale ou à la construction d'un réacteur supplémentaire, j'étais le seul à avancer des arguments d'ordre strictement scientifique et économique. Dans ce combat que nous menions contre Électricité de France, mes alliés utilisaient tous des arguments que je jugeais « terrorisants », ceux-là mêmes que certains « Verts » continuent d'assener alors qu'ils sont contraires à la vérité.

Car il est faux d'assimiler à la bombe A une centrale nucléaire, une usine d'enrichissement de l'uranium ou celle qui en traite les déchets. Une telle assimilation est aussi biaisée que le serait l'amalgame d'une usine chimique et d'un bombardement au TNT ou à la dynamite. Il est tout d'autre part aussi faux de prétendre que ces usines fassent croître autour d'elles la radioactivité de l'air, des eaux, des plantes ou de la nourriture jusqu'au-dessus des normes admises. Et que, dès lors, elles accroissent les cas de cancers.

La vérité est que, grâce aux précautions extrêmes qui y sont prises, l'industrie nucléaire est la plus sûre qui soit : depuis leur vingtaine d'années d'existence déjà, lorsque je les combattais, les technologies utilisées en Europe occidentale, en Amérique et au Japon n'avaient pas été responsables d'une seule mort. Cela suffisait à me rassurer au sujet de ces risques. Le quart de siècle qui a suivi a confirmé cet extraordinaire degré de sécurité : zéro victime en quarante-six années... Comparez cela avec n'importe laquelle des autres industries – bâtiment, transports, chimie, mines, carrières, et même textile ou agro-alimentaire... Quant aux accidents du nucléaire dans les pays de l'Est, ils sont dus partie à une technologie qui ne prend pas la sécurité suffisamment au sérieux, partie à l'incurie générale qui a conduit ces nations à la ruine économique. Et les accidents survenus dans ces pays, Tchernobyl inclus, ont fait incomparablement moins de victimes que n'en ont fait, séparément, la chimie, ou les mines, ou les travaux publics, ou les transports routiers : il n'y a pas de commune mesure, en ce qui regarde l'accidentologie, entre le nucléaire et n'importe laquelle des autres industries.

Je n'arrivai cependant à convaincre de cela aucun de mes compagnons de lutte, ni Philippe Lebreton, ni Pierre Samuel, ni René Dumont, ni Brice Lalonde, aucun. Pour eux, le nucléaire, c'était le « syndrome chinois », le diable, le pire diable qui soit... La plupart, pas tous heureusement, ont conservé leur foi, celle de la toute-nuisance du nucléaire. *Oculos habent*...

*

Le Niragongo nous était de nouveau accessible, mais cette accessibilité demeurait cependant des plus théoriques, les crédits naguère disponibles en Belgique pour ce type de recherche ayant été supprimés en 1960 à l'instigation, je l'ai dit, du même Pr Van Straelen.

Or, de l'argent, il en faut pas mal, ne serait-ce que par la nécessité d'emmener un grand nombre de scientifiques – au moins un pour chacune des disciplines impliquées : analyse chimique des gaz, mesure des débits d'énergie, mesure des débits de matière, collecte et analyse des produits liquides (tel le soufre) et solides précipités au moment de la détente et du refroidissement des gaz éruptifs, enregistrements sismographiques, photogrammétrie, mesures de gravimétrie, de géomagnétisme... Cela représente autant de billets d'avion, autant d'excédent de bagages, autant de frais, autant de matériel de campement, autant de nourriture à monter jusqu'au bord du cratère, puis à descendre jusque sur son plancher...

Réunir les moyens nécessaires, tant en finances qu'en personnels divers et en instruments assez solides pour supporter pareilles vicissitudes tout en étant suffisamment précis et fiables pour que les mesures le soient également, cela me prit, tout simplement, une bonne demi-douzaine d'années : ce ne fut qu'en 1972 que l'expédition put être menée à bien.

Entre-temps, afin de réduire au minimum la place laissée au hasard, je rendis deux brèves visites au Niragongo, l'une de trois jours en février 1966, l'autre de deux en mars 1967. Les satisfactions que j'en retirai furent à la mesure d'une trop longue attente et de l'importance des modifications qu'avaient subies le lac de lave et son activité. Ce lac variait d'ailleurs non seulement d'une année à l'autre, mais parfois d'une heure, voire d'un instant à l'autre. Rien d'étonnant que je l'aie toujours trouvé différent. Il variait par la hauteur qu'il atteignait dans son puits éruptif, par son activité – laquelle allait de la tempête de feu liquide au calme le plus plat –, par la forme du lac, par son étendue : sur la quarantaine d'années où je l'ai connu, sa surface a évolué entre une quinzaine de milliers et plus de sept cent cinquante mille mètres carrés...

« Ma » volcanologie, à laquelle je consacrais en ces années-là l'essentiel de mon existence, ne se limitait cependant pas au seul Niragongo. L'Etna et le Stromboli, par leur proximité, leur accessibilité, la quasi-permanence de leur activité, étaient devenus pour nous d'excellents volcans-laboratoire, sur lesquels nous expérimentions les instruments que nous imaginions et fabriquions (ou faisions fabriquer), dont nous découvrions continuellement des aspects nouveaux, où nous recherchions des relations de cause à effet entre phénomènes observables ou entre mesures de nature différente.

Les voyages étaient entre-temps devenus aussi faciles qu'ils le sont aujourd'hui, et vingt ans après ce l'avoir abandonnée avant l'arrivée. Sans doute ont-ils compris que, face à trop de problèmes à résoudre, j'aie dû choisir et que dans un choix il y a toujours des sacrifices. Et, à ma totale stupéfaction, ils me nommèrent docteur honoris causa... ! Cette cérémonie fut britannique à l'extrême. Elle ne pouvait que l'être, certes, mais avoir réussi à intégrer un oiseau de mon espèce jusqu'à le rendre aussi *britishlike* que tous les autres participants montre combien sont insondables les possibilités humaines.

Tout d'abord, il me fallut écrire le bref discours par lequel je répondrais à celui du Chancelier de l'Université. Lequel n'était rien de moins que le Premier ministre de l'époque, Aneurin Bevan. Or, je ne prépare jamais – et donc écris encore moins – les interventions que je dois faire en public : ma nature de paresseux m'en empêche ainsi que ma fort pauvre mémoire, laquelle est incapable de retenir un texte. Dans mon enfance et plus tard dans mes études, je frisais presque toujours la nullité pour tout ce qui relevait du « par cœur » et, bien sûr, je ne me suis pas bonifié avec l'âge. Donc il est superflu que j'écrive quelque chose que je ne pourrais réciter. D'autre part, je suis allergique au fait même de lire un texte devant un public. Dès lors, il ne me reste qu'à improviser. Comme en principe je ne parle que de ce que je crois connaître, cela ne me pose pas de problèmes et voilà pourquoi je ne prépare jamais ni conférence d'une heure ou de deux, ni speech de quelques minutes à peine. Mise sous le boisseau par la rigoureuse éducation que m'avait infligée ma mère, ma paresse congénitale se trouve ainsi satisfaite.

Malheureusement pour elle, pareil comportement

n'était pas toléré par l'Université de Bradford : la tradition exige – et l'on sait ce qu'outre-Manche tradition signifie – que rigoureusement rien d'imprévu ne survienne au cours d'une cérémonie officielle. Cela implique la nécessité de tout répéter au cours de la préparation de l'événement – déplacements, gestes, paroles – et de répéter jusqu'à l'automatisme. Dès lors, l'opération première qui m'était réservée était d'écrire l'adresse que j'allais lire. Car il n'était pas question de ne pas *lire*!

La veille du grand jour, 3 juillet 1975, nous l'avons passée à répéter. Le lendemain, vêtu d'une toge, ample et imposante comme elles le sont toujours, coiffé de la barrette – cette calotte sphérique sous un rigide carré noir –, je me rendis d'un pas aussi noble qu'on m'avait appris à le faire à la place désignée et, là, j'accomplis, avec tout le sérieux qui m'était demandé, les actions successives de cette royale intronisation. Royale, puisque Her Majesty the Queen, absente certes, était cependant présente dans certains discours ainsi que dans la tête de nombreux participants.

Tout cela aurait pu être pompeux, voire pompier, même un tantinet ridicule si, fréquents mais inattendus, les clins d'œil discrets de l'humour, épice irremplaçable, n'étaient venus remettre les choses à leur place véritable.

> *Mr. Chancellor, Ladies and Gentlemen,*
>
> *... I certainly do not feel that I deserve this award. But my own part of self-conceit has prevented me from honestly declining it. So I am now here more confused than proud and, as a crowning misfortune, confronted with the task of delivering an address to you,*

Mr. Chancellor, Ladies and Gentlemen, who have been misled about my academic standing [1]...

*

J'écris ceci dans l'avion qui nous emporte vers les Philippines et le volcan Pinatubo. L'éruption, comme c'est souvent le cas, est d'autant plus importante que la période de repos a été prolongée : de même que pour les tremblements de terre, leur magnitude croît avec la durée du calme, lequel permet à l'énergie de s'accumuler. Tout comme vous et moi qui, toutes proportions gardées, reconstituons nos forces par le sommeil.

La violence du réveil du Pinatubo fut proportionnelle à ses six ou sept siècles d'endormissement. Il est l'un des innombrables volcans de la « ceinture de feu du Pacifique ». La plupart ont des laves visqueuses, parfois même à l'extrême, telles les dacites et les rhyolites. Si la quantité et la pression des gaz magmatiques engendrés durant la période de repos sont assez importantes, l'éruption est d'autant plus puissante qu'est visqueux le magma. Or celui du Pinatubo est rhyolitique, donc visqueux au possible, et ses siècles de sommeil lui ont fourni de l'énergie à revendre.

Comme d'habitude, j'aurais voulu m'envoler sur-le-champ, car le démarrage d'une éruption et sa mon-

1. « Monsieur le Chancelier, Mesdames et Messieurs,

« ... Je ne me sens certes pas digne de cette distinction. Mais la part d'amour-propre qui me caractérise m'a, en toute honnêteté, empêché de refuser. Je me retrouve donc ici maintenant, plus confus que fier et, pour comble de malchance, soumis au devoir de vous adresser cette allocution, Monsieur le Chancelier, Mesdames et Messieurs, qui avez été trompés sur mes qualifications académiques... »

tée en puissance me semblent les phases d'activité les plus intéressantes pour qui cherche à mieux comprendre le déroulement de ces jeux telluriques. Mais trop d'obligations, trop d'empêchements divers me l'avaient interdit jusqu'à la mi-juillet 1991. Entre-temps, l'éruption s'était développée jusqu'à se classer – selon les informations obtenues auprès de collègues philippins et américains – parmi les plus importantes de ce siècle dans le monde : le volume des laves vomies avec violence durant les quatre premières semaines d'activité serait, disent-ils, cinq à six fois plus élevé que celui qu'avait rejeté le mont St. Helens en 1980, deux fois supérieur à celui du Chichon, deux années plus tard au Mexique. Et cela continue...

Il est clair qu'avec le métier que j'exerce depuis plus de quarante-trois années déjà, je brûlais d'aller voir ce qui se passait. Voir, mais aussi, dans les limites du possible, mesurer. Dans mon esprit, vous le savez bien, le plus important est de connaître les débits de matière et les débits d'énergie et, plus encore, les variations de ces débits. Les points sur lesquels j'insiste dans ces souvenirs volcanologiques, ce sont ceux dont en général on ne parle guère, voire pas du tout, ni dans les cours universitaires, ni dans les traités. Entre autres, l'intérêt particulier qu'il y a à observer les phases initiales d'une crise éruptive.

Partis avec un mois de retard, nous avons de surcroît perdu deux jours pour aller de Paris à Manille. Cela a commencé dès Roissy où, bagages à peine enregistrés, nous apprîmes que l'aéroport de Manille venait d'être fermé. Pour cause de Pinatubo... Nous n'avons pas pu en savoir davantage. Chute trop épaisse de cendres sur les pistes? Ou bien cette menace nouvelle – découverte en 1984 lors de l'éruption du Galung-Gung, en Java centrale – le bouchage en plein vol des réacteurs de l'avion par la poussière des épais panaches que développent les éruptions dites explosives?

Je me trouvais au Galung Gung lors du premier incident de ce type dans l'histoire de l'aviation, incident survenu à plus de trois cents kilomètres du volcan... Si cette fois-là, comme à l'occasion des deux ou trois incidents semblables à s'être produits par la suite dans le monde, il n'y eut ni accident ni perte de vies, ce fut grâce au sang-froid et au savoir-faire des équipages.

Essayez de vous mettre à leur place : en pleine nuit (ce fut toujours de nuit, et pour cause : les panaches volcaniques ne se voient pas alors, même au radar, actuellement du moins), un premier réacteur s'arrête sans raison apparente, puis un second, puis le troisième, enfin le quatrième. Aujourd'hui, tous les aviateurs le savent. En cette nuit du nouvel an 1983, tous l'ignoraient.

Leurs tentatives pour remettre les moteurs en marche échouaient, n'eût-ce été qu'un seul de ces moteurs. Mais l'équipage montrait d'autant plus de flegme que l'anxiété croissait à mesure que fuyaient les minutes et que tombait l'avion. Car, bien sûr, réacteurs éteints, il ne pouvait que tomber. Mais la chute d'un corps lancé à l'horizontale, parallélogramme des forces oblige (celle de la pesanteur, dirigée vers le bas et, horizontale, celle de la trajectoire d'avant la panne), cette chute se fait en oblique, faible au départ puis de plus en plus marquée à mesure que s'atténue la vitesse initiale, ne serait-ce que par frottement contre l'air que l'appareil traverse. Pilotes et mécaniciens passaient systématiquement tout en revue, dans leur cerveau et au travers de leurs doigts experts. Absolument en vain. Très interminables minutes. Et, tout à coup, un moteur se ralluma, puis un deuxième, et enfin les deux autres...

A l'insu des aviateurs, les moteurs avaient été obstrués par la poussière du panache volcanique et, aussitôt que dans sa chute parabolique l'appareil était ressorti sous le panache, ils en avaient été lavés à grandes giclées d'air pur. Extraordinaire aventure! Le lendemain, rentré du Galung Gung à Djakarta, où l'équipage miraculé avait ramené son avion, je suis allé à l'aéroport pour le voir. Les vitres du poste de pilotage, passées à l'émeri des poussières éruptives, étaient opaques et le bord d'attaque des ailes comme celui des réacteurs avaient été véritablement limés...

Nous avons finalement décollé de Roissy avec retard et sans aucune assurance que le vol nous amène finalement à Manille comme prévu. A l'escale de Delhi, aucune information complémentaire. Et à Hong Kong, il nous fallut débarquer : Manille était toujours interdit. Mais ici l'on savait que c'était à cause d'une couche de cendres, et non du panache, ce qui laissait plus d'espoir.

J'aurais cependant préféré le contraire car, si des cendres étaient retombées là, à une centaine de kilomètres au sud du Pinatubo, cela voulait simplement dire que des vents suffisamment forts les y avaient transportées – nous sommes, au moment où j'écris ceci, en pleine saison des typhons tropicaux –, alors que, s'il s'était agi du panache, cela aurait signifié reprise de la puissance éruptive, quelque peu calmée depuis la mi-juin. Or, pour un professionnel des éruptions, plus violentes sont ces dernières, plus elles l'intéressent.

L'aéroport fut rendu à son activité dès l'après-midi et nous accueillîmes cette chance comme un augure favorable. Nous rembarquâmes à bord de notre baleine volante, appelée 747, et le commandant de bord m'invita dans le poste de pilotage. Il mit en marche le premier moteur, son copilote, le mécanicien et lui-même vérifièrent, comme d'habitude, les divers cadrans de contrôle et, tout étant OK, ils laissèrent l'engin tourner au ralenti, pour successivement faire les mêmes manœuvres sur les trois autres moteurs. Mais le quatrième, s'il se mit à tourner de façon apparemment normale, montra des signes de faiblesse – que je ne compris d'ailleurs pas car seuls des gens compétents en sont capables. Les trois spécialistes discutèrent, ne trouvant pas les raisons de la faiblesse détectée. Ils décidèrent de recommencer l'opération, laquelle donna le même résultat. Il en fut de même des tentatives suivantes, malgré l'exploration des possibilités diverses.

Cela dura une petite heure, au terme de laquelle il fallut se résoudre à avertir les passagers et à demander l'aide d'une équipe de mécaniciens au sol. Ceux-ci passèrent une autre heure plongés dans le réacteur récalcitrant, mais n'arrivèrent à rien, eux non plus. Après quoi, le commandant de bord alla dans les bâtiments de l'aéroport téléphoner à Paris. Plus d'une heure plus tard il nous revint avec la décision d'annuler le vol. Et le troupeau que nous étions fut débarqué ainsi que ses trop nombreux bagages : ces bagages, il nous fallut les attendre près de deux heures durant... Heureusement, l'hôtel où Air France nous logeait se trouvait à l'aéroport même.

Le lendemain matin, on nous rembarqua, mais cette fois à bord d'un 747 de la British Airways à qui Air France avait confié ses passagers. Au moment de décoller, on nous annonça que l'aéroport de Manille venait, à l'instant, d'être fermé à nouveau. Cette fois à la suite du capotage d'un avion arrivant de Honolulu...

Nous avons fini par y atterrir, à Manille, au terme d'un voyage de plus de cinquante heures (au lieu de seize) mais le soir et donc sans avoir, comme nous l'espérions, aperçu le volcan. Nous étions tout heureux cependant que le cyclone – dont la météo nous signalait depuis deux jours l'approche – n'ait pas fait interdire, une fois de plus, tout atterrissage. Mais nos espoirs d'étudier une activité éruptive exceptionnelle demeurèrent vains.

Les Philippines font désormais partie des pays volcanologiquement avancés, comme les États-Unis (qui règnent toujours sur ces îles comme ils le faisaient lorsqu'elles étaient leur colonie) de même que la France règne sur les volcans des Caraïbes ou de la Réunion, de même que l'Italie, de même que le Japon... entre autres. Étant pourvus de volcanologues compétents (qui, sur ce point, oserait émettre le moindre doute...?), ces pays ont pris l'habitude d'interdire l'accès au volcan, lorsque leurs volcanologues (ou leurs fonctionnaires) jugent redoutables les menaces éruptives.

C'est toujours après qu'un accident s'est produit que ce type de volcanologues ou de fonctionnaires arrivent à une telle conclusion. Ainsi en 1979 à l'Etna, après qu'une dizaine de personnes eurent été tuées et une trentaine d'autres blessées par une éruption de la Bocca Nuova dont j'avais cependant annoncé la menace six semaines plus tôt mais que mes éminents collègues de Catane s'étaient empressés de nier. Ainsi en 1980 au St. Helens, dans l'État de Washington, USA, ainsi en 1991 au Pinatubo.

Ainsi, toujours en 1991, à l'Unzen, Japon, d'où j'écris ces lignes.

Aux Philippines, nous nous sommes heurtés au blocage de nos collègues américains, collègues que les volcanologues philippins n'osaient contredire. Ces Américains ne tenaient nullement à ce qu'une équipe française vienne fourrer son nez dans un domaine qu'ils considèrent comme leur propriété : non seulement nous aurions pu voir quelque chose qu'eux-mêmes n'auraient pas remarqué – ou mesuré, quelque paramètre qu'ils auraient méconnu – mais, pire, nos conclusions, qui sait ?, auraient pu contredire les leurs. Ce n'est pas seulement entre spécialistes français que la jalousie scientifique fait des dégâts, ou entre spécialistes américains (ou japonais, ou italiens) mais aussi entre universités, entre organismes nationaux. Le chauvinisme scientifique vaut celui des supporters sportifs. Mais le niveau intellectuel du supporter moyen l'explique s'il ne l'excuse pas. Alors que, pour des hommes de science, cela relève de l'impardonnable.

Si l'accès du Pinatubo ne nous fut pas facilité par les volcanologues américains alors sur place, celui de l'Unzen ne le fut guère non plus. Mais ici non par nos collègues, très heureusement, mais par l'administration. Au Japon, l'intelligence de cette dernière avait fait de l'Unzen un volcan interdit. Comme le Niragongo l'avait été jadis. De même qu'à l'Etna où, après l'accident de septembre 1979 les « autorités » avaient décidé d'interdire l'accès de la partie supérieure du volcan, celles de la préfecture de Nagasaki interdirent l'accès de l'Unzen après la mort de la quarantaine de personnes surprises le 3 juin 1991 sur ses basses pentes orientales par les gaz brûlants d'une nuée ardente.

Voici sept jours que nous sommes en train de tourner autour de ce volcan et de nous heurter à l'interdiction absolue de monter dessus. Ici, ce ne sont pas les collègues nippons qui en sont la cause. Ils nous ont en effet témoigné beaucoup d'amitié, à Tokyo d'abord et ensuite à l'observatoire de l'Unzen où ils nous ont reçus cordialement et nous ont montré leurs résultats. Mais, nous ont-ils dit, ils sont les premiers à se trouver brimés par l'imbécillité administrative : pas plus que quiconque, les volcanologues japonais n'ont le droit de pénétrer dans la zone déclarée interdite... Que des bureaucrates, fatalement ignorants en matière de volcanisme, interdisent à des volcanologues d'aller sur un volcan, c'est assez ubuesque.

Sept jours déjà de perdus. Il ne nous en reste que trois pour réussir à aller mesurer ce pour quoi nous sommes venus d'aussi loin – les concentrations de gaz carbonique dans le dôme de dacite en train de croître au sommet de l'Unzen – et pour observer ce dôme afin, en comparant ses caractéristiques à celles du Merapi et du St. Helens, de tenter de prévoir ses réactions à venir.

Je ne vais pas vous dire ici la raison de notre si grand intérêt pour le CO_2 volcanique, intérêt qui est né en nous – François Le Guern, René Faivre-Pierret et moi – en 1979 lors de l'éruption du Diëng, à Java. Je vous en parlerai quand nous en serons arrivés à ces années-là, car il me faut bien interrompre cette nouvelle digression, déclenchée par ce voyage inattendu en Extrême-Orient, alors que je vous racontais mes souvenirs des années soixante...

*

Cette décennie soixante s'était terminée pour moi de façon somptueuse dans la splendeur des paysages au milieu desquels mes obligations professionnelles me font vivre une bonne partie du temps et dans le bien-être à nul autre pareil que procure toute découverte. En l'occurrence, elles étaient volcanologiques, géologiques, voire géographiques. Elle m'offrit, aussi, la réalisation d'un désir fort, qui datait de 1948, celui d'explorer ce qui, à l'extrémité septentrionale du Grand Rift d'Afrique orientale, ressemble, sur les cartes, à un entonnoir s'ouvrant largement sur la mer Rouge : la dépression Danakil, aussi appelée Triangle de l'Afar.

Il m'aura fallu vingt années et plusieurs tentatives vaines pour parvenir à cette dépression bien mystérieuse encore et pour y amorcer, avec une douzaine de collaborateurs, un programme de recherches dont la phase initiale s'étendit de 1968 à 1974 et fut pour nous une pêche miraculeuse, une pêche de découvertes inespérées. Inespérées malgré tous les espoirs que nos cervelles caressaient : ces espoirs furent non seulement comblés mais largement dépassés !

La décennie suivante, 1970-1980, vit s'élargir l'objectif principal que je m'étais fixé depuis que l'étude du volcanisme s'était imposée à moi, en 1948, objectif qui peut se résumer à « comprendre mieux le phénomène éruptif ». Dérivé de cette recherche fondamentale et de son complément logique, l'objectif nouveau était d'arriver à prévoir les événements éruptifs. Cette recherche « appliquée » ou, comme on jargonne aujourd'hui, « finalisée », m'avait été peu à peu imposée par la multiplication des demandes de responsables, administratifs ou politiques, de régions qu'un volcan menace ou semble menacer. Je fus ainsi obligé d'aborder les problèmes que pose le volcanisme non plus sous un angle uniquement scientifique (quoique la science demeure la base *sine qua non* du diagnostic) mais aussi d'ordre socio-économique et, du même coup, politique.

C'est ainsi qu'en 1970, une éruption annoncée à grand bruit comme imminente dans le golfe de Pouzzoles, aux portes occidentales de Naples, me permit de dénoncer publiquement un mensonge scientifique délibéré et de démasquer le mandarin qui en était l'auteur.

Plus tard, en 1976, le réveil de la Soufrière de Guadeloupe allait déclencher des manœuvres économico-politico-scientifiques fort semblables par leur malhonnêteté qui m'obligèrent à finalement rentrer, malgré moi, « en politique » active, trente-six années après en être volontairement sorti.

J'y revins d'autant plus, à la politique économique, que le sabotage, en France, de toute géothermie pour production d'électricité m'avait scandalisé et que cette forme d'énergie, qui relevait de mes compétences puisque j'avais été le premier ingénieur spécialisé à en avoir préconisé l'utilisation en France, avait été sacrifiée à des intérêts privés. Aussi, en 1980, lorsque François Mitterrand, candidat à la présidence de la République, me proposa de l'aider comme conseiller en matière d'énergie, j'acceptai sans la moindre hésitation : plongée nouvelle dans la politique.

Mais entre le scandale de Pouzzoles et celui, plus écœurant encore, de la Soufrière, la décennie qui suivit, celle de 1970, m'aura heureusement, fait vivre des moments exaltants : les éruptions de l'Etna en 1971 et en 1979, celle du Niragongo en 1977, dont le lac, en moins d'une demi-heure, se déversa dans les campagnes environnantes, de jolies éruptions au Piton de la Fournaise et au Karthala dans l'océan Indien, et le lac de l'Erta Alé visité et étudié chaque année de 1969 à 1974...

Le point d'orgue de ces années soixante-dix, ce fut cependant une aventure totalement inattendue et, pour moi, la plus gratifiante qui pût être : l'exploration du cratère d'un volcan appelé Erebus – où de surcroît nous découvrîmes le troisième lac de lave en fusion existant alors sur Terre – situé au cœur du continent dont je rêvais depuis plus d'un demi-siècle : l'Antarctique...

Vous raconter cette douzaine d'années assez peu ordinaires en un seul volume, le troisième de ces « souvenirs volcanologiques », tient un peu du défi...

normandie
roto
impression
s.a.

61250 Lonrai

Achevé d'imprimer en février 1998
N° d'édition ES 93003 / N° d'impression 980288
Dépôt légal, janvier 1993
Imprimé en France

ISBN 2-73-82-0568-2
33-12-5568-01